气象灾害丛书

沙尘暴灾害

王式功　周自江　尚可政　杨德保　等　编著

内 容 提 要

本书概述了沙尘暴的基本特征，分析了沙尘暴的成因及其变化规律，总结了自然因素和人类活动对沙尘暴的影响，指出了沙尘暴对农林业、畜牧业、工业、通信、交通运输、人民生命财产、人体健康等的危害及其对大气和海洋环境的影响，介绍了沙尘暴的监测、预报、预警、预测技术及沙尘暴预警信息的发布和服务，提出了沙尘暴的防治对策和技术，并在附录部分介绍了历史上沙尘暴重大灾例。

本书内容丰富，行文通俗易懂，可供气象、环境、生态等相关领域的科技、管理人员和高等院校师生使用。

图书在版编目（CIP）数据

沙尘暴灾害/王式功等编著. —北京：气象出版社，2010.6

（气象灾害丛书）

ISBN 978-7-5029-4712-5

Ⅰ. 沙… Ⅱ. 王… Ⅲ. 沙暴-气象灾害-研究 Ⅳ. P425.5

中国版本图书馆 CIP 数据核字（2009）第 210146 号

Shachenbao Zaihai

沙尘暴灾害

王式功　周自江　尚可政　杨德保　等　编著

出版发行：	气象出版社		
地　　址：	北京市海淀区中关村南大街46号	邮政编码：	100081
总 编 室：	010-68407112	发 行 部：	010-68409198
网　　址：	http://www.cmp.cma.gov.cn	E-mail：	qxcbs@263.net
总 策 划：	陈云峰　成秀虎		
责任编辑：	郭彩丽　崔晓军	终　审：	章澄昌
封面设计：	燕　彤	责任技编：	吴庭芳
印　　刷：	北京中新伟业印刷有限公司		
开　　本：	700 mm×1000 mm　1/16	印　张：	15.5
字　　数：	287千字		
版　　次：	2010年6月第1版	印　次：	2010年6月第1次印刷
印　　数：	1～6000	定　价：	38.00元

本书如存在文字不清、漏印以及缺页、倒页、脱页等，请与本社发行部联系调换

丛书编辑委员会成员

主　　任：秦大河
副 主 任：许小峰　丁一汇
成　　员（按姓氏笔画排列）：
　　　　　　马克平　马宗晋　王昂生　王绍武　卢乃锰　卢耀如
　　　　　　刘燕辉　宋连春　张人禾　李文华　陈志恺　陈联寿
　　　　　　林而达　黄荣辉　董文杰　端义宏
编写组长：丁一汇
副 组 长：宋连春　矫梅燕

评审专家组成员（按姓氏笔画排列）

丁一汇　马宗晋　毛节泰　王昂生　王绍武　王春乙　王根绪
王锦贵　王馥棠　卢乃锰　任阵海　任国玉　伍光和　刘燕辉
吴　兑　宋连春　张小曳　张庆红　张纪淮　张建云　张　强
李吉顺　李维京　杜榕桓　杨修群　言穆弘　陆均天　陈志恺
林而达　周广胜　周自江　徐文耀　陶诗言　梁建茵　黄荣辉
琚建华　廉　毅　端义宏

丛书编委会办公室成员

主　　任：董文杰
副 主 任：翟盘茂　陈云峰
成　　员：周朝东　张淑月　成秀虎　顾万龙　张　锦
　　　　　王遵娅　宋亚芳

《沙尘暴灾害》分册编写人员

主　　编：王式功　周自江　尚可政　杨德保

编写成员：周春红　王金艳　李江萍
　　　　　牛若云　袁　薇　马玉霞
　　　　　文小航

序

据世界气象组织统计,全球气象灾害占自然灾害的86%。我国幅员辽阔,东部位于东亚季风区,西部地处内陆,地形地貌多样,加之青藏高原大地形作用,影响我国的天气和气候系统复杂,我国成为世界上受气象灾害影响最为严重的国家之一。我国气象灾害具有灾害种类多,影响范围广,发生频率高,持续时间长,且时空分布不均匀等特点,平均每年造成的经济损失占全部自然灾害损失的70%以上。随着全球气候变暖,一些极端天气气候事件发生的频率越来越高,强度越来越大,对经济社会发展和人民福祉安康的威胁也日益加剧。近十几年来,我国每年受台风、暴雨、冰雹、寒潮、大风、暴风雪、沙尘暴、雷暴、浓雾、干旱、洪涝、高温等气象灾害和森林草原火灾、山体滑坡、泥石流、山洪、病虫害等气象次生和衍生灾害影响的人口达4亿人次,造成的经济损失平均达2000多亿元。2008年,我国南方出现的历史罕见低温雨雪冰冻灾害,以及"5·12"汶川大地震发生后气象衍生灾害给地震灾区造成的严重人员伤亡和财产损失,都说明进一步加强气象防灾减灾工作的极端重要性和紧迫性。

党中央国务院和地方各级党委政府对气象防灾减灾工作高度重视。"强化防灾减灾"和"加强应对气候变化能力建设"首次写入党的十七大报告。胡锦涛总书记在2008年"两院"院士大会上强调,"我们必须把自然灾害预报、防灾减灾工作作为事关经济社会发展全局的一项重大工作进一步抓紧抓好"。在中央政治局第六次集体学习时,胡锦涛总书记再次强调,"要提高应对极端气象灾害综合监测预警能力、抵御能力和减灾能力"。国务院已经分别就加强气象灾害防御、应对气候变化工作做出重大部署。在2008年全国重大气象服务总结表彰大会上,回良玉副总理指出,"强化防灾减灾工作,是党的十七大的战略部署。气象防灾减灾,关系千家万户安康,关系社会和谐稳定,关系经济发展全局。气象工作从来没有像今天这样受到各级党政领导的高度重视,从来没有像今天这样受到社会各界的高度关切，从来没有像今天这样受到广大人民群众的高度关心，从来没有像今天这样受到国际社会的高度关注。这既给气象工作带来很大的机遇，也带来很大的挑战；既面临很大压力，也赋予很大动力，应该说为提高气象工作水平创造了良好条件"。

我们一定要十分珍惜当前气象事业发展的好环境，紧紧抓住气象事业发展的难得机遇，深入贯彻落实科学发展观，牢固树立"公共气象、安全气象、资源气象"的发展理念，始终把防御和减轻气象灾害、切实提高灾害性天气预报预测准确率作为提升气象服务水平的首要任务。面对国家和经济社会发展对加强气象防灾减灾工作的迫切需求，推进防灾减灾工作快速发展，做到"预防为主，防治结合"，很有必要编写一套《气象灾害丛书》，从不同视角吸收科学、社会以及管理各方面的研究成果，就气象灾害的发生、发展、监测、预报和预防措施，普及防灾减灾知识，提高防灾减灾的效益，为我国防灾减灾事业、构建社会主义和谐社会做出贡献。

2003年中国气象局组织编写出版了《全球变化热门话题丛书》，主要立足宣传和普及天气、气候与气候变化所带来的各方面影响以及适应、减缓和应对的措施。这套书的出版引起了很大反响，拥有广大的读者群。《气象灾害丛书》是继《全球变化热门话题丛书》之后，中国气象局组织了有关部委、中科院和高校的气象业务科研人员及相关行业领域的灾害研究专家，编写的又一套全面阐述当今国内外气象灾害监测、预警与防御方面最新技术成果、最新发展动态的科学普及读物。《气象灾害丛书》分21分册，在内容上开放地吸收了不同部门、不同地区和不同行业在气象灾害和防御方面的研究成果，体现了丛书的系统性、多学科交叉性和新颖性。这对于进一步提高社会公众对气象灾害的科学认识，进一步强化减灾防灾意识，指导各级部门和人民群众提高防灾减灾能力、有效地为各行业从业人员和防灾减灾决策者提供参考和建议都具有重要意义。同时，根据我国和全球安全减灾应急体系建设这一大学科的要求，"安全减灾应急体系"共有100多部应写作的书籍，《气象灾害丛书》的出版为逐步完善这一科学体系做出了贡献。

在本套丛书即将出版之际，谨向来自气象、农业、生态、水文、地质、城乡建设、交通、空间物理等多方面的作者、专家以及工作人员表示诚挚的感谢！感谢他们参与科学普及工作的高度热忱以及辛勤工作。

郑国光

编著者的话

通过两年的努力,《气象灾害丛书》终于编写完毕。丛书由 21 册组成,每一册主要介绍一个重要的灾种,整个丛书基本上将绝大部分气象以及相关的衍生灾害都作了介绍,因而是一套关于气象灾害的系统性丛书。参加此丛书编写的专家有 200 位左右,他们来自中国气象局、中国科学院、林业部和有关高等院校等部门。他们在所编写的领域中不但具有丰硕的研究成果,而且也具有丰富的实践经验,因而,丛书无论是从内容的选材,还是从描述和写作方式等方面都能保证其准确性和适用性。编写组在编写过程中先后召开了六次编写工作会议,各分册主编和撰稿人以高度负责的态度和使命感热烈研讨,认真听取意见和修改,使各册编写水平不断提高,从而保证了丛书的质量。另外,值得提及的是,丛书交稿之前,又请了 46 位国内著名的院士、专家和学者进行了评审。专家们一致认为,《气象灾害丛书》是一套十分有用、有益和十分必要的防灾减灾丛书。它的出版有助于政府、社会各部门和人民群众对气象灾害有一个全面、深入的了解与认识,必将大大提高全民的防灾减灾意识。丛书的内容丰富、全面、系统、新颖,基本上反映了国内外气象灾害的监测、预警和防御方面的最新研究成果和发展动态,可以作为各有关部门指导防灾减灾工作的科学依据。

在丛书包括的 21 个灾种中,除干旱、暴雨洪涝、台风、寒潮、低温冷害、冰雪等过去常见的气象灾害外,丛书还包括了近一二十年新出现的或日益受到重视的新灾种,如霾、生态气象灾害、城市气象灾害、交通气象灾害、大气成分灾害、山地灾害、空间气象灾害等。这些灾害对于我国迅速发展的国民经济已越来越显示出它的重大影响。把这些灾害包括在丛书中不但是必要的,而且也是迫切的。另外,通过编写这些书,对这些灾种作系统性总结,对今后的研究进展也有推动作用。

为了让读者对每一种灾害都获得系统而正确的科学知识以及了解目前最

新的防灾减灾技术、能力和水平，编写组要求每一册书都要做到：（1）对灾害的观测事实要做全面、正确和实事求是的介绍，主要依据近50年的观测结果。在此基础上概括出该灾种的主要特征和演变过程；（2）对灾害的成因，要根据大多数研究成果做科学的说明和解释，在表达上要深入浅出，文字浅显易懂，避免太过专业化的用语和用词；（3）对于灾害影响的评估要客观，尽可能有代表性与定量化；（4）灾害的监测和预警部分在内容上要反映目前的水平和能力，以及新的成就。同时要加强实用性，使防灾减灾部门和人员读后真正有所受益和启发；（5）对每一灾种，都编写出近50年（有些近百年）国内重大灾害事件的年表，简略描述出所选重大灾害事件发生的时间、地点、影响程度和可能原因。这个重大灾害年表对实际工作会有重要参考价值。

在丛书编写过程中，所有编写者亲历了1月发生在我国南方罕见的低温雨雪冰冻灾害和"5·12"汶川大地震。在全国可歌可泣的抗灾救灾精神的感召下，全体编写人员激发了更高的热情，从防大灾、防巨灾的观念重新审视了原来的编写内容，充分认识到防灾减灾任务的重要性、迫切性和复杂性。并谨以此丛书作为对我国防灾减灾事业的微薄贡献。

丛书编写办公室与编写组专家密切配合，从多方面保证了编写组工作的顺利完成，在此也表示衷心感谢。另外，由于这是一套科普丛书，受篇幅所限，各册文中所引文献未全部列入主要参考文献表中，敬请相关作者谅解。

编写组长　丁一汇

2008年10月21日于北京

前 言

沙尘暴属于最强烈的一种风沙活动，是强风卷起大量沙尘使地面能见度小于 1 km 的灾害性天气。它的频繁发生既是土地荒漠化发展到一定程度的综合体现，又是加速土地荒漠化的一种重要过程。从全球范围看，沙尘暴主要发生在中亚、北美、澳洲、北非至中东地区等广大的干旱荒漠化区域。我国大陆干旱区是中亚沙尘暴发生频率最高、强度最大的地区之一。虽然在我国的史书、地方志及诗书中，自公元前 16 世纪以来，就不断有"风霾大作""黄雾下尘"及"边风猎猎卷晴沙"等沙尘现象的描述、记载和诗句，但是，真正从科学角度研究它，国外始于 20 世纪 20 年代，国内也仅有 30 多年的历史，如 1977 年 4 月 22 日甘肃张掖特强沙尘暴后，气象学家们开始对它进行研究；"1993-05-05"甘肃金昌特强沙尘暴后，中国才出现了大气、沙漠等多学科联合研究的局面，对它的监测、时空分布特征、成因分析、数值模拟、理化特征以及对荒漠化生态环境的影响等进行了初步研究。2000 年以来，再度活跃的沙尘暴又把对它的研究推向国际合作的新阶段，中、美、日、韩等国的科学家进行了全球大气化学计划/亚洲气溶胶特性实验；中日间实施了"风送沙尘的形成、输送机制及其对气候与环境的影响"研究计划；中国大陆和台湾地区从 2003 年开始已连续举办了五届"海峡两岸沙尘暴与环境治理"学术研讨会。研究内容不仅包括沙尘暴本身，而是拓展到它对气候变化，大气、海洋和生态环境，以及人体健康等诸多方面的影响研究。一时间，中蒙沙尘暴也成了全球瞩目的热点问题之一。

沙尘暴的发生、发展和消亡是一个大气、土壤和陆面相互作用的复杂过程。同样，沙尘暴的研究与防治也需要多学科交叉、联合攻关，目前已涉及气象学、地理学、生态学、灾害学、流体力学、土壤物理学、卫星遥感等诸多学科领域，并且在每一个学科领域都积累了一定的研究成果。这些成果为我们进一步认识、研究和防治沙尘暴奠定了很好的基础。本书就是作者对国内外相关研究成果的简要总结,旨在抛砖引玉,促进科学普及。

本书第 1 章由周自江、王式功执笔,介绍了沙尘暴的基本概念、中国历史时期的沙尘暴、全球近代沙尘暴重大事件和沙尘暴研究的若干科学问题。第 2 章由王式功、周自江执笔,论述了沙尘暴的地理分布、沙尘暴的时间变化规律和沙尘暴的物理化学特征。第 3 章由杨德保、王式功、王金艳执笔,总结了沙尘暴形成的宏观和微观基本条件、起沙机制及沙尘粒子的运动方式、沙尘暴形成的环流形势与天气系统,以及东亚沙尘暴的源区和沙尘输送。第 4 章由尚可政执笔,总结了自然因素和人类活动对沙尘暴的影响,包括气候对沙尘暴的影响、地表状况(如土壤湿度、积雪、地形、荒漠化等)对沙尘暴的影响、海温异常对沙尘暴的影响,以及人类活动对沙尘暴的影响。第 5 章由李江萍、王式功和袁薇执笔,总结了沙尘暴对农林业、畜牧业、工业、通信、交通运输、人民生命财产和人体健康的危害,沙尘暴对大气和海洋环境的影响。第 6 章由周春红和牛若云执笔,介绍了沙尘暴的监测、预报、预警和预测技术,以及沙尘暴预警信息的发布和服务。第 7 章由尚可政执笔,介绍了沙尘暴的防治对策和技术。附录由周自江、杨德保执笔,介绍了历史上的强沙尘暴个例谱及重大灾例。书中的部分插图由文小航绘制或修改。全书由王式功和周自江统稿。

本书的编写工作得到了中国气象局预测减灾司和国家气候中心的大力支持,张小曳、张强、伍光和、董安祥等专家对本书的编写与修改提出了许多宝贵意见,国家气象信息中心和甘肃省兰州中心气象台对本书的编写也给予了无私的帮助。笔者在此对上述单位和专家一并表示衷心的感谢。

由于作者水平有限,文中欠妥之处,敬请读者批评指正。

《沙尘暴灾害》编写组
2009 年 5 月 1 日

目　录

序
编著者的话
前　言

第1章　概　论 ··· 1
 1.1　沙尘暴的基本概念 ··· 1
 1.2　中国历史时期的沙尘暴 ··· 6
 1.3　全球近代沙尘暴重大事件概览 ··· 10
 1.4　沙尘暴研究历程与科学争论 ·· 14
 1.5　理性看待沙尘暴 ··· 16

第2章　沙尘暴的基本特征 ·· 19
 2.1　沙尘暴的地理分布 ·· 19
 2.2　沙尘暴的时间变化 ·· 23
 2.3　沙尘暴的结构与物理化学特征 ··· 26

第3章　沙尘暴的成因及其变化 ·· 53
 3.1　沙尘暴的成因 ·· 53
 3.2　沙尘暴的年际和年代际变化及其原因 ·· 80
 3.3　我国沙尘暴的源区及沙尘输送 ··· 96

第4章　自然因素和人类活动对沙尘暴的影响 ··· 103
 4.1　气候对沙尘暴的影响 ··· 103
 4.2　地表状况对沙尘暴的影响 ··· 108

4.3　海温异常对沙尘暴的影响 …………………………………………… 124
　4.4　人类活动对沙尘暴的影响 …………………………………………… 134
　4.5　自然因素和人类活动对沙尘暴综合影响的总结 …………………… 145

第5章　沙尘暴的危害与影响 …………………………………………… 146
　5.1　对农、林业的危害 …………………………………………………… 147
　5.2　对畜牧业的危害 ……………………………………………………… 151
　5.3　对工业的危害 ………………………………………………………… 152
　5.4　对通信的影响 ………………………………………………………… 154
　5.5　对交通运输的影响 …………………………………………………… 155
　5.6　对人民生命财产的危害 ……………………………………………… 160
　5.7　对空气质量与人体健康的影响 ……………………………………… 161
　5.8　抑制降水的酸化 ……………………………………………………… 167
　5.9　对海洋环境的影响 …………………………………………………… 168

第6章　沙尘暴的观测、预报和预警 …………………………………… 170
　6.1　沙尘暴的观测 ………………………………………………………… 170
　6.2　沙尘暴的预报和预警 ………………………………………………… 174

第7章　沙尘暴及其灾害的防治 ………………………………………… 180
　7.1　沙尘暴防治对策 ……………………………………………………… 180
　7.2　沙尘暴防治技术 ……………………………………………………… 191

附　录　历史上的强和特强沙尘暴个例谱及重大灾例简介 ………… 206
　1　历史上的强和特强沙尘暴个例谱 …………………………………… 206
　2　重大灾例简介 ………………………………………………………… 214

参考文献 ………………………………………………………………… 223

第1章　概　论

1.1　沙尘暴的基本概念

冬去春来，万物复苏，人们在徐徐微风中享受春天温暖气息的同时，也不免要受到沙尘暴的袭扰。近年来，我国北方沙尘暴频发，引起了人们的极大关注和忧虑。人们不禁要问：何为沙尘暴？沙尘暴有哪些危害？人类能制止沙尘暴的发生吗？

1.1.1　沙尘暴的定义与强度划分

沙尘暴是沙暴和尘暴两者兼有的总称，是指强风把地面大量沙尘卷入空中，使空气特别浑浊，水平能见度低于 1 km 的风沙天气现象。当沙尘暴发展到其最大强度（瞬时最大风速≥25 m/s，能见度≤50 m）时，称之为特强沙尘暴，在国内俗称"黑风暴"或"黑风"（徐国昌等 1979）（图 1.1）。在国外沙尘暴还有不同的名称。如在印度的新德里，称之为安德海（Andhi），在非洲和阿拉伯地区称之为哈布（Haboob）（Joseph 等 1980），还有的地区称之为"Phantom"，即"鬼怪"的意思（Wolfson 等 1986）。可见沙尘暴是一种给人以恐惧感的灾害性天气，给相关地区的工农业生产和人民生命财产造成严重损失。

对沙尘暴强度的等级划分，一般采用风速和能见度两个指标。如 Joseph 等（1980）把发生在印度西北部的沙尘暴划分为三个等级：即 4 级<风速≤6 级，500 m≤能见度<1000 m，称为弱沙尘暴；6 级<风速≤8 级，200 m≤能见度<500 m，称为中等强度沙尘暴；风速>8 级，能见度<200 m，则称为强沙尘暴。我国 20 世纪 90 年代对沙尘暴强度的定义，与上述定义大体相同，只是在强沙尘暴的等级范围内，又划分出了特强沙尘暴，即 50 m<能见度≤200 m 时，称为强沙尘暴；当其达到最大强度，瞬时最大风速≥25 m/s，能

见度≤50 m，称为特强沙尘暴（俗称"黑风暴"或"黑风"）。参考国内外已有标准，借鉴有关研究成果，并兼顾实用性、科学性和可操作性，徐启运等提出了我国沙尘暴天气单点和区域强度划分标准。单点沙尘暴天气以瞬间极大风速、最小水平能见度作为划分标准（方宗义等 1997）。并指出，由系统性天气引发邻近地区 3 个站以上出现沙尘暴天气，称为区域性沙尘暴；由非系统性天气（如局地强对流等）引发的零星一两个站出现沙尘暴，称为局地性沙尘暴。

图 1.1 2001 年 4 月发生在新疆的一次特强沙尘暴（王涛供图）

对沙尘暴强度的分级标准，气象与沙漠工作者会有不同的看法，即使各省（市、自治区）气象部门内部也有不同意见。有的从现象上看，过境时的沙尘壁形态、风向突变风速急增，以及过境后 10 分钟内气压跃升 1～2 hPa 的气压鼻现象，这种沙尘壁和风突变现象在我国西北地区的南疆盆地南缘、甘肃河西走廊、宁夏、内蒙古及柴达木盆地的典型沙尘暴发生时都可见到。也有人指出，强沙尘暴并非一个模式，如 1990 年 3 月 12 日甘肃酒泉地区的强沙尘暴（最大风速 30 m/s，能见度则降到 50 m 以下）既无沙尘壁，也无气压鼻，风速也是逐渐加大的，因此，更多的还是看沙尘暴发生时的能见度和风速。特强沙尘暴发生时因浓密的沙尘遮天蔽日，白昼变成黑夜，又遭强风裹挟，才造成人畜落水而死伤。可见，能见度差和强风速是沙尘暴发生时两个主要的致灾因素。

为了规范全国沙尘天气的观测、监测，以更好地开展沙尘天气预警服务业务，21 世纪初，中国气象局预测减灾司组织有关人员制定了《沙尘天气预警业务服务暂行规定》（以下简称"沙尘天气规定"），该规定采用的沙尘天气划分标准主要参考了《大气科学辞典》及现行《地面观测规范》和《地面气象电码手册》，并在 2002 年 12 月召开的"第一届全国沙尘暴专家委员会第一次会议"上作了补充修订。"沙尘天气规定"将沙尘天气分为浮尘、扬沙、沙尘暴和强沙尘暴四类。划分标准如表 1.1 所示。还规定，如果在同一次天气过程中，我国天气预报范围内有 3 个及其以上国家基本（准）站出现了沙尘暴（强沙尘暴）天气，则认为我国出现了一次沙尘暴（强沙尘暴）天气过程。

表 1.1　浮尘、扬沙、沙尘暴和强沙尘暴划分标准

名称	成因（来源）	能见度	天空状况	风力	大致出现时间
浮尘	远地或本地产生沙尘暴或扬沙后，沙尘等细粒浮游空中而形成	水平能见度小于 10.0 km，垂直能见度也较差	远物呈土黄色，太阳呈苍白色或淡黄色	≤3.0 m/s	冷空气过境前后
扬沙	本地或附近沙尘被大风吹起，使能见度显著下降	1.0～10.0 km	天空浑浊，一片黄色	风较大	冷锋或雷暴、飑线过境
沙尘暴		500 m～1000 km		风很大	
强沙尘暴		<500 m		风非常大	

"沙尘天气规定"中划分沙尘天气的主要依据是能见度，对风力作用的考虑为辅。钱正安等（2006）和牛生杰等（2001b）分析了近几年在腾格里沙漠边缘吉兰泰等四站的多次观测结果，发现从背景大气到浮尘、扬沙、弱沙尘暴天气，地面平均空气总悬浮颗粒物（TSP）浓度分别为 0.083，0.356，1.206 和 3.955 mg/m^3，即沙尘浓度约按公比为 3 的比率递增；沙尘气溶胶光学厚度分别为 0.417，0.604，0.830 和 1.274，即气溶胶光学厚度约按公比为 1.5 的比率递增。这些差别说明，以能见度为主的沙尘天气划分方法是科学的，它能够反映不同沙尘天气条件下的大气含尘量及气溶胶光学厚度不同的物理本质。

为了适应沙尘天气预报服务和科学研究的需要，更好地反映不同强度沙尘天气的客观特征，2006 年依据《中华人民共和国气象法》，引用和参考国家相关行业标准，参照我国地面气象观测规范和近年来我国沙尘天气预报服务情况，为了满足气象、环保、农业、林业、交通等各行业的实际需要，中国气象局又制定了新的《沙尘暴天气等级》国家标准，即将沙尘天气共分为 5 级，1 级是浮尘，2 级是扬沙，3 级是沙尘暴，4 级是强沙尘暴，5 级是特强沙尘暴。具体定义如下：

——浮尘天气是指当天气条件为无风或平均风速≤3.0 m/s 时，尘沙浮游在空中，使水平能见度小于 10 km 的天气现象。

——扬沙天气是指大风将地面尘沙吹起，使空气相当浑浊，水平能见度

在 1 km 至 10 km 以内的天气现象。

——沙尘暴天气是指大风将地面尘沙吹起，使空气很浑浊，水平能见度小于 1 km 的天气现象。

——强沙尘暴是指强风将地面大量尘沙吹起，使空气非常浑浊，水平能见度小于 500 m 的天气现象。

——特强沙尘暴是指狂风将地面大量尘沙吹起，使空气特别浑浊，水平能见度小于 50 m 的天气现象。

1.1.2 与沙尘暴相联系的其他风沙活动现象

风沙活动是存在于全球干旱荒漠化严重地区的一种普遍的自然现象，沙尘暴则属于其中最强烈的一种风沙活动，与此相关联的风沙活动主要还有下列两类。

(1) 风沙流

风沙流是一种发生在沙漠及邻近地区贴地层气流搬运大量固体颗粒（沙粒）所形成的混合流（流体力学中称为"气固两相流"）(屈建军等 2005)，它的形成依赖于近地层空气与沙质地表两种不同密度介质的相互作用。当近地面的风速大于 4 m/s 时，粒径 0.1～0.25 mm 的沙粒就能被搬运，通常，风力作用不小于起沙风速之后，沙质干燥疏松地表在气流冲击力的作用下，使沙尘颗粒脱离地表进入近地层气流中便形成风沙流（图 1.2）。风沙流中沙粒的颗粒大小和风速成正比，其含沙量与高度有关。据观测，风沙流中的绝大部分沙粒都在近地表 10 cm 以下，并随着风速的增大而增多。关于风沙流结构，众多学者对其含沙量的垂直分布做了许多研究，结果均认为随着高度增加，其相对输沙量呈指数规律递减。

图 1.2 穿越公路的弱风沙流现象

风沙流和沙尘暴有明显的差异,前者是从风沙物理学的角度来定义的贴地层气流与沙粒两者相互作用形成的混合流(气固两相流),其影响高度一般在 1 m 以下;而后者则是从气象学的角度来定义的发生在对流层低层,大风与地表相互作用而产生的一种气固两相流现象,其影响高度可达几百米乃至几千米。由此可见,两者既有联系又有区别,沙尘暴除了风速比风沙流的最低风速要大以外,还要求水平能见度小于 1 km。通常有风沙流出现时,不一定产生沙尘暴,而沙尘暴发生时,在近地层必然伴随有强烈的风沙流(黄宁等 2007)。

(2) 尘卷风

尘卷风是一种发生在大气对流边界层内,能将沙尘或者碎屑等物质扬到高空,具有温度较高的低压核心和较短生命周期的旋风,是自然界中一种最常见的自然现象,也是气象学中一种比较独特的天气现象。

我国西北干旱、半干旱地区在非沙尘暴事件多发期(如夏季、秋季)里,大气边界层内粉尘活动仍很频繁。当晴空较强的太阳辐射被地面吸收继而加热低层空气时,会造成近地面空气温度急剧上升。热空气的密度相对较低,在浮力的作用下迅速上升而形成对流。在一定的条件下,一种以垂直涡形式存在且含有一定量微细粉尘的特殊对流现象经常发生在大气对流边界层内,即尘卷风(图 1.3)。据观测,尘卷风的气象要素特征是气温上升 4~8 K,气压下降 21.5~41.5 hPa,最大切向速度和垂直上升速度分别大约 15 m/s。据观测,美国亚利桑那地区的尘卷风直径一般为数 10 m,尘柱高度小于 600 m,而据澳大利亚的观测,尘卷风的直径为 32~141 m,尘柱高度为 300~660 m。

图 1.3 2007 年 9 月 13 日发生在中国库姆塔格沙漠的尘卷风(何清摄)

虽然尘卷风是小尺度的局地现象，但是在某些地区会频繁发生，暗示它在风沙环境的演化中可能具有重要作用。

尘卷风按移动方式可以分为两类——驻留式和迁移式。有人曾观察到在较平坦的地区，驻留式尘卷风通常会发生在特殊地形上的小高地，如义冢，然后持续相当长一段时间，并从其邻近地区卷走大量松散的尘土和其他轻的碎屑。迁移式尘卷风，其路径变化很大，有些本质上是随机性的，而另一些则取直线式或规则的螺旋式。

尽管沙尘暴天气通常是一种中尺度天气现象，而尘卷风仅仅是小尺度天气现象，而且两者的诱发条件有差异，但根据前述观测数据，强沙尘暴和尘卷风发生前后的气象要素变化有很好的一致性，这可能意味着强沙尘暴内空气流场的内部结构与尘卷风的结构具有相似性。

1.2 中国历史时期的沙尘暴

根据对深海岩心和冰盖沉积物的测定分析，早在白垩纪末，也就是距今约7000万年，就有沙尘暴发生。在漫长的地质历史中，沙尘暴显示出周期性变化，遇气候暖湿时期，生长茂密的地表植被对地面尘沙起到覆盖和固定作用，即使动力、热力条件具备，也不容易产生沙尘暴；反之，遇气候冷干时期，植被退化、覆盖率降低，则易产生沙尘暴。但不管地质时期沙尘暴强弱如何，破坏力有多大，那时也只是自然力对自然物的破坏，是地球地质作用的一部分，谈不到什么灾害。进入人类历史时期后，随着人口增长，生产建设和生活需求，人类活动对大自然的影响加剧，由此而产生的沙尘暴不仅是一种自然现象，而且对人类社会的发展也成为一种自然灾害了。

我国历史上关于沙尘暴的记载，就全国而论，在张华的《博物思》中已有"夏桀之时，为长夜宫于深谷之中，男女杂处，十旬不出听政，天乃大风扬沙，一夕填此空谷"的记载。虽此项记载含有迷信成分，认为桀王耽于酒色，百日不问朝政，以至受到上天惩罚，扬起的沙尘一夜时间就将他建长夜宫的谷地都填塞了，但还是反映出了当时强沙尘暴发生的情景。

从历史文献中不难看出，年代愈近，记载的沙尘暴次数也愈多。当然，历史上的记载不可避免地存在着某些人为因素，有的人对沙尘暴的发生及其危害看得重一些，记载就会翔实些；有的人将它看得轻一些，记载就会简略些，或不予记载。再者，沙尘暴本身的强弱及危害程度也有差异，而且沙尘暴的发生常带有局地性，从前交通不发达，信息传播不灵，或多或少地也影响了对它的全面认识和客观记载，尽管如此，历史上关于沙尘暴由简至繁、规模由小到大变化趋势的记载,还是基本上能够反映出当时沙尘暴的总体情况。

表1.2汇集了关于沙尘暴的历史记载,记录的年代是从公元前130年到公元1949年新中国成立,这一历史时期对沙尘暴的记载一般均较简略。但从新中国成立以来,陆续在全国范围内建立了气象台站观测网,对沙尘暴有了统一、规范的观测记录。

表1.2 中国西北西汉(公元前130年)至1949年沙尘暴灾害次数统计(袁林1997)

项目	西汉—南宋 (1400年) (前130—1270)	元代 (97年) (1271—1368)	明代 (277年) (1368—1644)	清代、民国 (306年) (1644—1949)
风沙灾害次数	32	2	12	63
沙尘暴次数	4	0	4	28
频率	12.5%	0	33.3%	44.4%

历史时期关于沙尘暴的记载,有一小部分(约15.7%)属于灾情记载,很简略,如公元351年甘肃武威一带,"二月武威大风,黄雾下尘,摧树上,倒房屋,伤亡人畜甚多"(卢琦等2001)。这条记载虽也反映了当时的灾情,但叙述简略,缺乏数量的记录,仍使人对这场沙尘暴的危害难以得出明晰的印象。直至1936年始见对沙尘暴造成的灾情有较清楚的记录,如新疆托克逊"五月六日上午狂风猛烈,飞沙走石,三昼夜造成风灾:吹失小麦二百石,沙填坎井数道,水渠十数道,两千两百多亩耕地受损,沙压房屋七十二间,水磨一盘"。有了这样的记录,我们就可以对当时风沙灾害造成的经济损失加以定量估计。

关于历史时期沙尘暴发生的频率,据有关史书统计,从公元前3世纪到新中国成立后的1954年期间,我国西北共发生沙尘暴70次(同一时间在一个地点或相邻的若干地点发生的为1次),平均31年发生一次。在两千多年的历史时期内,大约经历了五个沙尘暴频发期,分别为1060—1090,1160—1270,1470—1560,1610—1700和1820—1890年。如果以世纪为单位,将各世纪中发生沙尘暴的次数表示出来,那么它们的时间分布可列成表1.3。从表中可以看出,沙尘暴在各世纪中发生次数是有多有少的,少时为零次,多时高达17次,20世纪仅半个世纪也发生了17次。由于形成条件的差异,沙尘暴有强弱之分,估计历史所记载的是比较强的沙尘暴;每次沙尘暴分布范围也会有大小,历史所记载的沙尘暴也必定是分布范围较大的。从记载地域推断,历史上沙尘暴分布范围大的如公元354年[甘肃、宁夏两省(自治区)西部及新疆东部]、1231年(内蒙古伊盟东部、乌盟南部和山西北部)、1306

年(范围同1231年)、1619年(山西西北部和榆林地区东部)、1830年(宁夏南部以及甘肃中、东部地区)等,而这几次记载的沙尘暴情况同我们现在见到的强或特强沙尘暴的地理分布极其吻合,当然,这也是比较罕见的。从表1.3还可看出,历史时期沙尘暴在各世纪的分布自13世纪以来有增加趋势。

表1.3 我国历史时期各世纪沙尘暴发生频次(张德二 1984)

世纪	发生次数	世纪	发生次数	世纪	发生次数
前3世纪	1	6世纪	1	14世纪	1
前2世纪	0	7世纪	0	15世纪	2
前1世纪	1	8世纪	0	16世纪	7
1世纪	0	9世纪	1	17世纪	4
2世纪	0	10世纪	0	18世纪	10
3世纪	1	11世纪	0	19世纪	17
4世纪	3	12世纪	0	20世纪上半叶	17
5世纪	1	13世纪	3	合计	70

另外,以降尘为主要形式的"雨土"的频数变化可在一定程度上反应沙尘天气的活动情况,雨土的频发期基本上可以代表沙尘暴的多发期。张德二(1984)根据我国历史时期雨土年表绘出了公元300年以来的雨土频数曲线(图1.4)。可以看出,自公元300年以来,雨土频发期具有明显的波动性,与表1.3给出的历史时期沙尘暴发生次数的变化基本一致。

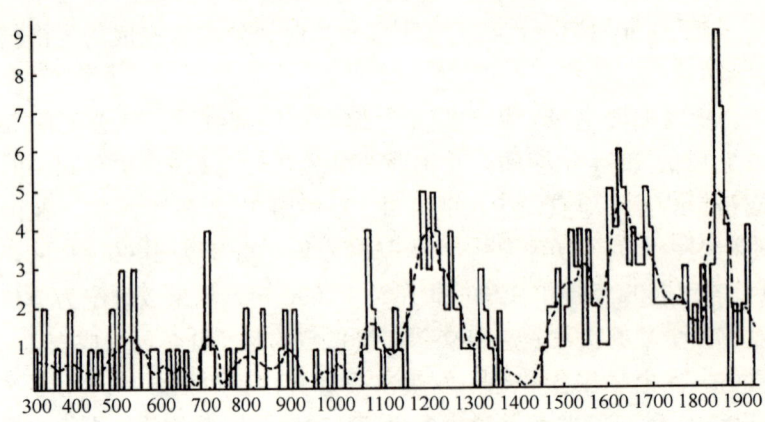

图1.4 公元300—1900年中国雨土频数变化曲线(张德二 1984)

此外,我国古代诗词中有不少有关沙尘暴的描写和记载。晚唐边塞诗人李益曾在春天过陕西破讷沙漠时,遇上了沙尘暴,留下了绝句《度破讷沙》:

眼见风来沙旋移，经年不省草生时。
　　莫言塞北无春时，总有春来何处知。

　　诗人用诗的语言记录了自己亲历的一场沙尘暴。首句"眼见风来沙旋移"，高屋建瓴，气势逼人，仅一个"旋"字，可反映风沙来势之猛烈。

　　宋宣和四年（1122年）初秋时节，宋徽宗府学教授、太学博士陈与义由洛阳经中牟入京城开封讲学，秋风送爽，令人好不惬意。不料遇上了沙尘暴，十分懊恼，写下《中牟道中》绝句两首，其中一首云：

　　杨柳招人不待媒，蜻蜓近马忽相猜。
　　如何得与凉风约，不共沙尘一并来。

　　诗人骑马赴任，一路上秋风阵阵，杨柳依依；蜻蜓在空中飞来飞去，刚飞近马的身边，想落在马背上休息，可是又惧怕马的大尾巴，于是很快又飞离而去，活脱脱一幅生机勃勃的初秋画图。可恶的是，突然刮起了沙尘暴，吹得人睁不开眼睛，真是令人扫兴。要是能跟大自然"预约"一下，叫沙尘别跟凉风一块儿来，那该多好啊！

　　远在晋代，陆机就用他的诗笔为我们留下了沙尘为害一方的珍贵史料。他在《为顾彦先赠妇诗》中这样写道："京洛多风尘，素衣化为缁。"晋以洛阳为京都，这里的"京洛"就是洛阳。这两句是说，洛阳这个地方沙尘多，而且很可怕，沙尘一来，白衣服都被染成黑衣服了。这既有诗词语言的夸张成分，也是对沙尘暴肆虐一方的真实写照。

　　宋代科学家沈括《梦溪笔谈》一书中，记叙他在延安考察中发现了"石油"，说这种物质"颇似淳漆，燃之如麻，但烟甚浓，所沾帐幕皆黑"。他特地赋《延州诗》一首：

　　二郎山下雪纷纷，旋卓穹庐学塞人。
　　化尽素衣冬未老，石烟多似洛阳尘。

　　老百姓烧石油，冒出浓浓的黑烟，把白衣服染成黑衣裳，令人生厌，用什么比喻不好，诗人偏要借用陆机的诗句，以"洛阳尘"比喻"石烟"。可见，沙尘暴对人们生活的影响之深远。

　　《唐诗纪事》上所载的王之涣的《凉州词》：

　　黄沙直上白云间，一片孤城万仞山。
　　羌笛何须怨杨柳，春风不度玉门关。

　　一阵狂风，卷起黄沙，接天滚地，迎面冲来，锋面壁立，汹涌前进，顿时飞沙走石，天昏地暗，历久不息。"黄沙直上白云间"是描写河西走廊当时沙尘暴来临时沙尘壁的绝妙佳句，我们近几年拍摄到的强沙尘暴图片不正是如此吗？

1.3 全球近代沙尘暴重大事件概览

沙尘暴广泛发生在世界各地,是亚热带干旱荒漠地区常见的一种自然灾害,在全球中纬度干旱半干旱地区也时有发生。但更多情况下,沙尘暴通常发生在受人类干扰严重的干旱地区。一旦气候长期干旱导致地表干裸、土地荒漠化,则大风一刮,沙尘暴必起无疑。我们回眸20世纪,查阅世界四大洲的相关历史典籍,不难看出所记载的沙尘暴曾经"风"狂到了"极点"(卢琦等2001)!

1.3.1 20世纪30年代美国西部大平原沙尘暴事件

1935年4月14日(黑色星期天,图1.5):"在数周沙尘暴频发之后(包括发生在3月底那场摧毁了500万 acre①麦田的沙尘暴),人们终于看到太阳出来了,纷纷外出打工、上教堂、出门野营,或是在蓝天下沐浴阳光。然而,下午时分,气温骤然下降,鸟儿不安地啼鸣。突然,一股黑云般的沙尘云出现在地平线上,急速翻滚涌来。路上的行人在沙尘中搏击着赶回家,有些人则不得不在半途中停下来,在废城旧址中寻找藏身之地,就这样在漆黑中静坐了四个多小时,时刻担心会窒息而死;之后,继续上路……"

图1.5 1935年春天发生在美国堪萨斯州的一次黑风暴

以上记述的发生在这个"黑色星期天"的沙尘暴是美国历史上最严重的沙尘暴之一,以至于它造成的损害在过了很多年以后还不能完全估算出来。

---

① 1 acre(英亩)= 4046 m²。在现行法定计量单位中,英亩是非许用单位。

阿卫斯·卡尔森在《新共和国》杂志发表的文章中写道:"就像用铁锹往脸上扬沙一样。""人们在自家庭院里赶上沙尘暴,都得摸着台阶进门。行进中的汽车必须停下,因为世界上没有一只车灯可以照亮黝黑的沙尘旋涡……这次沙尘暴是所有沙尘暴中最可怕的一次梦魇,即使在偶然的晴朗白天和平常的阴沉天气,我们也无法摆脱沙尘恶魔的纠缠。我们整天与沙尘生活在一起,呼着灰气,吃着尘埃,天天看着沙尘剥夺我们的财产,使我们发财的希望变得渺茫、化为灰烬。诗情画意般的春天变成了古代传说中的幽灵,噩梦变成了现实。"

由于沙尘暴,几百万公顷的农田被废弃,几十万人口流离失所。当看到旱灾和沙尘暴没有暂停的迹象,众多人口抛弃了他们的土地,其他滞留下来的人,在丧失了银行抵押土地的返还权时,也被迫迁出家门。总计有四分之一的人口,卷起所有行头,乘着各种大小机动车,向着西部的加利福尼亚州迁徙,广袤的大地几乎成了"荒无人烟的废墟"。

"黑风暴"引起的大量人口迁徙是美国历史上最大的一次移民,到了1940年,大平原几个州共有250万人口外迁,其中有20万涌入加利福尼亚州。正如1935年《矿工杂志》中所描写的那样,当这些"生态移民"来到边境时成了不受欢迎的人。一位开着破车的当地司机,挺直腰板歇斯底里地狂叫,就像一部失灵的机车上每一个铰链、轴承,连接部位都在发出刺耳的怪叫声一样:"加利福尼亚的救济名单现在严重满员,再来已无济于事。"而几乎崩溃的逃难者却不管他在说什么,只管左顾右盼地照看着自己庞大的家庭成员,紧随其后。他们人挨人,几乎水泼不进,挤进去后再想挤出来都是不可能的事。实际上洛杉矶警察局长不得不动用125名警察,在州界充当人墙,劝阻"这些不受欢迎的人"(卢琦等2001)。

1.3.2　20世纪50年代中亚哈萨克斯坦沙尘暴事件

1955年4月,原苏联伏尔加河下游发生了一连串强烈的白色盐(沙)尘暴,第一次盐(沙)尘暴于4月10日发生在整个里海—咸海流域。东风和东南风风速达到15~20 m/s,即使在3000 m的高度,风速仍达14~18 m/s,气流卷起地面的粉尘和盐尘,并将其吹移至伏尔加河流域的中下游地区。相关气象台站记录了4月11和12日两天粉尘、盐尘弥漫的干旱灰霾天气。在卡尔梅克加盟共和国的埃利斯塔城,4月11日上午6时出现了盐(沙)尘暴,下午4时达到最高峰,直至次日下午5时停止。迎风面地面物体和植被上落了0.1 mm厚的一层灰白色粉尘。经化学分析,47.4%为可溶盐沉降物,52.6%为不可溶残积物。总盐量中,硫酸盐高达90.6%,氯化物7.4%,重碳酸盐2%。据初步估计，每一公顷土地沉降了25 kg的硫酸钠。4月18—22日，发生了更强的风沙盐（沙）尘暴，从强度和特点来看，这些盐粉沉降物属于罕见现象。4月18日这一天，哈萨克斯坦西部风速达到15～20 m/s，有些地段高达20～25 m/s，几乎达到飓风风力。风卷盐（沙）尘暴形成巨大的沙尘云团直袭哈萨克斯坦西北地区、北部地区和伏尔加河流域的中上游地区；4月19日，盐（沙）尘暴抵达高尔基市，形成尘霾天气，能见度降至1000 m。

根据航空观测，盐（沙）尘云团高达3000～4000 m，当干热的盐（沙）尘暴出现在东南方向的刹那间，地面、物体、植被以及牲畜身上覆盖了一层白色沉降物，沉降物厚达1～2 mm，有些地段达2～4 mm。化学分析表明，沉降物主要是硫酸钠、氯化钠、镁盐、石膏颗粒和硅石颗粒物。如前所述，虽然白色盐暴曾经发生过多次，但1955年4月18—22日的盐粉尘暴影响极大，危害范围超过50万km²（卢琦等2001）。

1.3.3 20世纪30年代至80年代加拿大沙尘暴事件

20世纪30年代，加拿大干旱和风蚀现象极为严重。在大草原地区的250个城市中，有700多万公顷土地受到了旱灾的影响，导致沙尘暴频发，其风蚀到底摧毁了多少农田，虽没有准确记录，但当时土地表土被剥蚀的局面用"失控"来形容一点都不为过。1996年，哥雷用如下的生动语言描述了20世纪30年代发生在加拿大大草原地区的沙尘暴："大风卷起表土，就像大雪般弥漫了艾伯塔的铁路，沙尘暴将萨克其万贫瘠大地上的表土吹蚀、搬运、堆积到下风方向地区的万顷良田上。里贾纳、穆斯乔、斯威夫特卡伦特三个城市里里外外都蒙上了一层厚厚的尘土。温尼伯金黄的外衣受到了沙尘的洗礼。冬季降雪常使道路无法通行，而夏季风沙尘暴同样会使道路交通瘫痪。风沙流埋没了居民的院墙和篱笆，阻塞了防风林带，压埋了菜园、果园和花园。沙土漫过了鸡舍，撕裂了窗户，家家室内灌满了尘土沙子，门前堆积了黄沙，使得人们出不了门，离不了村，走不了路。真可谓："风沙迷漫出门难，一场沙暴毁家园"。

沙尘暴和干旱摧毁了许多城镇和大面积的粮田，给加拿大人民的财产和粮食生产带来了不可估量的损失。以1988年的沙尘暴和干旱为例，直接生产损失估计达18亿加元。加拿大政府花在这次灾难中的保险和补助金达14亿加元。各省政府也由于沙尘暴和干旱等自然灾害，耗费了粮食损失的巨额费用。其中，萨克其万省损失最为惨重，每年超过1.3亿加元（按1995年不变价计算），马尼托巴的粮食损失每年大约在3000万加元。据估计，大草原地区三省每年因风蚀花在农场上的开支大约为2.49亿加元（表1.4）（Wheaton

1984，Wheaton 等 1987）。

表 1.4　加拿大沙尘暴/干旱最严重的灾害及其费用

时间	灾害	地区	经济损失（按 1989 年不变价计算）
1936 年	尘暴、干旱、热浪	所有各省	小麦损失 5.14 亿加元
1961 年	沙尘暴、干旱	大草原三省	小麦损失 6.68 亿加元
1979—1980 年夏	沙尘暴、干旱	大草原三省	25 亿加元
1984 年	尘暴、干旱、热浪	西部各省	10 亿加元
1988 年夏	尘暴、干旱、热浪	大草原三省	18 亿加元的产品损失
		安大略省	40 亿加元的出口损失

1.3.4　20 世纪 70 年代北非大陆沙尘暴事件

20 世纪 60 年代末至 70 年代初（1968—1973 年），发生在撒哈拉沙漠南部边界的苏丹至萨赫勒地区的干旱荒漠化和沙尘暴等生态灾难，是 20 世纪除两次世界大战之外，近百年人类历史上最悲惨的灾难——损失了一半家畜和 200 多万头游牧牲畜，600 万以上的生态难民流离失所，几十万人死亡。

英国牛津大学地质学院的研究记录表明，自 1900 年以来，英国共经历过 17 次撒哈拉沙漠降尘。来自撒哈拉沙漠最终降到英国的一次降尘量可达 1000 万 t。这是一些粒径仅有 0.01 mm 的红色尘埃，呈碱性，在空中飘移距离达 1200 mile[①]。埃尔·巴兹认为，撒哈拉尘暴搬运的微细颗粒（图 1.6）集中于

图 1.6　从撒哈拉沙漠移到死海上空的强沙尘暴

---

① 1 mile（英里）=1.609 344 km。在现行法定计量单位中，英里是非许用单位。

大气层中 1.5～3.7 km 的高度层内。每年有 2500 万～3700 万 t 尘埃输送到赤道以北的大西洋地区，有的穿过 60°W 线沉降。有人研究发现，海底沉积物中风吹来的沉降粉尘占 20%～75%，陆地上有大面积的黄土及类似黄土的覆被层，证明干旱半干旱的沙漠地区不仅是沙尘暴的形成地，也是粉尘、盐分向外输出的源地。Barrow（1991）等进一步确认，每年参与地球化学循环的数百万吨磷元素中有一半以上是从撒哈拉沙漠以浮尘传输形式输送到北大西洋的，而北太平洋 95% 的可用铁元素是通过大气环流过程从中蒙干旱沙漠区传输到海洋的（卢琦等 2001）。

1.3.5　20 世纪 80 年代至 90 年代澳大利亚沙尘暴事件

1983 年，南澳东部的平原发生了一次大规模的沙尘暴（图 1.7）。大量的土壤被大风吹蚀，降尘覆盖了澳大利亚东部和新西兰，绵延 1800 多千米。细小的土壤颗粒被卷入大气，导致尘土随着气流绕地球转了三圈。1994 年也有类似现象发生，沙尘暴席卷了西澳、南澳和新南威尔士西部，据估算，这几个州的农业主产区大约损失了 1000 万～1500 万 t 表土，这些表土被大风席卷，以沙尘暴形式殃及澳洲大陆的大部分地区。南澳平均每年有 8.5 d 的沙尘天气，空气中的浮尘量足以引发哮喘病的暴发，据报道南澳 20% 的哮喘病问题与空气中的浮尘有关（McTainsh 等 1987）。

图 1.7　1983 年 2 月 8 日发生在澳大利亚墨尔本市的特强沙尘暴

1.4　沙尘暴研究历程与科学争论

沙尘暴的发生、发展和消亡是一个包含大气、土壤和陆面相互作用的复杂过程。同样，沙尘暴的研究也是一个多学科相互交叉的复杂问题，目前已涉及气象学、地理学、生态学、环境学、灾害学、流体力学、土壤物理学、卫星遥感等诸多学科领域，并且在每一个学科领域都积累了大量的研究成果。这些成果为我们进一步认识沙尘暴奠定了良好的基础，但由于篇幅有限，我们不可能一一枚举，现只将国内外研究历程作一简要回顾。

沙尘暴是一个与草原退化、土地沙漠化区域相联系的环境问题，其影响具有全球性。早在1921年Hankin就曾研究报道了印度的沙尘暴"Andhi"。随后1925年Sutton也分析了苏丹沙尘暴"Haboob"（哈布）的若干特征。1997年11月阿拉伯国家联盟和世界气象组织在叙利亚召开了第一届国际沙尘暴学术会议（First LAS/WMO International Symposium on Sand and Dust Storms，ISSDS-1），讨论了沙尘暴的时空分布特征和业务数值预报试验等问题。近年来，国际沙尘暴的研究又向沙尘气溶胶方向进一步发展，特别是亚洲沙尘气溶胶问题得到了国际学术界的高度重视，目前在全球大气化学计划中已优先启动了亚洲沙尘气溶胶特性观测试验（Aerosol Characterization Experiment-Asia，ACE-Asia），并已取得一系列极为重要的新成果。

我国北方的沙尘暴多发区属于亚洲沙尘暴多发区的一部分（王式功等2000）。据报道（方宗义等1997），有确切沙尘暴记录的年代可以追溯到公元前3世纪。新中国成立以后，徐国昌等（1979）首先对1977年"4·22"黑风的影响系统、演变特征和环流背景等方面进行了研究。1993年"5·5"黑风暴之后，有关部门于当年9月在兰州召开了第一届全国沙尘暴学术研讨会，掀起了中国沙尘暴研究的第一个高潮。同年11月国家科委在"八五"（1991—1995）科技攻关项目中，增列了"西北地区沙尘暴研究"，第一次较为系统地研究了沙尘暴的成因、监测和预报预警方法等（王式功等2000）。之后，沙尘暴方面的研究报道逐步增多（张德二1982，王式功等1996，Zhang等1996，刘景涛等1996，杨东贞等1998，张德二等1999，牛生杰等2000a）。2000年4月10日"中国科学院地学部风沙问题咨询小组"在北京成立，并于5月7日发布了院士咨询报告《关于我国华北沙尘天气的成因与治理对策》（叶笃正等2000）。至此，中国沙尘暴研究进入了第二个高潮期，研究工作更加深入细致（方宗义等2001，Sun等2001，Qian等2002，周秀骥等2002，中国气象局预测减灾司2002），一方面与国际接轨，另一方面也更趋向于满足业务部门实时监测预警服务的需要（中国气象局预测减灾司2002，Shao等2003，赵琳娜2002a）。

沙尘暴是一个涉及多学科交叉的问题，由于不同的学者所处的观察角度不同，研究的出发点和方法不同，分析中所用的样本资料及其覆盖面和代表性不同，所以得出的看法也不尽相同，从而也就不可避免地存在一些学术争论，其中比较突出的有两大争论：

【争论一】近50年中国沙尘暴的变化趋势是在增多还是减少？有人认为是以增多为主（方宗义等1997），也有人认为是以减少为主（王式功等2000，杨东贞等1998，张德二等1999，叶笃正等2000，Qiu等2001），还有人认为虽然沙尘暴总数在减少，但强沙尘暴在不断增多（邹旭恺等2000）。

【争论二】关于沙尘暴形成的两个主要控制因素——强劲持久的风力和地表松散干燥的沙尘源，哪一个因素对沙尘暴的形成更重要？事实上，这一争论就是目前国内学者对中国沙尘暴的气候背景问题的两种截然不同的看法，有的学者认为，过去及未来几十年内，北半球中纬度内陆地区降水量变化不大，但温度显著升高，地表蒸发加大，土壤变干，荒漠化土地面积逐年扩展，沙尘暴的地表沙尘物质条件越来越丰富，沙尘暴增多、增强（史培军等2001）。而另一些学者认为，气候的自然冷暖变化取决于大气环流的调整变化，区域性气候变暖，意味着冷空气活动偏弱，大风天气偏少，沙尘暴的动力条件减弱，沙尘暴减少、偏弱（Sun等2001，赵琳娜2002a）。其实，争论的核心在于：气候变化是通过改变下垫面沙尘源的物质条件来影响沙尘暴？还是通过大气运动来直接影响沙尘暴的发生发展？两者谁起主导作用？

1.5 理性看待沙尘暴

沙尘暴的主要危害方式是：强风、沙埋、土壤风蚀和大气污染。沙尘暴给群众生活带来种种不便的同时，也给经济社会造成巨大损失。那么，沙尘暴就是"有百害而无一利"吗？答案是否定的。在行诸多弊端的同时，沙尘暴还在无形之中为人们的生存做了一件件好事，可谓默默无闻，可有人却只看到了沙尘暴的负面影响，一味丑化沙尘暴，这么做对沙尘暴有失公允。

沙尘暴对人类有益的一面，除了如人们公认的造就了中国的黄土高原以外，主要还有以下几方面。

(1) 沙尘暴对夏威夷风景与亚马孙雨林的作用

据科学家对夏威夷大气微粒的化验结果，这些土壤来自中国西北地区干旱苍凉的荒原，即造就夏威夷最初的养料源自遥远的欧亚大陆。科学家认为，如果没有沙尘暴，夏威夷只是一些兀立在海里的巨型岩石，没有土壤，没有花草，充其量只会成为海鸟的栖息地。科学家还发现，地球上最大的绿肺——亚马孙河流域的雨林也得益于沙尘暴，其重要的养分来源之一也是空中的沙尘。沙尘气溶胶含有铁离子等有助于植物生长的成分。

(2) 沙尘暴对减轻酸雨的作用

酸雨沉降对生态环境和人类健康带来许多不利影响。在日本，有人说中国的沙尘暴影响了日本的环境。最近，日韩许多媒体纷纷报道，科学家发现沙尘暴所携带的碱性沙尘可以中和大气中工业污染排放出的酸性物质，大大降低酸雨的酸性及其危害。

酸雨是伴随工业发展产生的一个环境问题。在我国，工业排放的 SO_2 是导致酸雨的主要物质。南北方 SO_2 排放程度大致相当，但酸雨主要出现在长江以南，北方只有零星分布。学术界对这一现象早有解释：北方多风沙，来自沙漠的沙粒偏碱性，北方土壤、飘尘也偏碱性，含钙的硅酸盐和碳酸盐都会中和大气中的一些酸性物质。现在科学家已经测算出沙尘暴对酸雨的影响，即沙尘及土壤粒子的中和作用使中国北方降水的 pH 值增加 0.18~2.15，韩国增加 0.15~0.18，日本增加 0.12~0.15。

(3) 减轻温室效应

沙尘暴增加了太平洋近赤道区域、东北区及南大洋中的海洋微生物，从而可减轻温室效应。美国化学家约翰·马丁发现，太平洋近赤道的区域、太平洋东北区和南大洋中铁的浓度太低，以致这些区域的浮游植物生长受到严重抑制。他发现，铁抵达海洋表面的途径是通过风吹起的沙尘输送的，因为沙尘中含有丰富的铁，增加了浮游植物的生长能力，使其从大气中吸取了更多的 CO_2，降低了 CO_2 的浓度。

人们最近才认识到，海洋浮游植物吸取 CO_2 的作用不亚于陆地植物。1988 年世界上几个不同的研究小组得出了一个共同的结论：浮游植物能将大约 450 亿~500 亿 t 的 CO_2 合成到自己的细胞中。科学界早已推算出每年大气中约有 1000 亿 t 的 CO_2 被吸收了，其中陆生植物只吸收大约 520 亿 t，而另一半被浮游生物吸收了。海洋浮游植物在吸收温室气体方而的贡献堪与陆生植物平分秋色。与陆生植物相比，海洋浮游植物的繁殖速度更快，发展空间更大，这是今后减少温室气体的一个重要途径。

1988 年国际研究项目"全球海洋通量联合研究"开始对海洋碳循环进行量化研究。发现死亡浮游植物的细胞和动物排泄物中有机物质一部分被微生物分解，所固定的碳通过海水循环又释放到大气中；另一部分是未被分解就沉入海洋深处的浮游植物，这些有机物沉到 200 m 以下的深海，很难与其上较温暖、密度较低的海水循环交换，被固定的碳能长时间停留在海里，从而对碳贮存发挥作用。通过这一被称为"生物泵"的过程，浮游植物将表层海水及大气中的 CO_2 转移到海洋深处。2001 年美国研究人员报道了每年被泵入深海的碳物质总量为 70 亿~80 亿 t。相当于浮游植物每年所吸收的碳的 15%。

此外，沙尘暴对沙尘的输送在一定程度上弥补了一些地区的土壤不足，如撒哈拉沙漠每年因沙尘暴向亚马孙盆地东北部输入的沙尘量有约 1300 万 t，相当于该地区每年每公顷增加 190 kg 的土壤。我国黄土高原的形成，一些土石山区的土壤形成，沙尘暴功不可没。还有，沙尘暴刮走一些地方土壤中肥沃的浮土，也给降落地增加了土壤中的养分（卓俊骐 2006）。

另外，人们在沙尘暴的治理上也存在误区。有人认为治理沙尘暴就是要让沙尘暴消失。事实上，沙尘暴自古就有，我国出土的汉简上便有关于沙尘暴的记载。沙尘暴以前有，现在有，将来仍会有。在长期受干旱气候控制、荒漠化比较严重的地区，人们治理沙尘暴能够达到的目标只能是最大程度地降低它给人们带来的影响和损失（卓俊骐 2006），并不能完全消灭它。

有人认为沙漠和天然戈壁是沙尘的来源，挡住了沙漠和戈壁，就挡住了沙尘暴。诚然，沙漠是沙尘的重要来源，可天然戈壁不是；另外，干旱农田和退化牧场也是重要的沙尘源地，当具备一定的气象条件时也能产生扬沙或沙尘暴，因此，人类社会的无序活动是形成沙尘的重要原因之一。

总之，让我们以理性的眼光来看待沙尘暴，趋其利，避其害，努力构建人类与大自然的和谐氛围，保护和建设好我们赖以生存的地球家园！

第2章 沙尘暴的基本特征

2.1 沙尘暴的地理分布

2.1.1 全球沙尘暴地理分布

沙尘暴的地理分布与土地沙漠化区域密切相联。据统计,全世界主要有四大沙尘暴多发区,分别位于中亚、北美、澳洲以及包括北非至西亚在内的中东地区(卢琦 2000)(图 2.1)。

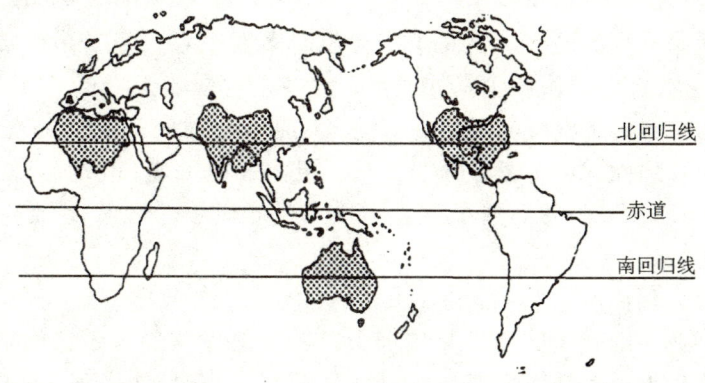

图 2.1 全球沙尘暴频发区域分布(图中阴影区为沙尘暴多发区)(卢琦 2000)

(1) 中亚沙尘暴

中亚是全球发生沙尘暴最多的地区之一,有几个多发中心:一个在伊朗、阿富汗和巴基斯坦等国的交界处;一个在阿富汗的土耳其斯坦平原,年平均出现天数最多的为 80.7 d,出现在伊朗宾斯登地区。这些地区的沙尘暴主要发生在春夏的旱季。前苏联中亚地区的哈萨克斯坦、乌兹别克斯坦、土库曼等地也是沙尘暴多发区(≥15 次/a)。邻近的南亚地区印度也有两种沙尘暴:一种称为洛风,是由于低槽加深产生强气压梯度造成的;另一种称为安德海

(Andhi)，是由雷暴云或飑线的下曳气流引起的（Joseph 等 1980）。我国北方和蒙古国南部的沙尘暴多发区属于中亚沙尘暴区东部的一部分，主要发生在北方几大沙漠、沙地、戈壁及其边缘的荒漠地区，其中南疆盆地塔克拉玛干沙漠南部（如和田）的沙尘天气（包括浮尘、扬沙和沙尘暴），在多发年份，年发生日数可以超过 300 d。

（2）撒哈拉沙尘暴

撒哈拉大沙漠位于非洲北部，气候条件极其恶劣，是地球上最不适合生物生存的地方之一，也是全球发生沙尘暴的主要源地之一。从 20 世纪 70 年代初到 80 年代中期，由于连年旱灾以及当地人过量放牧和开垦，造成草场退化、田地荒芜、沙漠化土地蔓延、沙尘暴加剧，当地人的生活环境急剧恶化。频繁的沙尘暴还殃及邻近地区，有的沙尘被东风带过大西洋到达了南美洲亚马孙地区，还有的沙尘被吹到了欧洲。英国牛津大学地质学院的研究记录表明，自 1900 年以来，英国共经历过 17 次撒哈拉沙漠降尘。Duce 等确认，每年参与地球化学循环的上亿吨磷元素中有一半以上是从撒哈拉沙漠以浮尘传输形式输送到北大西洋的（Franzen 等 1995）。

（3）美国沙尘暴

分布于美国西部和墨西哥北部的沙漠及接壤的荒漠干旱区是北美洲大陆的主要沙尘暴源区，每年春季沙尘暴时有发生。其中美国中南部是北美地区浮尘出现频率最高的地区，也是美国沙尘暴多发中心。美国亚利桑那州凤凰城每年都要遭到 2~3 次沙尘暴的袭击，这些沙尘暴属于哈布（Haboob）型，大多数是由雷暴的下曳气流引起的，侵入凤凰城的时间一般在 17—21 时。沙尘暴到达时，地面气温一般下降约 7 ℃，最大风速可达 36 m/s，能见度一般可降至 400 m 以下，极端情况甚至降为 50 m 以下，通常能维持 1 h 左右（Brazel 1986）。

（4）澳大利亚沙尘暴

澳大利亚中部和西部地区是澳洲大陆沙尘暴发生最为频繁的地区，每年平均达 5 次以上，并且还表现为鲜明的季节性，每年在澳大利亚的晚春（9 月或 10 月）和夏季（12 月至次年 2 月）沙尘暴发生得最为显著；在南澳旱农耕作区及其毗邻地区，冬雨降临之前的晚秋也会发生沙尘危害。沙尘暴的影响范围，水平可达数百千米，垂直距离高达数千米。1983，1993 和 1994 年发生在澳大利亚最严重的沙尘暴给东部沿海城市以及周围的城镇带来了毁灭性的灾难（杨德保等 2003）。

2.1.2 中国沙尘暴地理分布

中国的沙尘暴多发区属于中亚东部沙尘暴区域的一部分。从 1961—2006

年46年平均的年沙尘暴总日数的全国分布图（图2.2）（钱正安等2002，周自江2001，王式功等2003）可以看出，在我国西北、华北大部、青藏高原大部和东北平原地区，多年平均的年沙尘暴总日数普遍超过0.5 d，是沙尘暴的主要发生区和影响区。塔里木盆地及其周围地区、柴达木盆地西南部、河西走廊、阿拉善高原、河套平原、鄂尔多斯高原和西藏高原局部地区年沙尘暴总日数超过10 d，是沙尘暴的多发区。塔里木盆地中部及其周围地区、阿拉善高原及相邻的河西走廊东北部分别是沙尘暴的两大高频中心，年沙尘暴总日数达20 d以上，局部接近或超过30 d，如新疆民丰34.9 d，柯坪31.0 d，和田26.0 d，甘肃民勤28.2 d，内蒙古拐子湖27.5 d等。特别是塔克拉玛干沙漠腹地的满西和塔中两地区，从1989和1990年两年的实测资料分析结果（图2.3）可看出，此区域沙尘暴年日数的变化范围为10～65 d，其发生频率表现为沙漠的南缘高于沙漠的北缘，西缘高于东缘；沙尘暴发生最频繁的地区是沙漠腹地的塔中，该地区的地表全部被流沙覆盖，沙尘暴年发生日数可达56～75 d，这不仅是塔里木盆地的最高纪录，而且也是中国大陆沙尘暴年发生日数的极值。研究发现，中国年沙尘暴总日数超过5 d的沙尘暴易发区大多属中纬度干旱和半干旱地区，这些地区受荒漠化的影响和危害比较严重，地表多为沙漠（如塔克拉玛干沙漠、古尔班通古特沙漠、库姆塔格沙漠、柴达木盆地沙漠、巴丹吉林沙漠、腾格里沙漠、乌兰布和沙漠等）、沙地（如毛乌素沙地、浑善达克沙地）和旱地，植被稀少，大风过境时，易形成沙尘暴。

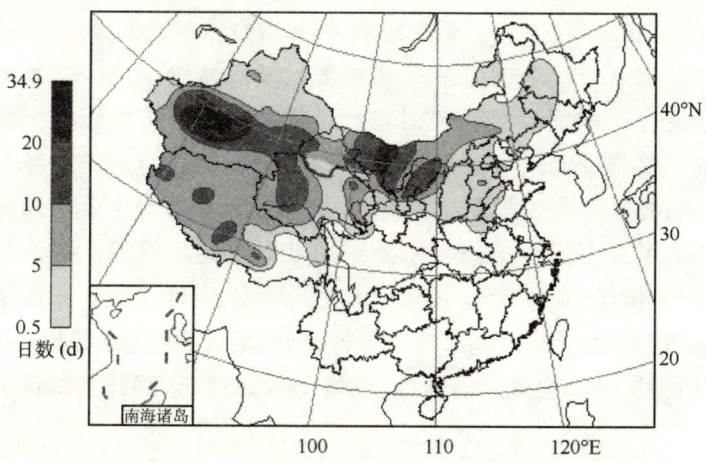

图2.2 1961—2006年平均的年沙尘暴总日数的全国分布

（引自周自江等2006）

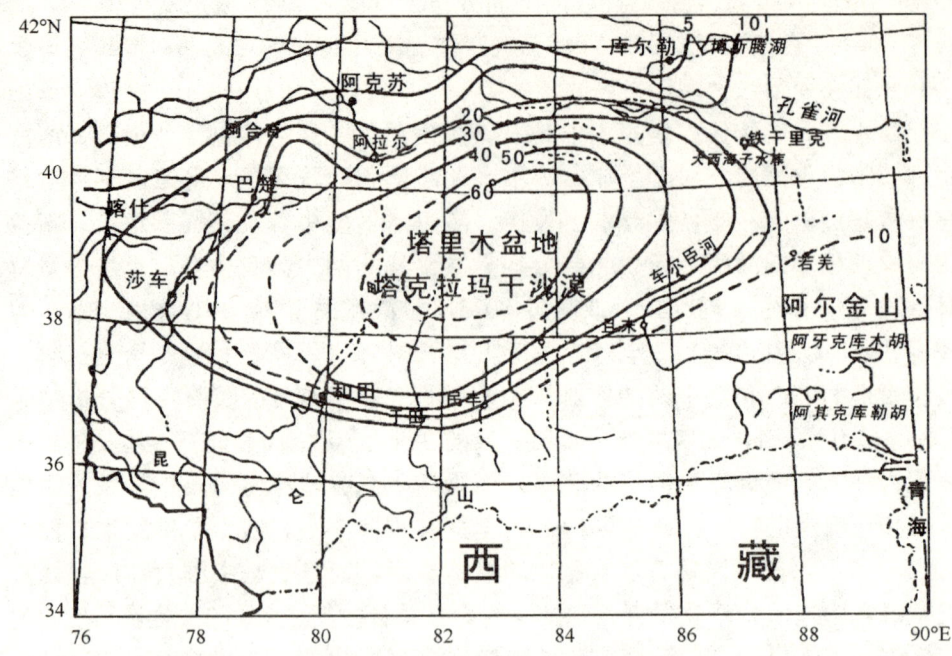

图 2.3 塔里木盆地中部地区沙尘暴年平均日数分布（单位：d；引自李虎等 1999）

进一步观察 1954—2006 年中国北方典型强沙尘暴的地理分布（图 2.4）可以看出，53 年累计强沙尘暴发生频次超过 5 次的多发区域主要位于南疆盆地、西北地区东部和华北地区北部。其中新疆的若羌和民丰分别高达 33 次和 32 次，是强沙尘暴的最高频发中心，其次是新疆和田 25 次、且末 23 次、甘肃民勤 27 次、安西 20 次、宁夏盐池 28 次和内蒙古朱日和 24 次，以这些地区为中心向周围辐射分别形成了多个高频发区域。显然，强沙尘暴的多发区域与沙漠、沙地等干旱荒漠区紧密相联。同时，多发区域恰好位于影响我国的强冷空气的主要路径上，这也进一步证实了强冷空气的入侵的确是引发沙尘暴的主要动力源，而地表裸露的疏松沙尘则是沙尘暴的主要物质源，两者有机结合便构成了我国强沙尘暴空间分布的基本格局。值得一提的是，河北中部的饶阳在 20 世纪 50 年代至 70 年代出现了 9 次强沙尘暴，末次出现时间为 1978 年 4 月 15 日。另外河南郑州、开封、许昌和山东菏泽等地在 20 世纪 60 年代也曾发生过 1~2 次成片的强沙尘暴，这是我国东部纬度最低的强沙尘暴发生区。

总之，与国外其他地区相比，中国沙尘暴空间分布具有以下几个显著特点：

——影响面积大，西起新疆，东抵沿海，受沙尘暴和扬沙不同程度影响的省市区分别为 17 个和 25 个。

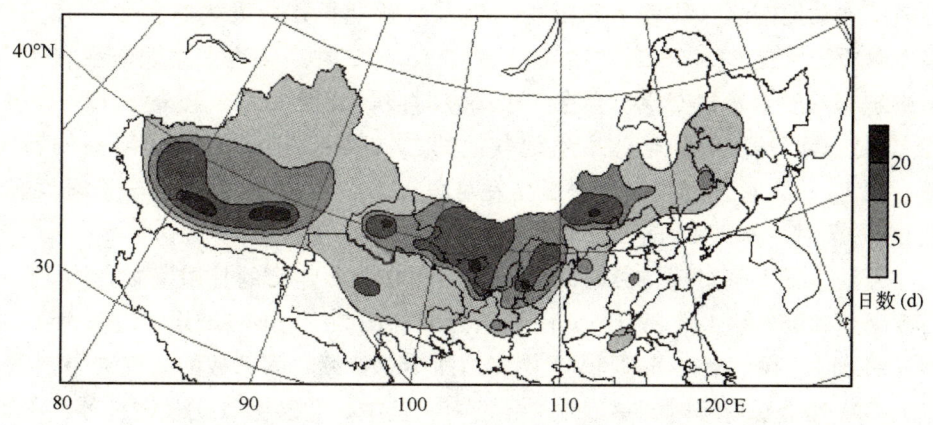

图 2.4　1954—2006 年中国北方典型强沙尘暴的地理分布

——高频区集中，在我国集中着两个主要高频区：①塔里木盆地及其周围地区，其中塔中可能是亚洲区域内沙尘暴发生频次最高之地；②阿拉善高原、河西走廊东北部及其邻近地区。

——与地表沙化程度密切关联，如塔克拉玛干等大沙漠，以及散布在黄河河套、青藏高原、内蒙古高原的沙地为沙尘暴天气的发生提供了极为丰富的沙尘物质源。

此外，天气系统、地形地貌、山脉走向、地表覆被状况和降水分布等都对沙尘暴的地理分布起着重要影响。

2.2　沙尘暴的时间变化

2.2.1　日变化与持续时间

沙尘暴具有明显的日变化特征，一日之中，沙尘暴发生在午后到傍晚时段内的，约占 65.4%；其他时段的，仅占 34.6%。在甘肃河西走廊中部地区，黑风暴大都出现在中午 12 时至晚上 22 时以前的时段内。每天 13—18 时是沙尘暴天气易发高峰期。陕西榆林、吴旗、横山沙尘暴发生在上午者仅占 19%～25%，发生在下午的占 50%～63%。夜间的占 11%～26%。宁夏沙尘暴天气发生在上午的占 22.7%，下午的占 63.7%，夜间的占 13.6%。

我们对几个典型区域的沙尘暴日变化的研究结果显示：北疆区（代表站乌苏、精河）沙尘暴高发时段在每日的 16—21 时，00—10 时极少发生。南疆区大多数站点（以柯坪为例）高发时段在16—21时，与北疆相似。然而，南疆塔里木盆地南缘（代表站和田）沙尘暴活跃期长，全天均有发生，有三个高发时段分别在01—03时、10—13时和18—22时。柴达木盆地南缘（代表站格尔木）沙尘暴日变化也存在三个高发时段，分别在13—15时、18—20时和23时—次日01时。柴达木盆地其他站点（以刚察为例）沙尘暴高发期较短，在13—16时。河西区沙尘暴高发时段11—20时，河套区略早于河西区，在09—17时，两区21时～次日05时很少有沙尘暴发生。

强沙尘暴天气过程持续时间最长的出现在河西走廊的甘肃民勤，为14小时57分（1959年4月27日），南疆地区的和田为8小时56分（1993年6月23—24日）。我们对乌苏等10个代表站沙尘暴持续时间频数的研究结果表明，绝大多数沙尘暴持续时间一般在2h之内。其中，北疆区（代表站乌苏）沙尘暴持续时间较短，乌苏持续时间1h以内的沙尘暴占84.2%，93.1%的沙尘暴持续时间在2h以内。南疆区塔里木盆地北部（代表站柯坪），有82.6%沙尘暴持续时间在1h之内，2h以内的占91.4%。塔里木盆地南缘和东缘（代表站和田）持续时间较长，和田持续时间1h之内的沙尘暴仅占37.7%，8h以上的沙尘暴也占2.8%。柴达木盆地区沙尘暴持续时间较短，刚察和格尔木1h之内的占77%，2h以上的仅占12.8%和8.1%。河西区、河套区沙尘暴持续时间较长，金塔、民勤、盐池、同心2h以内的沙尘暴仅占58.3%～70.1%，2h以上的占29.9%～41.7%。

2.2.2　季节变化

总体而言，从我国西北几个主要沙尘暴多发区的统计结果看，沙尘暴的季节分布基本为春多秋少（图2.5），这是因为春季我国北方地区冷暖空气活动最频繁，多大风，气温回暖解冻，大气层结不稳定性增加，地表裸露，沙尘容易被吹起。但比较而言，不同地区沙尘暴的季节分布又有一定的差异，可大致分为四类：

——冬春单峰型，其特点是冬季和春季的沙尘暴相对较多，并且只有一个波峰（波峰的出现时间大致为冬末春初），例如西藏申扎和青海兴海12—4月的沙尘暴日数分别占全年总数的95.6%和92.6%。

——冬春双峰型，其特点是1月和4月各有一个波峰，4月的波峰明显高于1月，例如北京和河南郑州，1—5月的沙尘暴日数分别占全年总数的74.6%和80.5%，其中春季3—5月的沙尘暴日数分别占全年总数的49.3%和53.1%。

——春季多发型，沙尘暴主要集中在3—5月，例如辽宁阜新、内蒙古朱日和、山西河曲、宁夏盐池和新疆吐鲁番，其间沙尘暴日数依次占全年总数的 80.9%，73.9%，72.5%，60.7% 和 68.5%。

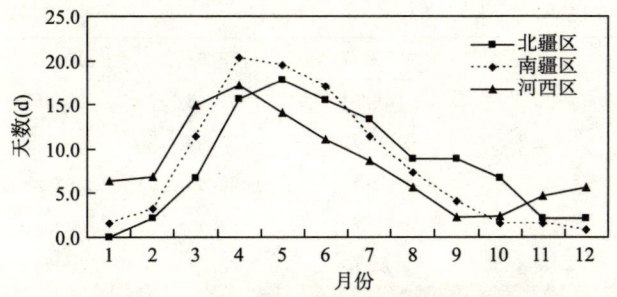

图 2.5 1961—2006 年中国西北不同地区沙尘暴月平均发生日数年变化

——春夏频繁型，沙尘暴主要集中在 3—8 月，例如甘肃敦煌、民勤，青海格尔木，内蒙古拐子湖，新疆和田、柯坪、民丰等，其中春季 3—5 月的沙尘暴日数占全年总数的比例依次为 47.1%，41.8%，50.9%，45.1%，48.0%，40.0% 和 40.9%。

由表 2.1 可见，除了春季以外，我国沙尘暴多发区域内夏季的沙尘暴也占了很高的比例，不容忽视。另外，在我国 110°E 以东地区（包括华北大部和东北平原）和青藏高原主体，冬季的沙尘暴占了较大比例，特别是西藏高原，冬季是全年沙尘暴的多发季节，这与我国其他地区明显不同。进一步通过对 46 年平均的年沙尘暴总日数超过 0.5 d 的沙尘暴主要发生区和影响区内 252 个站的考察，发现春季占全年总数的平均百分比为 59.1%，其中年沙尘暴总日数超过 5 d 的易发区平均为 51.8%，年沙尘暴总日数超过 10 d 的多发区平均为 47.8%，年沙尘暴总日数超过 20 d 的高发中心平均为 44.2%。

表 2.1 北京等 16 个代表站各季沙尘暴日数占全年总日数的百分比

（P_{12-2}：冬季的百分比；P_{3-5}：春季的百分比；P_{7-8}：夏季的百分比；P_{9-11}：秋季的百分比）

代表站	多年平均的年沙尘暴总日数	P_{12-2}	P_{3-5}	P_{6-8}	P_{9-11}
北京	1.8	33.80	49.30	12.68	4.23
阜新	1.3	17.03	80.86	0.00	2.13
郑州	3.2	31.26	53.12	12.51	3.12
吐鲁番	3.7	2.05	68.49	25.34	4.10
河曲	3.7	9.40	72.48	12.08	6.04

续表

代表站	多年平均的年沙尘暴总日数	P_{12-2}	P_{3-5}	P_{6-8}	P_{9-11}
朱日和	8.2	12.27	73.93	10.13	3.68
敦煌	12.0	16.04	47.08	28.96	7.92
格尔木	12.2	12.32	50.93	29.57	7.19
兴海	8.8	47.87	48.44	0.00	3.69
申扎	16.5	63.84	34.19	0.15	1.82
盐池	18.6	24.83	60.68	10.74	3.76
拐子湖	27.5	8.02	45.09	36.15	10.74
民勤	28.2	19.59	41.84	29.17	9.40
和田	26.0	2.60	47.97	41.62	7.81
柯坪	31.0	2.66	40.03	48.75	8.56
民丰	34.9	4.73	40.87	46.02	8.37

2.3 沙尘暴的结构与物理化学特征

2.3.1 沙尘壁结构

1984年4月19日出现在我国河套地区的强沙尘暴，1993年5月5日出现在新疆东部、河西、宁夏、河套等地的特强沙尘暴，其共同特征就是在沙尘暴前沿有一道高约300～400 m的沙尘壁，呈滚动式向前推进（如图2.6所示），它是沙尘暴系统中的重要组成部分。沙尘壁下层呈黑色，中、上部红黄相间，像咆哮的洪水一般自西北向东南推移，气势磅礴，距壁1 km处，还能听到沉闷的轰鸣声。顷刻间，沙尘遮天蔽日，狂风呼啸，空气呛人，晴朗的天空变成一片漆黑，水平能见度降至<50 m。这道数百米高的沙尘壁是怎么形成的呢？沙尘壁中的滚筒或滚球状尘团又是怎么产生的呢？形成如此高大的沙尘壁，其后方必有强大的冷气团向前推进，同时还有一支高空强风速带或高空急流相配合，加剧高空动量下传，形成一支极强的下沉冲击气流，向地面俯冲，与低层或地面的强风汇合，促使地面风速加大，加强锋前地面的辐合上升运动，从而将地面大量沙尘卷起，形成沙尘壁。另外的研究认为，沙尘暴天气过程中之所以能形成如此壮观的沙尘壁，除了上述讲的动力因素之外，热力因素也极为重要。由于沙尘暴前期通常处在强的热低压之中，使地面午后升温剧烈，这加剧了地面强对流的发展，促使上升气流增强，当冷

锋过境时，锋面前后温度梯度特别大，变压梯度也非常大，从而加剧了地面辐合，促进锋前上升气柱不断增强，导致沙尘壁形成。与其前部的晴朗天空形成明显的反差，视觉中，它像一道高大的沙尘墙。

图 2.6　向前推进的沙尘壁

关于沙尘壁的发展和维持，有关研究还发现，沙尘壁之所以如此高耸、雄伟壮观、得以发展和维持，除了外界的动力因素和热力因素之外，沙尘壁自身还产生正反馈和自循环，从而加速能量转换，促使系统发展。如图 2.7a 所示，沙尘壁形成后，由于沙尘壁后部沙尘弥漫，太阳辐射被浓密的沙尘所反射、折射和吸收，使太阳辐射对地面的增温明显减弱，使锋后冷空气进一步变冷，促使锋后下沉气流加强，由此又增强了锋前低层的辐合；而在沙尘壁前部，天空晴朗，太阳辐射增温明显，地面气温上升快，这样便使沙尘壁前后温度梯度和气压梯度急剧加大，同时变压梯度也增大，造成锋前低层辐合上升加剧，由此使沙尘壁自身又产生了一种内部加速发展的机制。

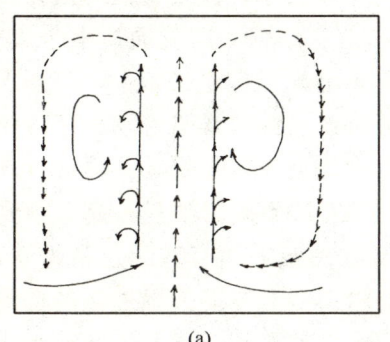
(a)

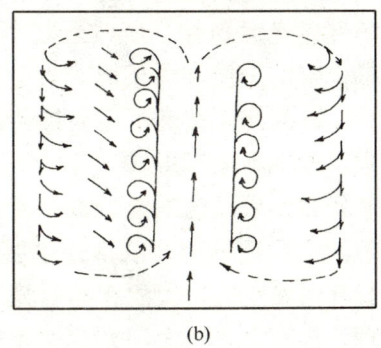
(b)

图 2.7　沙尘壁形成的正反馈模型 (a) 和自循环模型 (b) 示意图（引自张钛仁 1997）

从图 2.7b 还可看出，沙尘壁就是由多个强烈的螺旋式上升的气柱组成的。在气柱的中心，上升运动最强烈；偏离气柱中心，上升运动则逐渐减弱。在重力作用下，气柱中心四周的上升运动首先减弱，达到一定高度，则会由上升转向下沉。特别是沙尘壁后部边缘的气流，在冷锋后强下沉气流的拖曳作用下，会加速下沉运动，在近地层遇到锋面后的偏西北大风时，可将下沉气流吹向沙尘壁气柱底层，其抬升作用将进一步加速气柱的上升运动，这样循环往复，就形成了沙尘壁的自循环。通过自循环的作用，沙尘壁在东移过程中，不断会有新的涡旋状的上升气柱生成（当然，如同强雷暴云体的演变过程一样，也会有许多老的消亡），挟裹起大量沙尘，从而形成无数个大大小小的涡旋状尘团，由此组成了特强沙尘暴系统中磅礴壮观的沙尘壁。

2.3.2 沙尘壁光学特征

沙尘暴，尤其是发展成黑风暴时，具有独特的光学特征。如 1993 年 5 月 5 日发生在我国西北地区的黑风暴，据当时金昌等气象站的目击者记述，黑风暴临近时，可看到 200～500 m 高的"沙尘壁"，形似原子弹爆炸后的蘑菇云状，呈现上黄、中红、下黑三种颜色的翻滚式沙尘团。对这一现象，王式功等（1993）从光学角度解释为：太阳光是由赤、橙、黄、绿、蓝、靛、紫七种单色光组成的，且它们的波长是依次递减的（0.75～0.4 μm），太阳光通过大气层时，由于大气层最上层中的微粒直径最小，它能散射掉一部分太阳光中的紫色光，所以，高层大气中天空是呈紫色的。太阳光再通过中上层大气时，该层大气中的尘埃微粒直径因与蓝光波长相当，故又把太阳光中的蓝色光散射掉一部分，所以我们看到该层的天空是蔚蓝色的。在沙尘壁中，由上升气流产生的上举力较大，其低层的沙尘粒径最大，中层次之，上层主要是浮尘，粒径较小。因浮尘微粒能把太阳光中的黄色光散射掉，所以我们看到沙尘壁上层是黄颜色。太阳光再通过沙尘壁中层时，较大直径的微粒又将太阳光中的红色光散射掉，所以看到中层呈红色。因太阳光通过整个大气层，再穿过沙尘壁的上层和中层时，其七种颜色的光已被全部散射、反射、吸收或遮挡住了，故沙尘壁最下层为黑色，因而被强沙尘暴覆盖的地区可使白天变成黑夜，伸手不见五指。

另有研究结果认为，沙尘壁上、中、下三层不同的颜色，是太阳光穿过不均匀的沙尘粒径不同的浓密沙尘层后被强烈散射而衰减的正常光学现象，这与夏日阵雨发生时巨大的积雨云笼罩，白天顿时变得天昏地暗的现象是同样的道理。换言之，当太阳光穿过大气层时，若遇到云层及悬浮的水滴和尘埃时会发生光的反射、吸收及散射等一系列光物理学过程，从而改变了太阳光的传播方向或削弱了太阳光的强度。天空晴朗无云时，空中水滴和尘埃粒子较少，主要由于空气分子（小粒子）对太阳光中的蓝色光散射强，才呈现出令人心旷神怡的蔚蓝色天空。可沙尘暴天气发生时，太阳光在到达地面前要穿过深厚浓密的沙尘云带，太阳光既受到沙尘的强烈吸收而显著衰减，使天色发灰黑；又受到浓密尘埃（大粒子）对阳光中红、橙色光更多的散射，使沙尘云呈现红、黄等不同颜色。

2.3.3 气象要素场特征

(1) 气象要素变化

沙尘暴的发生往往与冷锋天气过程相联系，随着地面冷锋自西向东迅速推移，冷锋过境前后气象要素变化剧烈。冷锋前部温度高、气压低、风速小。伴随沙尘暴的冷锋一到，相关气象要素会发生跳跃性变化。如图 2.8 所示，1993 年 5 月 5 日金昌市沙尘暴来临之前，气压持续降低，沙尘暴到达本站，气压涌升而后又略降，形成"气压鼻"现象；沙尘暴发生前气温持续偏高，风速较小；沙尘暴到达本站后，气温骤降，风速突然增大，瞬间可达 20 m/s 以上。此次特强沙尘暴过程中，甘肃河西各气象站都伴随有明显的升压、降温和风速突然增大的过程（见表 2.2）。

沙尘暴发生时，风速突增，强风吹起地面大量沙尘，天空变成灰黄一片，呼啸的大风卷着沙尘铺天盖地，滚滚而来，致使空气异常浑浊，土腥味呛人，能见度急剧下降，几十米之外视线模糊，有时甚至能见度接近 0 m。由于能见度极差，因此，白天，汽车不得不开灯行驶，室内也需开灯照明。

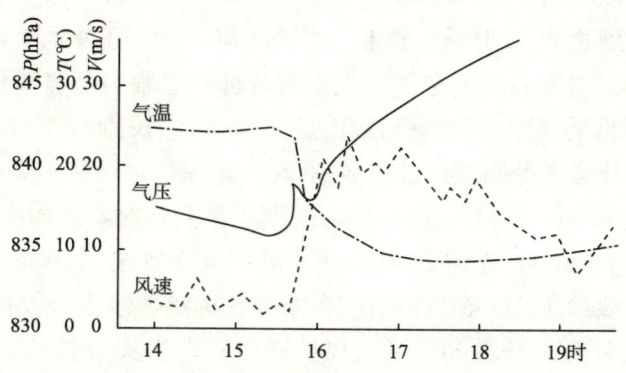

图 2.8　1993 年 5 月 5 日特强沙尘暴过程中金昌市三种气象要素变化曲线

表 2.2 1993 年 5 月 5 日甘肃河西各站气压、温度、风速的突变及沙尘暴出现时间

站名	时间	Δt/min	ΔP/hPa	时间	Δt/min	ΔT/℃
金昌	15:30—15:40	10	+3.1	15:43—15:45	2	−6.6
永昌	15:55—15:58	3	+2	15:58—16:10	12	−5.8
民勤	16:45—16:48	3	+2	16:46—16:50	4	−7.0
武威	16:45—16:48	3	+2.2	16:45—16:47	2	−4.0
古浪	17:10—17:32	22	+3	17:20—17:40	20	−7.7
景泰	18:22—18:25	3	+2	18:25—18:29	4	−4.3
白银	19:20—20:00	40	+3.5	19:28—19:30	2	−2.2

站名	时间	Δt/min	Δv/(m/s)	沙尘暴出现时间
金昌	15:40—16:00	20	22.7	15:42
永昌	15:50—16:10	20	15.0	15:54
民勤	16:40—17:00	20	16.7	16:41
武威	16:30—16:50	20	10.0	16:45
古浪	17:20—17:40	20	18.7	17:24
景泰	18:20—18:40	20	10.5	18:27
白银	19:20—19:50	30	11.5	19:35

临泽沙漠微气象塔站，1993 年 5 月 5 日特强沙尘暴过境前后的地面温、压、湿、风要素变化剧烈。过境前降压值很小，14:16 左右，锋面过境，沙尘暴来临，气压急升，风力大增。15 时达 16.3 m/s，正变压 4 hPa；16 时风速最大达 17.1 m/s，正变压竟达 5.5 hPa。锋面过境前天气晴朗，由于沙漠地面加热剧烈，致使大气处于超绝热不稳定，15 时近地面大气层温度递减率达 14.2 ℃/100 m。这种不稳定大气层结连同锋后大风共同卷起地面大量沙尘。从总辐射也可以看出，14 时总辐射曾达 747 W/m^2，表明天气晴朗，空气干洁。而沙尘暴到达的 15 时后总辐射一直在下降，除了正常的太阳辐射日变化外，还说明锋面过境后由于空气变得十分浑浊，总辐射明显降低，实际也是能见度明显降低的反映。待特强沙尘暴于 16:30 过民勤治沙站时，过境前后的气象要素变化也十分明显。过境前 15 时为东南风，风速 1.7 m/s；16 时转为南风，风速 1.3 m/s；16:30 左右特强沙尘暴到达时，风向突转为西北风，风速骤增至 16.0 m/s，直到 18 时西北大风一直维持在 10.0 m/s 以上。值得一提的是，治沙站 10 多 km 外的民勤县气象站特强沙尘暴期间最大风速达 25.0 m/s，风速大于 17.0 m/s 的大风持续刮了 5 个多小时。

(2) 地面中尺度低压

沙尘暴个例分析表明，沙尘暴多与冷锋前中尺度低压天气系统相联系（王锡稳等 2001）。如 2000 年 4 月 12 日发生在甘肃河西的一次沙尘暴的气压场表现为：4月12日05时地面冷锋前，在敦煌、安西和玉门之间有一个水平尺度约250 km的中尺度低压生成，此时，地面冷锋位于哈密—库米什—库车一线，敦煌和乌鲁木齐的24 h气压差为19 hPa，到08时低压系统原地不动，地面冷锋北段仍停留在哈密附近，南段已移到若羌附近，14时地面冷锋东移至拐子湖、酒泉、冷湖、格尔木附近，这时冷锋的南段从南疆盆地经柴达木盆地其能量和沙尘含量途中得到进一步补充，风力加大，在柴达木盆地形成沙尘暴，而位于冷锋后部的酒泉地区则出现降水。与此同时，冷锋前部的金昌和民勤之间又生成第二个水平尺度约为200 km的中尺度低压系统，低压中心气压为998 hPa，张掖与敦煌的气压差为18 hPa，14时后从张掖开始自西向东陆续出现大风强沙尘暴天气，17时冷锋进入金昌低压后部，锋后3 h变压为6.3 hPa，民勤与张掖的气压差为14 hPa，气压梯度约5.6 hPa/100 km，大风沙尘暴天气加剧，金昌达到特强沙尘暴标准。从卫星云图的动态变化可以看到，冷锋云带是一次自西向东、由南向北、从弱到强的发展过程。在云图上反映出冷锋云带前部始终有一片中小尺度对流单体群，在冷锋云带向东南推进的过程中，不断与这些中小尺度对流单体群相遇合并，它们为冷锋的发展与加强提供了热力不稳定能量，17时冷锋云带发展最为强盛，位于南段的柴达木冷锋和祁连山北段的冷锋完全合并，成为一条完整的东北—西南走向结构密实的带状云带，20时地面冷锋已移至吉兰泰—景泰—共和一线，随后在20:45白银也出现了强沙尘暴天气。这时在兰州、定西、临夏之间又形成第三个中尺度低压系统，水平尺度约为200 km，冷锋到达时只出现了扬沙天气。这次沙尘暴过程中曾出现过三个中尺度低压系统。

2.3.4 辐射特征

沙尘气溶胶作为大气气溶胶的重要组成部分，对地气系统接受太阳辐射的影响不容忽视，尤其是近年来沙尘天气频繁发生，其对太阳辐射以及地气辐射平衡过程的影响，也在一定程度上直接或间接地影响了区域乃至全球的气候变化。

最新研究认为，大气中硫酸盐气溶胶的辐射强迫和二氧化碳等温室气体的辐射强迫量级相当，但符号相反，有抵消效应。而来源于全球干旱沙漠地区的大气沙尘气溶胶约占对流层大气气溶胶总量的一半，它的辐射强迫及其对云和气候变化的影响也愈来愈受到关注。

(1) 沙尘对太阳短波辐射的影响

2001年4—9月，分析在腾格里沙漠中国科学院沙坡头沙漠试验研究站($37°27'53''N$, $105°00'43''E$；海拔1339 m)进行的太阳辐射观测发现，腾格里沙漠盛行风向为西北风，且全年平均风速在 4—5 月份最大，所选观测点正处于腾格里沙漠下风方，所得数据有较好的代表性。观测研究得出这几个月腾格里沙漠附近气溶胶对地面直接辐射的削减比率，如表 2.3 所示。

表 2.3 沙坡头大气浑浊度 τ_a 及不同天气的平均削减比率

天气状况	直接太阳辐射平均衰减率	平均大气浑浊度 τ_a
晴好天气	16.9%	0.260
沙尘天气	38.0%	0.741

表 2.4 沙坡头大气气溶胶、瑞利散射、臭氧及水汽对直接太阳辐射吸收/散射率

气溶胶削减	瑞利散射	臭氧吸收	水汽吸收
32.5%	13.7%	2.7%	5.7%

沙漠地区在晴好天气、天空无云的状态下，气溶胶对直接辐射的衰减大于瑞利散射、臭氧吸收和水汽吸收之和，衰减率约为 47%～2.6%，平均为 16.9%。在沙尘天气条件下，气溶胶对太阳辐射的衰减起着明显且主要的作用，衰减约为 90%～10%，平均为 38%。直接辐射的总削减率变化与气溶胶的削减变化趋势一致，在严重的强沙尘暴中，沙尘气溶胶几乎可以削减直接太阳辐射的全部。

分析 2001 年 4—9 月份的实测资料，我们发现，在沙坡头观测站，4 月份气溶胶对太阳直接辐射的衰减量最大，达 60.5%；此后逐月下降，8，9 月份最小，仅为 22%。这是因为 4 月份是该地区沙尘暴频发率最高的月份，而 8，9 月份为该地区气候和生态状况比较好的时期，且相对湿度最高。从 6 个月的实测资料分析来看，沙坡头地区沙尘气溶胶对太阳直接辐射的衰减起最主要的作用，平均衰减率为 32.5%（表 2.4），远高于其他地区。

沈志宝等（1994）利用黑河试验（HEIFE）沙漠站 1991 年的观测资料，着重分析了黑河地区春季大气浑浊度特征及沙尘对地面辐射能量收支的影响。春季（3—5 月）受沙尘暴天气的影响，大气的平均状况明显浑浊。每次沙尘暴天气产生的大量沙尘滞留在大气中，约一星期时间大气浑浊度才会恢复到沙尘暴前的天气状况。大气沙尘粒径谱的分布服从容格分布，其消光系数很大。明显浑浊的沙尘大气，减少了到达地面的总辐射，增大了向下的长波辐射；而对地面向上的长波辐射，则是白天减少，夜间增大。其综合结果是：白天减小了地面的净辐射能收入，夜间减小了地面的净辐射能支出。表 2.5 给出了黑河试验中沙漠站各月大气浑浊度系数分布。从表 2.5 中可以看出，春季（3—5 月）的大气浊度系数（β）在全年中是最高的，为其他各月的

1.5~2.0倍,最大值β_{max}在4月份可以达到0.628。按照分类习惯,$\beta \geqslant 0.10$ 表示大气非常清洁,$\beta_{max} \geqslant 0.20$ 表示大气明显浑浊。按此分类,本区大气在春季明显浑浊。

表2.5 黑河试验沙漠站1991年各月浊度系数平均值(β月)和最大值(β_{max})

月份	1	2	3	4	5	6	7	8	9	10	11	12
观测次数	12	7	8	13	9	4	4	8	11	11	15	8
β月	0.123	0.142	0.227	0.256	0.196	0.111	0.111	0.161	0.170	0.102	0.095	0.074
β_{max}	0.344	0.215	0.604	0.628	0.305	0.138	0.139	0.282	0.280	0.146	0.208	0.111

表2.6 黑河试验沙漠站1991年3—5月大气浊度系数(β)和波长指数(α)的频率分布(沈志宝等1994)

β	数值	≤0.01	0.101~0.150	0.151~0.200	0.201~0.300	0.301~0.400	0.401~0.500	0.501~0.600	≥0.601
	比例	6.7%	20.0%	13.3%	36.7%	10.0%	3.3%	3.3%	6.7%
α	数值		2.0~1.81	1.80~1.41	1.40~1.21	1.20~1.01	1.00~0.81	0.80~0.61	
	比例		6.7%	26.7%	33.2%	13.3%	13.3%	6.7%	

春季波长指数α的值都小于2.0,其平均值$\bar{\alpha}=1.35$。按粒子有效半径与α的关系,春季大气沙尘粒子多为有效半径大于0.1 μm的大粒子或巨核(沈志宝等1994)(表2.6)。

沈志宝等(1994)在研究黑河地区大气沙尘对地面辐射能收支的影响时给出了不同大气浑浊度时大气透过率和地面总辐射的计算结果,如表2.7所示。

表2.7 张掖、沙漠站不同大气浑浊度时大气透过率(T_r)和地面总辐射[Q_s/(W/m^2)]计算结果(沈志宝等1994)

	β	0.1	0.2	0.3	0.4	0.5	0.6
张掖站	T_r	0.811	0.80	0.788	0.777	0.765	0.754
	Q_s	961.44	948.40	934.17	921.13	906.91	893.87
沙漠站	T_r	0.790	0.775	0.760	0.745	0.731	0.717
	Q_s	928.96	911.32	898.68	876.05	859.58	843.12

根据估算结果,大气浑浊度增大0.1,张掖地面总辐射减少1.3%~1.4%,沙漠则减少1.9%,在1991年4月中旬,大气浑浊度由0.1增加到

0.6，地面总辐射张掖减少了 67.6 W/m² (7.0%)，沙漠站则减少了 85.8 W/m² (9.2%)。

(2) 沙尘对地气系统和大气辐射的影响

①沙漠地区沙尘对长波辐射和净辐射能量收支的影响

成天涛等（2005b）在分析浑善达克沙地气溶胶辐射强迫时发现，在桑根达莱观测点（图 2.9），大气透过率在扬沙和沙尘暴天气条件下急剧减小，大气透过率日变化十分显著，晴天可达 0.8 以上，沙尘和扬沙天气透过率急剧减小，能见度极低时仅为 0.01。沙尘层及其以下大气因吸收短波和长波辐射而出现增温，低层大气的红外释放增加致使到达地面的长波辐射增多，沙尘浓度越大，地面接收的长波辐射也越多，最大可达 360.0 W/m²。对比晴天、扬沙和沙尘暴天气白天地面的总辐射、长波辐射及净辐射能收支发现，沙尘暴最严重时地面仅得到 8.0 W/m² 的太阳辐射。地表温度降低造成红外辐射损失减小，沙尘暴时地表长波损失最小仅为 12.0 W/m²；地表净辐射能收支在沙尘浓度较大时为负，即地表净损失能量，最大损失量为 28.0 W/m²。

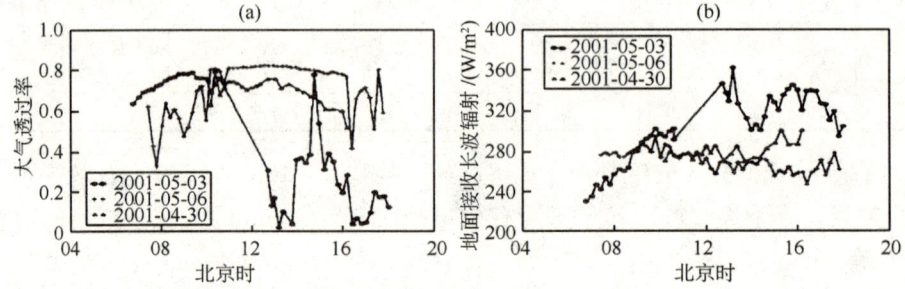

图 2.9 桑根达莱观测点晴天、扬沙和沙尘暴天气的大气透过率和地面接收长波辐射（成天涛等 2005b）

就不同天气条件下白天的平均大气透过率和地表辐射量而言，同晴天相比，到达地面的总辐射，扬沙天气减少 99.91 W/m²，沙尘暴天气减少 414.03 W/m²；地面收到的长波辐射扬沙天气增加 10.49 W/m²，沙尘暴天气增加 55.35 W/m²；地面短波辐射收入，扬沙天气减少 81.69 W/m²，沙尘暴天气减少 321.76 W/m²；地面长波辐射支出，扬沙天气减少 37.04 W/m²，沙尘暴天气减少 105.0 W/m²；地面净辐射能收支，扬沙天气减少 44.75 W/m²，沙尘暴天气减少 216.86 W/m²。春季桑根达莱多风沙天气，整个观测期间大气透过率平均为 0.594；白天地面向下的短波和长波辐射平均分别为 562.66 W/m² 和 281.96 W/m²，分别比晴天减少 118.46 W/m² 和增加 11.63 W/m²；白天地面净辐射能收支为 273.79 W/m²，比晴天减少 45.13 W/m²。

夜间沙尘气溶胶主要对长波辐射产生影响。在浑善达克沙漠，2001年4月30日夜间风速增大，沙尘浓度相对较大，而5月3日白天出现阵性强沙尘暴，夜间沙尘逐渐消散。从三个典型天气夜间的长波辐射变化可知，沙尘浓度越大，地表净损失能量越少，晴天地表长波辐射损失最多，夜间沙尘气溶胶对低层大气和地表具有保温作用。观测期间，夜间地面接收长波辐射平均为 272.23 W/m², 平均地表净损失长波辐射能量为 65.69 W/m², 沙尘浓度较大时地表能量损失明显小于平均值，夜间地表长波辐射净损失量因沙尘出现平均减少约 67.84 W/m²。

从另一个观测点苏尼特左旗观测到的地面能量收支日变化同桑根达莱一致，从图2.10可以看出，苏尼特左旗晴天的大气透过率可达0.80以上，沙尘天气大气透过率有所降低，强沙尘暴时透过率最低可达到0.04；地面接收长波辐射最大可达到 369.34 W/m²。强沙尘暴天气地面接收到的太阳辐射能量很少，甚至出现能量净亏损，观测期间地表净辐射能收支最低达 −15.6 W/m²。与晴天相比，沙尘暴天气白天的平均大气透过率减少 0.42，地面接收短波辐射减少 309.47 W/m², 地面接收长波辐射增加 21.68 W/m², 地面短波辐射收支减少 271.12 W/m², 地面长波辐射收支减少 105.18 W/m², 地面净辐射能收支减少 253.70 W/m²。可见沙尘暴发生时，苏尼特左旗的平均大气透过率及地面各辐射量的变化与桑根达莱接近，辐射强迫效果也是一致的，即白天冷却地表，夜间抑制地面冷却。

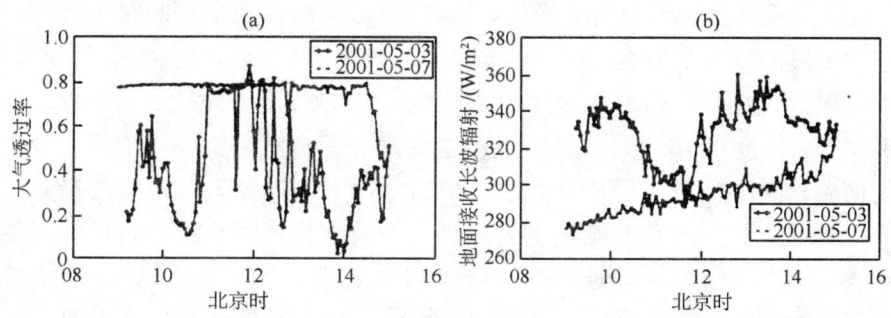

图2.10 苏尼特左旗观测点晴天和沙尘天气的大气透过率和地面接收长波辐射

②沙尘对地气系统和大气的辐射加热、冷却作用

沙尘对大气透过率和行星反照率的影响在沙漠上空应为加热地气系统和大气，在绿洲上空作用则相反，净的加热或冷却取决于地表反照率，按照沈志宝等（1994）的研究结果，决定大气沙尘对行星反照率变化或增或减的地表反照率"临界值"也许不大于0.3。在沙漠上空，大气沙尘的短波辐射效应

不仅减小行星反照率而增暖地气系统，同时也增加了对太阳短波辐射的吸收而增暖大气。当大气浑浊度系数 β 约由 0.15 增大到 0.6，沙尘层（850～600 hPa）内大气的附加加热率约为 2.4～3.7 K/d。在绿洲上空，大气沙尘的短波辐射效应为冷却地气系统，对大气层似乎也具有冷却效应，但此结果需要进一步研究验证。大气沙尘的长波辐射效应同样与地表状况有关，在绿洲上空是减小地气系统和大气的长波冷却，严重浑浊日大气层顶出射长波辐射在正午和午夜前后分别比通常减少 22～53 W/m² 和 15～36 W/m²，垂直气柱中长波辐射通量辐合增大了 15～40 W/m²，沙尘层内相应的长波加热率约为 0.5～1.3 K/d。而在沙漠地区，大气层顶出射长波辐射对大气沙尘的变化并不敏感，但大气沙尘肯定增大了大气的长波冷却，严重浑浊日沙尘层内的附加长波冷却率约为 −0.8～−1.3 K/d。

2.3.5 沙尘气溶胶的污染特征

沙尘是一种大范围、高浓度、具流动性的颗粒污染物，也是地壳物质和土壤微粒进入大气层并通过大气传输而进行物质再分布和再循环的重要过程。空气中沙尘气溶胶的浓度变化，对人体和动物呼吸系统的影响极为显著，尤其是细颗粒物质（粒径小于 10 μm 以下）易于富集空气中的重金属、酸性氧化物、有机污染物、细菌、病毒等，且能较长时间悬浮在空气中，可以输送到很远的地方。

据王玮等（2002）分析，华北地区 TSP 浓度均以沙尘暴期间为最高，比沙尘暴前可高数倍乃至十几倍，远远超过了相应的标准，同时大气气溶胶的污染也表现出沙尘暴的污染特征。沙尘暴期间 TSP 浓度在大粒径段（$d>2.1$ μm）明显增加，由 60% 增加到 88%，它们主要来源于自然土壤、沙尘等。沙尘暴发生前总悬浮颗粒物（TSP）浓度以小粒径（$d<2.1$ μm）的浓度为最高，约占 40% 以上，这些气溶胶微粒主要来自人为排放物；而在沙尘暴期间富集程度却大大下降（杨东贞等 1995）。另外，牛生杰等（2005）将 APS-3310 型激光空气动力学气溶胶粒子谱仪安装在飞机上，于 1999 年春末对中国西北沙漠地区上空的气溶胶进行探测。结果表明，沙漠地区上空沙尘气溶胶粒子数浓度一般为 1～10 个/cm³，平均直径为 1.6～4.6 μm，最大直径为 13.0～28.0 μm；TSP 质量浓度为 0.01～0.08 mg/m³，$PM_{2.5}$ 和 PM_{10} 分别占 TSP 的 3.6%～13.8% 和 50.3%～88.1%。

根据在河西走廊西端的敦煌气象站进行了长达两年多的试验观测研究，也获得了该地区沙尘气溶胶质量浓度的基本特征。大流量采样器长期监测结果表明，敦煌地区平均 TSP 质量浓度高达 374.5 μg/m³，超过了国家环境空气质量浓度的二级标准，而且大部分月份（2—9月）的平均值也超过这一标准，表明沙尘污染是该地区大气环境的基本特征。不同天气条件下 TSP 质量浓度存在明显差异，最大值可为最小值的 485 倍左右。通常表现为沙尘暴＞扬沙＞浮尘＞清洁大气，而且存在量级差别：背景大气一般为 10^1 $\mu g/m^3$，浮尘为 10^2 $\mu g/m^3$，扬沙为 10^3 $\mu g/m^3$，沙尘暴为 $10^3 \sim 10^4$ $\mu g/m^3$。TSP 浓度的年变化特征与降水、沙尘事件日数等气象资料在季节上的搭配比较一致，最大峰值出现在沙尘事件最多的 4 月份，是全年平均的 3.2 倍，并在 10 月份达到全年最小值。

牛生杰（2001a）通过贺兰山地区四个采样点对沙尘气溶胶样本的质量浓度资料进行分析，得出以下结论：贺兰山地区春季背景大气的沙尘气溶胶质量浓度（Anderson）为 $76.0 \sim 142.4$ $\mu g/m^3$，其平均值（123.05 $\mu g/m^3$）作为沙漠地区背景大气沙尘气溶胶平均质量浓度比银川平原的背景大气平均值（98.4 $\mu g/m^3$）约高 20.0%；质量浓度峰值所在级数也有所不同。背景大气、浮尘、扬沙、沙尘暴天气平均质量浓度存在较大差异，浮尘天气的质量浓度为 $189.8 \sim 583.6$ $\mu g/m^3$，平均为 406.6 $\mu g/m^3$，是背景大气的 3.54 倍，其质量浓度峰值位于 5 级或 6 级；扬沙天气的质量浓度为 $614.03 \sim 1949.0$ $\mu g/m^3$，平均为 1199.3 $\mu g/m^3$，是浮尘天气的 2.95 倍，浓度峰值变化较大；沙尘暴天气的质量浓度为 $1311.6 \sim 4045.0$ $\mu g/m^3$，其平均值为 3212.3 $\mu g/m^3$，是扬沙天气的 2.68 倍，其浓度峰值多位于 1 级至 6 级。由于整个 4 年探测期间未遇特强沙尘暴，沙尘暴天气本身的质量浓度可能有量级差异。由 KB-120E 及 PM_{10} 采样器在相同时段内所采样品计算出的总质量浓度与 Anderson 型采样器相比虽有一定差异，但沙尘暴、扬沙天气、浮尘天气、背景大气气溶胶质量浓度之间的倍数关系却基本一致。在背景大气、浮尘天气、扬沙天气和沙尘暴天气下，沙尘气溶胶的 TSP 浓度分别为 82.8、356.4、1205.8 和 3955.3 $\mu g/m^3$。从这些数据中可以看出，浮尘天气是背景大气的 4.35 倍，扬沙天气是浮尘天气的 3.38 倍，沙尘暴天气是扬沙天气的 3.28 倍。

Song 等（2007）利用 1999—2005 年地面常规资料中的能见度及天气现象数据，对东亚地区不同沙尘天气进行了量化分级：东亚地区，不同沙尘天气划分标准在不同国家不尽相同。强沙尘暴、沙尘暴天气的 TSP 和 PM_{10} 的浓度，我国和日本高于其他地区；扬沙和浮尘天气的 TSP 和 PM_{10} 浓度，印度半岛高于其他地区。强沙尘暴 TSP 浓度的最低值出现在朝鲜；而沙尘暴 TSP 浓度的最低值出现在韩国；朝鲜半岛南部以及我国青藏高原部分地区扬沙天气的 TSP 浓度略低于其他地区。沙尘暴与强沙尘暴的风速分布较为相似，最低风速出现在朝鲜，中国的新疆南部和河西走廊部分地区；扬沙的最低风速出

现在印度半岛和韩国；浮尘的最低风速出现在印度半岛、东南亚和中国新疆以及长江流域的部分地区。东亚地区沙尘天气量化分级为

——浮尘：750 $\mu g/m^3 \leqslant \rho_{TSP} < 1200$ $\mu g/m^3$；

——扬沙：900 $\mu g/m^3 \leqslant \rho_{TSP} < 3000$ $\mu g/m^3$；

——沙尘暴：3000 $\mu g/m^3 \leqslant \rho_{TSP} < 6000$ $\mu g/m^3$；

——强沙尘暴：$\rho_{TSP} \geqslant 6000$ $\mu g/m^3$。

东亚地区 PM_{10} 浓度的沙尘天气分级标准为

——浮尘：200 $\mu g/m^3 \leqslant \rho_{PM10} < 600$ $\mu g/m^3$；

——扬沙：200 $\mu g/m^3 \leqslant \rho_{PM10} < 1000$ $\mu g/m^3$；

——沙尘暴：2000 $\mu g/m^3 \leqslant \rho_{PM10} < 5000$ $\mu g/m^3$；

——强沙尘暴：$\rho_{PM10} \geqslant 5000$ $\mu g/m^3$。

2.3.6 沙尘气溶胶的物理化学特征

沙尘气溶胶是大气气溶胶的一种存在形式，主要来源于干旱或半干旱地区的风蚀过程（如沙尘暴天气过程）。全球沙尘气溶胶的主要源地在北非撒哈拉沙漠地区、美国西南部、中亚地区和澳大利亚中西部。据统计，全球每年进入大气中的沙尘气溶胶约有 1000~3000 Tg（成天涛等 2005b），约占对流层气溶胶总量的一半，是对流层气溶胶的主要成分。沙尘气溶胶的物理化学特性对气候、生态环境和人体健康有着重要的影响。沙尘气溶胶能够直接改变辐射平衡，沙尘颗粒物所含的吸湿成分能影响云凝结核的形成，间接影响气候的变化；沙尘气溶胶为大气非均相化学提供反应界面，而且是某些化学反应的催化剂；沙尘气溶胶中的细粒子对人体健康产生负面影响；沙尘气溶胶中的营养物质如铁（Fe）、氮（N）、磷（P）等在全球化学循环中有着重要的作用。

（1）沙尘气溶胶粒径分布

气溶胶粒径的大小不同会表现出不同的物理化学特性，它的粒度大小反映了颗粒物的来源，能影响光的散射性质、气候效应和人体健康。细粒子主要来自大气化学产生的二次气溶胶和燃烧过程，它不易被干、湿沉降去除，主要通过扩散去除。细粒子具有较大的表面积，易于富集空气中的有毒重金属、酸性氧化物、有机污染物、细菌、病毒等，并且能够沉积在人体肺部器官上，所以细粒子对人体健康的危害极大（孟紫强等 2003）。粗粒子主要源自机械过程所造成的扬尘、火山灰、风沙等。主要靠干沉降和雨水去除。粗粒子在大气中的停留时间较短，如果污染物吸附在粗粒子上，它会很快地从大气中清除。气溶胶按粒径大小可分为总悬浮颗粒物（TSP）、可吸入颗粒物

（PM$_{10}$）、细粒子（PM$_{2.5}$）等。Whitby 在研究美国加州城市气溶胶的基础上，于 1978 年概括提出了大气气溶胶三模态模型：

——爱根核模，直径 0.005～0.1 μm；

——积聚模，直径 0.1～2.5 μm；

——粗粒子，直径大于 2.5 μm。

各模态的气溶胶来源、形成过程、物理和化学特性以及去除机制等都有所不同。

沙尘气溶胶是被强风带入大气中的土壤颗粒。沙尘暴期间，沙尘气溶胶浓度远大于非沙尘暴期间。在我国新疆策勒的一次沙尘暴观测中，TSP 浓度高达 19 865.46 $\mu g/m^3$，而非沙尘暴天气时 TSP 浓度仅为 212.7 $\mu g/m^3$，相差 93 倍多（高卫东等 2002）。由于沙尘源地的土壤特性和风速大小的差异，各个源地的沙尘气溶胶质量浓度分布变动很大。沙尘暴发生时沙尘气溶胶粒子质量浓度在全部粒径范围都有增加，但粗粒子粒径范围的增幅远大于细粒子，沙尘气溶胶质量浓度主要集中在粗模态，呈单峰分布。由于沙尘气溶胶大多起源于植被稀少、土质疏松的地区，因此沙尘气溶胶含有大量小颗粒物。沙尘暴发生时细小颗粒物迅速被携带到高空，成为沙尘气溶胶的主要来源。沙尘气溶胶的数浓度也呈单峰分布，主要集中在细粒子段。在中国浑善达克沙地，无沙尘天气时气溶胶的数浓度为 31.4 个/cm^3，强沙尘天气时数浓度显著增加，达 5776.2 个/cm^3。强沙尘天气时，直径小于 8.0 mm 小颗粒物占 92.8%（成天涛等 2005a）。

沙尘气溶胶的远程传输主要取决于粒径的大小。一般情况下，粒径大于 100 μm 的微粒在空中的悬留时间是几分钟到几小时，而粒径小于 1 μm 的细沙粒子在空中可滞留几个星期。粒径为 0.5～4.0 μm 的沙尘气溶胶粒子最具远距离输送的能力。随着输送距离的增大，粗颗粒因扩散稀释、重力沉降及降水清洗而不断减少。沙尘气溶胶粒度谱由源地的粗模态向积聚模态移动。2001 年 2 月发生的沙尘暴，北京的沙尘气溶胶质量主要集中在 4.7～7.0 μm 粗模态处，质量占 93%，在日本山口市的沙尘气溶胶则呈双峰分布，一个在积聚模态 0.43～0.65 μm 处，另一个在粗模态 3.3～4.7 μm 处。粗模态质量减少到 64%（Ikuko 等 2003）。

(2) 沙尘气溶胶的化学成分

沙尘气溶胶是风蚀的土壤颗粒，它被强风吹起进入大气中。因此，沙尘气溶胶的主要成分与土壤颗粒相似，主要由地壳元素组成。世界各地沙尘源区的地壳元素含量变动不大，沙尘源区的组成大约 60% 为 SiO$_2$，10%～15% 为 Al$_2$O$_3$，Fe$_2$O$_3$，MgO 和 CaO，根据源地的不同含量稍微有点差别（Goudie 2001)。Ikuko 等（2003）研究发现，在亚洲沙尘暴长距离传输的过程中，粗模态的地壳元素相对含量变化不大，这主要是沙尘暴期间，受沙尘影响的地区粗模态中的地壳元素主要来自沙尘的贡献，其他源对其影响不大。铝（Al）元素是沙尘气溶胶的主要地壳元素成分之一，它在传输过程中性质稳定，不介入化学转化；且其来源于其他污染源的贡献一般很少，可忽略不计，因而多数研究者通常将 Al 元素作为地壳源的代表元素来估算沙尘气溶胶的浓度，Al 元素在地壳中的平均含量大约是 8%，根据公式

$$C_{矿物}=C_{Al}/8\%,$$

我们可以估算出沙尘气溶胶的浓度。据此对北京沙尘气溶胶的时空分布进行了全面细致的研究。结果表明，沙尘气溶胶是北京大气气溶胶的重要组成部分。其浓度占总 TSP 的 32%~67%，占 $PM_{2.5}$ 的 10%~70%。春季沙尘暴期间，沙尘气溶胶的浓度骤增，在 TSP 和 $PM_{2.5}$ 中分别高达 74% 和 90%。

沙尘气溶胶的矿物质包括石英、长石、伊利石、高岭石、绿泥石和方解石。矿物质物理特性不同，决定着不同粒径的分布，比重大的石英、长石、碳酸盐存在于大粒径中，比重小的黏土和云母存在于小粒径里。在沙尘气溶胶长距离运输中，粗粒子、比重大的矿物质因重力沉降，细颗粒和比重小的伊利石和高岭石等黏土矿物质所占比重相对增加。沙尘气溶胶也逐渐向积聚模态转移。在全球范围内，经远距离输送的粒径小于 2 μm 的沙尘气溶胶主要是伊利石、绿泥石；而粗粒子主要有石英、长石、碳酸盐。Glaccum（1980）在非洲的佛得角岛、拉丁美洲的巴巴多斯和美国的迈阿密三地观测北非沙尘暴的传输过程，巴巴多斯和迈阿密分别距源地 3800 和 5400 km。结果发现，在佛得角岛采集的沙尘样品中含有较多的石英矿物质，而在其他两地则含有较多的黏土物质，如伊利石和高岭石。

前面提到各源地沙尘气溶胶的主要元素含量变动不大，但矿物质的含量变动较大，因此不同源地的矿物比率不同，我们可利用这一性质来揭示沙尘的来源。例如，以塔克拉玛干沙漠为代表的中国西部沙尘源区和以巴丹吉林沙漠为代表的中国北部沙尘源区是我国沙尘暴发生的主要源地（沈振兴等 2005）。研究发现，西部沙尘源区（阿克苏）高岭石与绿泥石的比率较小（小于 0.4），而北部沙尘源区（榆林）高岭石与绿泥石的比率值相对较高（大于 0.4）。根据这个发现，张小曳（2001）分析了沙尘沉降区陕西长武地区 2001 年出现了 3 次沙尘暴的沙尘气溶胶样品，样品中高岭石与绿泥石的比率分别为 0.7、0.5 和 0.8，比率都大于 0.4，再结合沙尘气团轨迹分析，便可以推测其沙尘来源于北部沙尘源区。在全球范围内，黏土矿物的分布受纬度影响较大，中纬度地区（40°N 左右）以蒙古国南部戈壁以及中国北方沙漠和戈壁

为主的亚洲沙尘源区，其表土和沙尘气溶胶中高岭石与绿泥石的比率值均小于1。而低纬度地区（20°左右）以撒哈拉大沙漠为主的非洲沙尘源区，高岭石矿物相对富集，表土及沙尘气溶胶的高岭石与绿泥石的比率大于2，甚至由于样品中绿泥石含量较低而检测不到。黏土矿物的比率在全球范围也具有沙尘源区指示的意义。Biscaye 等（1997）、Svensson 等（2000）和 Bory 等（2002）在探讨格陵兰冰芯中粉尘的可能来源时，对全球不同地区（包括蒙古国北部的戈壁地区及中国北方沙漠和戈壁地区，撒哈拉沙漠地区及北美洲地区）表土样品的矿物组成进行了研究。结果发现，蒙古国北部的戈壁及中国北方沙漠和戈壁地区（格陵兰冰芯可能的源区）表土样品与格陵兰冰芯中粉尘样品的高岭石与绿泥石的比率表现出良好的一致性，高岭石与绿泥石的比率相似且均为0.3～0.9。他们推断，格陵兰冰芯中的粉尘可能来自于亚洲沙尘源区。

水溶性离子是沙尘气溶胶的重要化学成分。它主要包括阴离子的硫酸盐、硝酸盐、卤素离子等；阳离子的铵离子、碱金属和碱土金属离子。在沙尘源地，碱金属和碱土金属主要以氧化物的形式存在，不易溶解。沙尘源地一般工业化程度很低，工业排放物少，距离工业发达地区又较远，水溶性离子的含量通常很低。在我国阿克苏地区，观测到的水溶性离子占气溶胶粒子总量11.4%（刘明哲等2003），沙尘沉降区日本琦玉县水溶性离子占到34%。在沙尘源区我国阿克苏气溶胶中主要含有 Ca^{2+}，SO_4^{2-}，Na^+，Cl^- 等离子，它们源自沙尘气溶胶中的可溶性盐类，主要在粗模态分布。沙尘沉降区日本琦玉以 NH_4^+，SO_4^{2-}，NO_3^- 等离子为主，水溶性离子呈积聚模态和粗模态分布，积聚模态来源于工业源排放的污染物的转化，粗模态则来自沙尘远距离输送的贡献，这表明在沉降区，沙尘气溶胶与本地污染物气溶胶复合。在临安的一次沙尘暴过程中，观测到主要污染物 SO_4^{2-} 显示双峰分布，NO_3^- 主要在粗粒子段。在粗粒子中，SO_4^{2-}，NO_3^- 与 Ca^{2+}，Mg^{2+} 相关性较好，这是因为在沙尘气溶胶粒子存在的条件下，大气中的 HNO_3 和 H_2SO_4 可与矿物沙尘中的 Ca^{2+}，Mg^{2+} 等氧化物或氢氧化物，以及 $CaCO_3$ 反应形成 $Ca(NO_3)_2$，$Mg(NO_3)_2$ 和 $CaSO_4$，$MgSO_4$ 等，同时沙尘粒子表面能吸附大气中的氮氧化物和二氧化硫，并在水汽存在时，在粒子表面发生非均相反应，也可形成硝酸盐、硫酸盐等。然而在沙尘暴期间，气溶胶中粗粒子的 NH_4^+ 浓度比平常降低，这是由于沙尘气溶胶含有大量金属氧化物，这些氧化物的存在使沙尘气溶胶表面呈碱性，气溶胶中已存在的 NH_4^+ 可能转化为 NH_3 回到大气中，造成沙尘暴期间粗粒子中 NH_4^+ 的浓度降低。

北京、呼和浩特、榆林、延安、石嘴山、太原等地在沙尘暴发生前、过程中和结束三个阶段，沙尘气溶胶中各元素的浓度（$\mu g/m^3$）和富集因子（Enrichment Factor，EF）的分析表明，各观测站点各元素浓度均以沙尘暴期间为最高，尤其是一些地壳元素如 Si，Al，Fe，Ca，K 等，其浓度大幅度增加，如北京地区的元素 Al 可增加 40 倍。元素浓度在沙尘暴发生前、过程中和结束三个阶段主要集中在大粒径组（$d>2.1~\mu m$）的有 Si，Al，Fe，Ca，Ti，Na，V，Ba，Sc，Ce，Sm，Co 和 Cr，其值约为 70%~93%。在沙尘暴期间浓度更高，可达 80%~95%。这类元素主要来自土壤沙尘等自然源，如 Al，Fe，Sc，Mn，Na，Ni，Cr，V，Co 等 9 种元素富集系数均接近于 1，说明这些元素主要来源于地壳（庄国顺等 2001）。元素浓度主要分布在小粒径组（$d<2.1~\mu m$）的有 As，Br，Pb，S，Sb 和 Zn。元素 As 与元素 S，Sb，Pb 不同，在沙尘暴期间，其大粒径组浓度明显增加。这个现象表明，地壳尘埃中含有丰富的 As，而 S，Sb 和 Pb 则主要来源于人类活动排放源。

沙尘气溶胶中也包含多种微量金属元素，虽然它们在沙尘气溶胶中的浓度比较低，但是其中许多是对人体健康有害的元素，可以引起急性或慢性疾病。如 Cu，As，Zn，Se 等。牛生杰等（2000b）分析了内蒙古吉兰泰沙尘的气溶胶样品，发现了包括元素 Sb，Se，Zn，Sm，Ta，Sc，V，Ba，Hf，Eu，Ti 等在内的 20 多种微量金属元素。因为微量元素在地壳中的含量通常较低，所以某些微量元素除了自然源的贡献外，更多的是人类源的排放。不同的元素来源于不同类型的人为污染源。大多数人类活动产生的 Be，Co，Mo，Sb，Se，As 和 Cd 主要来自燃煤排放；Ni 和 V 来自燃油电厂；As，Cd 和 Cu 主要来自冶炼厂和二次有色金属厂；Pb 主要来自含铅汽油的燃烧、钢铁工业和水泥厂。沙尘气溶胶在远距离输送的过程中，与沿途污染源排放的污染物混合，使微量金属元素浓度有不同程度的增加。庄国顺等（2001）测定了 2000 年北京特大沙尘暴元素浓度（表 2.8），发现沙尘暴高峰时地壳元素和微量元素含量比平日均有不同程度的增加。尤其是 As，Se 和 Sb 这三种元素的浓度和富集系数比平时都大。这说明沙尘气溶胶从源头到北京的传输过程中，吸附了途经区大同等产煤区的大量粉尘。

表 2.8 沙尘暴期间的总颗粒物含量以及有关元素在气溶胶中的含量（庄国顺等 2001）

	地壳丰度/%	非沙尘期间（2000-03-03）		沙尘期间（2000-04-06）		增加倍数
		含量/（g/m³）	比例/%	含量/（g/m³）	比例/%	
TSP		2.15×10^2		5.98×10^2		28
Al	8.23	2.43×10^2	11.30	5.11×10^2	8.55	21
Fe	3.50	6.42	3.00	1.43×10^2	2.39	22

续表

	地壳丰度/%	非沙尘期间（2000-03-03）		沙尘期间（2000-04-06）		增加倍数
		含量/（g/m³）	比例/%	含量/（g/m³）	比例/%	
Mn	0.095	2.9×10^{-1}	0.14	5.81	0.10	20
Na	2.36	5.55	2.58	1.67×10^{2}	2.80	30
S	0.035	2.50	1.16	9.88	0.17	4.0
Sc	0.0011	3.31×10^{-3}	0.0015	7.23×10^{-2}	0.0012	22
Cu	0.0060	4.90×10^{-2}	0.023	2.57×10^{-1}	0.0043	5.0
Ni	0.0084	7.07×10^{-3}	0.0033	1.16×10^{-1}	0.002	16
Pb	0.0014	4.18×10^{-2}	0.019	2.99×10^{-1}	0.005	7.0
Cd	0.00002	4.40×10^{-4}	0.0002	5.45×10^{-3}	0.0001	12
Zn	0.007	1.51×10^{-1}	0.072	5.12×10^{-1}	0.009	3.0
Ct	0.01	4.9×10^{-2}	0.023	3.85×10^{-1}	0.006	8.0
Co	0.0025	6.41×10^{-3}	0.003	1.49×10^{-1}	0.0025	23
V	0.012	2.25×10^{-1}	0.011	5.66×10^{-1}	0.0095	25
As	0.00018	6.01×10^{-2}	0.028	1.65	0.028	27
Se	0.00001	1.17×10^{-2}	0.0054	3.79×10^{-1}	0.0063	32
Sb	0.00002	1.48×10^{-2}	0.0069	5.40×10^{-1}	0.009	36

富集因子法用于研究大气气溶胶粒子中元素的富集程度，判断和评价气溶胶粒子中元素是自然来源还是人类活动来源。首先选择一种相对稳定的元素 R 作为参比元素，将气溶胶粒子中待考察的元素 i 与参比元素 R 的相对浓度 $(X_i/X_R)_{气溶胶}$ 和地壳中相对应元素 i 和 R 的平均丰度求得的相对浓度 (X'_i/X'_R) 按下式求得富集因子 $(EF)_{地壳}$

$$(EF)_{地壳} = (X_i/X_R)_{气溶胶} / (X'_i/X'_R)_{地壳},$$

式中 X'_i，X'_R 指元素 i 和 R 的地壳丰度。参比元素，通常是选择地壳中普遍大量存在的、人为污染源小、化学稳定性好和挥发性较低的元素，一般多选择地壳元素 Fe, Al 或 Si。根据富集因子的大小可将元素的主要来源分为人类活动源和自然源两类，一般认为以 10 为分界线，当富集因子小于 10 时，认为该元素主要来自自然源，当富集因子大于 10 时，则认为该元素主要来自人类活动。

从表 2.9 中还可看到，As, Se 和 Sb 在沙尘暴和平时富集系数都很高，这三种元素可以认为主要来自煤尘的污染。Al, Fe, Mg, Na, Ni, Cr, Co, Mn, V 等元素的富集系数在沙尘暴及平常日子都在 1~2 之间，表明以上元素在沙尘暴及平时皆来自地壳；Cu，Pb，Cd，Zn 这四种元素在非沙尘暴期间的气溶胶中，富集系数分别高达 4.6，27，32，15，而在沙尘暴期间的气溶胶中，富集系数降低为 1.3，6.8，11.5，2.4，这说明元素主要来自于人类污染源，北京及其附近地区应该是这四中元素污染源的主要贡献者。

表 2.9 沙尘暴期间气溶胶中有关元素的富集系数

	(X/Sc)地壳	非沙尘期间（2000-03-03）的含量			沙尘期间（2000-04-06）的含量			
		15：30—17：30	17：30—18：30	平均值	18：08—19：08	19：13—20：13	20：17—21：25	平均值
Al	7481.8	1.96	2.07	2.02	1.89	1.93	1.84	1.89
Fe	3181.8	1.22	1.38	1.30	1.33	1.12	1.27	1.20
Mn	86.36	2.06	2.47	2.27	1.90	1.85	1.83	1.84
Na	4291.0	1.56	1.51	1.54	2.22	2.16	2.07	2.12
Ni	7.64	0.56	2.22	1.39	0.45	0.41	0.39	0.40
Cr	9.28	—	1.84	1.84	1.46	0.78	1.18	0.98
Co	2.28	1.70	1.76	1.73	1.88	1.79	1.77	1.78
V	10.90	1.25	1.18	1.22	1.37	1.46	1.48	1.47
S	30.82	47.50	75.36	61.43	8.73	8.79	8.20	8.50
Cu	5.46	5.43	3.67	4.55	1.40	1.31	1.18	1.25
Pb	1.28	19.8	34.81	27.31	5.96	7.95	5.57	6.76
Cd	0.0136	19.56	45.13	32.35	10.00	14.40	8.68	11.54
Zn	6.36	14.65	14.70	14.68	1.95	2.51	2.23	2.37
As	0.16	221.63	284.87	253.25	285.07	289.13	259.64	279.39
Se	0.0046	1554.67	2640.00	2097.34	2402.50	2394.36	2092.89	2243.63
Sb	0.018	491.33	541.54	516.44	673.13	1153.99	634.67	894.33

（3）沙尘气溶胶与污染物的非均相化学反应

大气非均相化学反应指的是大气中不同相态的物种之间发生的化学过程，如气体与固体之间的相互作用。有时还把大气中的非均相化学反应严格地区分为复相反应和多相反应。沙尘气溶胶来源于干旱或半干旱地区，由具有表面催化活性的 SiO_2，Al_2O_3 和 TiO_2 等氧化物组成，在其长距离输送过程中，沙尘粒子作为载体会沿途吸附多种人类活动排放的污染物。沙尘气溶胶粒径小、相对表面积大，为大气中的化学反应提供了良好的反应床。沙尘气溶胶与污染物作用的机理相当复杂，污染物在气溶胶粒子表面上可以发生物理吸附、化学吸附、非均相化学反应等。目前人们的研究主要集中在利用努森池和漫反射红外傅里叶变换光谱实验仪器装置测定痕量气体成分在沙尘气溶胶粒子及其氧化物组分表面上的摄取系数，并对它们的非均相化学反应机理进行探讨。

世界各地收集的沙尘气溶胶样品都发现有硝酸盐存在。研究发现,在高浓度沙尘地区,大气中几乎所有的硝酸盐都集中在沙尘上。在南半球和北半球的大部分大气中,超过40%的总硝酸盐浓度都和沙尘气溶胶有关。在对1999年美国亚特兰大地区含有铝硅酸盐的气溶胶单颗粒进行分析时发现,当午后气态硝酸出现极大值的时候,气溶胶样品中 NO_3^- 的浓度也最大。在香港对单颗粒气溶胶进行化学成分分析时发现,从中国大陆输送过来的气溶胶中,NO_3^- 浓度与 Ca^{2+} 浓度有相当大的相关性,Ca^{2+} 是沙尘气溶胶中重要的水溶性离子之一。气态 HNO_3 不能进行长距离运输,但 HNO_3 能够吸附在沙尘气溶胶表面并被传输到遥远的地区(Zhuang 等 1999)。研究结果表明,亚洲沙尘暴暴发后,在日本检测到的气溶胶样品中含有大量的硝酸盐。Goodman(2001a)研究了沙尘中几种常见金属氧化物与气态硝酸的非均相化学反应,认为 SiO_2 是中性氧化物,该氧化物的 OH^- 与气态硝酸形成氢键,反应是可逆的。

$$HNO_3(g) + site \rightleftharpoons HNO_3(a),$$

两性氧化物如 MgO 和 CaO 发生不可逆反应。如

$$MgO + 2HNO_3 \rightarrow Mg(NO_3)_2 + H_2O,$$

如果两性氧化物表面上存在 OH,其反应是:

$$Mg(OH)_2 + HNO_3 \rightarrow Mg(OH)(NO_3) + H_2O,$$
$$Mg(OH)(NO_3) + HNO_3 \rightarrow Mg(NO_3)_2 + H_2O,$$

在 $CaCO_3$ 表面上的反应是

$$2HNO_3 + CaCO_3 \rightarrow Ca(NO_3)_2 + CO_2 + H_2O$$

表面吸附水在非均相化学作用中很重要,它可以作为反应物参加化学反应;水的存在,有利于反应物和生成物在颗粒物内部扩散,使反应不仅在颗粒物表面发生,而且在颗粒物内部也可进行,增大反应的表面积,反应速度增加;同时也避免了随着反应的进行,生成物在颗粒物上积聚而使表面发生反应饱和的问题。在上述 MgO,CaO 与硝酸的反应中,吸附水的存在可使反应速度加快,如相对湿度20%的硝酸在氧化物上的摄取系数比干燥情况下大10倍。水的存在会使发生过非均相化学反应的沙尘粒子的形态发生改变,导致沙尘气溶胶粒子的光学性质因此而发生改变。发生过非均相化学反应的颗粒物上吸附水的增加,使它可作为云的凝结核从而影响云的形成,并间接影响气候变化。

非均相化学反应对 NO_X 气相浓度有重要作用,NO_X 来源于燃料的高温燃烧,是形成光化学烟雾的主要前体物之一。NO_X 与大气中的挥发性有机物(VOCs)发生非线性光化学反应生成二次污染物 O_3,高浓度的 O_3 会造成一

系列不利于人体健康的影响。因此，任何改变 NO_X 浓度的因素必将影响 O_3 的浓度，从而影响相关地区的空气质量。

Underwood 等(2001) 和 Goodman 等(2001a) 以及其他研究小组对 NO_2，HNO_3 以及 NO/HNO_3 混合体系在 Al_2O_3，Fe_2O_3，SiO_2 和 $CaCO_3$ 等矿物组分的非均相过程作了详细的研究。NO_2 在干矿尘粒子表面形成 NO_3^- 和气态 NO，在表面吸附水的粒子表面形成 NO_3^- 和气态 HONO，后者是污染大气中重要的 OH 自由基源。目前 NO_2 非均相化学反应的详细机理尚不太清楚。Börensen 等（2000）研究 NO_2 在 Al_2O_3 表面上的反应，他提出的机理是

$$\begin{array}{c}\text{Al—OH}+NO_2 \rightleftharpoons \text{Al—OH}\cdots NO_2,\\ \text{Al—OH}\cdot NO_2 \longrightarrow Al^+NO_2^-\\ \text{Al—OH}\cdot NO_2 \longrightarrow Al^+NO_3^- \end{array} + H_2O,$$

OH 自由基是大气中重要的氧化剂，对流层大气中几乎所有可被氧化的痕量气体都主要通过 $HO_X(OH+HO_2)$ 反应被转化和去除，在污染大气中，HONO 的光解被认为是 OH 自由基最重要的源之一，虽然，在城市污染大气中，观测到 HONO 浓度高达 14 ppb[①]，但它的生成机理尚不完全清楚。

目前认为，非均相化学反应是大气 HONO 的主要生成途径，因为 HONO 大气中的气相和液相化学反应速度很慢，但其非均相化学反应速度很快。

事实上，大气中 95% 的 HONO 来自非均相化学反应（Svensson 等 1987）。许多研究证实，下面的化学反应在玻璃、氯化钠、金属和金属氧化物表面均可发生：

$$2NO_2 + H_2O \xrightarrow{\text{表面}} HONO + HNO_3$$

SO_2 是大气中最主要的含硫气体，是形成酸雨和硫酸盐气溶胶的前体物之一，它主要来源于含硫燃料的燃烧，其人类源的排放约占大气总硫的 75%。SO_2 在大气中可以通过云层和液滴氧化和气相转化成为硫酸或硫酸盐粒子。硫酸是酸雨主要成分之一。硫酸盐气溶胶直接对气候有制冷作用，作为云的凝结核影响云的形成，间接影响气候变化。一些研究表明，硫酸盐气溶胶产生的直接辐射强迫全球平均为 $-0.3 \sim -0.9$ W/m^2，间接辐射强迫约为 $0 \sim 1.6$ W/m^2（IPCC 1996）。

---

① 1 ppb=10^{-9}，表示干空气中温室气体分子数是干空气分子数的 10 亿分之一。

研究表明，沙尘源地 50%～70%的总硫酸盐与沙尘气溶胶有关。全球范围内超过 10%的总硫酸盐与沙尘气溶胶有关。Goodman（2001a）和 Usher 等（2002）利用红外透射光谱研究了 O_2 在氧化物表面非均相化学反应的机理。发现 SO_2 与 Al_2O_3 和 MgO 等氧化物发生反应时，氧化物表面出现了吸附的 SO_3^{2-} 的红外吸收峰，同时氧化物表面的羟基吸收峰减少。于是他们认为，氧化物表面的碱性氧离子（O^{2-}）和羟基（OH^-）参与了表面反应，其反应过程如下：

$$O^{2-}(a) + SO_2(g) \longrightarrow SO_3^{2-}(a),$$
$$OH^-(a) + SO_2(g) \longrightarrow HSO_3^-(a),$$
$$\text{或 } 2OH^-(a) + SO_2(g) \longrightarrow SO_3^{2-}(a) + H_2O$$

氧化物表面的 SO_3^{2-} 和 HSO_3^- 在氧气和表面吸附水的作用下，部分氧化生成 SO_4^{2-}，从而实现了气态 SO_2 向固态 SO_4^{2-} 的气粒转化过程。吴洪波等（2004）研究了 SO_2 与大气颗粒物及部分氧化物的非均相反应，发现表面酸碱性是不同氧化物对 SO_2 吸收和氧化能力有较大差异的主要原因。初始反应速率大小次序和单位质量的氧化物及大气颗粒物样品对 SO_2 的吸收氧化能力为碱性：$Al_2O_3>CaO>SiO_2>Fe_2O_3>$大气颗粒物样品。这与氧化物的碱性强弱一致。原因是 SO_2 是酸性气体，所以表面富含羟基的 Al_2O_3 和碱性的 CaO 对其有较强的吸收和催化氧化能力，中性的 SiO_2 和表面性能较差的 Fe_2O_3 则表现出较弱的复相反应性能。Goodman 等（2001b）测定了在 296 K 温度下 SO_2 在 a-Al_2O_3 和 MgO 表面上的摄取系数，分别是 $9.5\pm0.3\times10^{-5}$ 和 $(2.6\pm1.0)\times10^{-4}$。

O_3 在平流层阻挡了高能量的紫外辐射到达地面，保护地球生命免受伤害。然而，在平流层，高浓度的 O_3 对人体健康和植被造成一系列的危害。在背景地区 O_3 浓度是 20～40 ppb，由于大量 NO_x 的排放，在城市地区 O_3 的浓度范围为 100～400 ppb（Seinfeld 等 1998）。O_3 在对流层也是一种温室气体，它的辐射强迫是 0.28～0.49 W/m^2。估计到 2030 年，浓度可达到 5 ppm（Anthony 等 1995）。O_3 的去除途径主要是光化学反应，占到 75%，剩余被认为参与和 OH 自由基的反应。近年研究发现，O_3 与沙尘气溶胶的非均相反应也是一条有效的去除途径。通过三维模式估算，在沙尘季节高浓度沙尘地区 O_3 的浓度会降低 10%，其中大约 2%～6%是由于 O_3 在沙尘表面的直接分解引起的，在同地区年 O_3 浓度平均降低 8%。O_3 的非均相反应机理是 O_3 在金属氧化物或沙尘气溶胶粒子表面分解，释放出氧气（Golodets 1983）。

$$O_3(g) + (\quad) \longrightarrow O(a) + O_2,$$
$$O_3(g) + O(a) \longrightarrow 2O_2(g) + (\quad),$$

其中（ ）表示氧化物活性位、阴离子空穴位，该反应过程的速率决定于 O_3 与表面吸氧的反应，总反应结果是 O_3 的损耗。

$$2O_3(g) \longrightarrow 3O_2(g)$$

Alebic-Juretic 等（1992）研究了 O_3 在撒哈拉沙尘和某些氧化物表面的非均相反应，结果表明，如果按 O_3 减少的浓度考虑，其相对反应活性是：飞灰＞硅胶＝氧化铝＞撒哈拉沙尘＞方解石；如果按达到稳定态的 O_3 浓度大小考虑，其相对反应活性是：氧化铝＞飞灰＞硅胶＝撒哈拉沙尘＞方解石；如果按达到反应稳定态的时间考虑，其相对反应活性是：硅胶＝氧化铝＞飞灰＞撒哈拉沙尘＞方解石。有人利用努森池研究了 O_3 在撒哈拉沙尘的摄取系数，其数值范围为 $2.2\times10^{-6}\sim4.8\times10^{-5}$，$O_3$ 浓度的大小对摄取系数有影响，低浓度的摄取系数比高浓度大。

2.3.7 风沙电效应

早期有人观察到，大海中的航船在遇到沙尘暴天气时，桅杆尖端打火花，并干扰无线电通讯。Gill（1948）通过一金属风洞灌注沙，也发现较小的沙粒获得负电荷，而大沙粒获得正电荷。Greeley 等（1978）在风洞实验中发现，粒径不超过 60 μm 的小沙粒带负电荷，而大沙粒带正电荷。Latham（1964）注意到，早期观测风沙起电和飘雪起电有相似性，认为由于非对称摩擦产生的温度梯度造成电荷分离。

风沙电效应存在两种起电过程，一种是不同尺度沙粒之间的非对称摩擦起电，使大粒子带正电荷，小粒子带负电荷；另一种是沙粒和床面之间的摩擦起电，使沙粒带负电荷，床面带正电荷。风洞实验测量到流沙的电场多为负极性，对于吹沙实验，直径为 0.1 mm 的细沙，最大平均负电场为 -29 kV/m，相应导线电位可达 120 mV（张鸿发等 2002）。沙尘暴形成的强电场使风吹动不同尺度沙粒之间产生的电荷分离，电荷分离的情况与沙粒之间的接触表面温度和杂质的影响有关。在所有的实验中，都发现沙与沙进行接触时大沙粒获得正电荷，小沙粒获得负电荷。大沙粒与小沙粒之间发生非对称摩擦而产生热量，因为小沙粒有较小相对接触面故温度较高。如果沙携带的电荷是自由离子，那么离子浓度是随温度的上升而增加，由于沙粒表面常附有水离子，正离子（H^+）要比负离子（OH^-）有更大的迁移率，较小粒子（暖）和较大粒子（冷）之间的接触可以产生电荷转移，使小粒子带负电荷，而大粒子带正电荷。

黄宁等（2000）和郑晓静等（2004）采用风洞实验对近地层风沙运动和风沙电现象进行了研究。对"均匀沙"与"自然混合沙"测量了风沙流层中的沙粒带电、风沙电场分布、输沙率和风速廓线等宏观物理量,获得了风沙电及电场随沙粒粒径、来流风速等可控参数变化规律的初步结果,对输沙率与风沙流中的风场给出了较为翔实的实验测量结果与经验拟合规律。所得跃移运动沙粒平均带电量与沙粒粒径和风速的关系符合早期关于带电量产生的非对称碰撞摩擦的推测,弄清了 Schmidt 等(1998)野外沙粒带电与风沙电场实测值中认为与理论推测结果之间的矛盾,并解释了其实测结果产生的原因及合理性。屈建军等(2004b)根据风洞模拟实验,研究发现扬沙和沙尘暴过程中导线电位随风速及输沙量呈指数规律递增。随沙粒粒径的增大,电位差随高度的变化具有上扬的趋势,粒径愈大,电位差反而愈小,沙尘暴中导线电位高于扬沙天气。伴雨状况下的沙尘暴较之非伴雨状况下具有较强的电位差,导线材料相同时,导线直径越小,电位差越大,导线直径相同时,铝线较之铜线具有较强的电位差,且当裸铝线两端加电压 2~4 kV 时,出现尖端放电现象。张鸿发等在沙漠区的 16,8,4 和 1 m 高度上观测到 27 次不同沙尘暴天气过程的电场和风速随时间的变化。结果表明,在晴天 4 个高度上的电场均为小正电场值,电场随高度的降低而减小,最大电场强度在 5 kV/m 以下,日风速变化对各层电场起伏没有较大影响。有沙尘天气,各高度上的电场强度随风速的变化而变化。16 m 高度上电场均为负值,平均值为 -20 kV/m,中层 8 m 电场一般为较高正电场值,达到 10~40 kV/m,与 16 m 高度上的电场呈反相关,下层 1 m 电场值变化一般很小,在 1 kV/m 以下。在强沙尘暴天气条件下,4 个高度上的电场均为负值,电场值随高度的降低而减小,16 m 高度上最大平均电场强度达到 -200 kV/m 以上,瞬时值超过 -2500 kV/m,与晴天电场矢量相反。

在风沙电产生的机理研究方面,Schmidt 等(1998)模拟研究了跃移输送沙的质量,并与测量结果进行了比较,计算中考虑了静电力的影响。在 12 m/s 风速条件下,测得沙丘上 1.7 cm 高度电场可达 166 kV/m。在 8.5×10^{-3} kg/($m^2 \cdot s^1$) 的流沙平均通量密度下,测到平均直径 150 μm 沙粒的荷质比为 $+60$ μC/kg。假定沙粒由 SiO_2 组成且为球形,计算了在 166 kV/m 电场力下有 4.42×10^{-8} N 的力,而重力为 4.32×10^{-8} N,二者相当。在假定荷质比为 $+60$ μC/kg 和 -60 μC/kg 条件下,求解 150 μm 沙粒的跃移运动方程,模拟结果表明,荷电粒子移动距离长,轨迹高,相应远离地面,粒子模拟的撞击速度也大,为 168 cm/s;不带电的为 149 cm/s。Guo 等(2003)和 Zheng 等(2004)通过考虑蠕移沙粒、跃移沙粒和悬移沙粒的带电与电荷平衡,建立了风沙电场空间分布与带电沙粒运动之间的计算模型。通过对稳态情形的风沙运动计算发现,所给出的风沙电场计算基本公式及其计算模型能很好地模拟出目前野外观测与风洞实验的电场分布。

2.3.8 沙尘暴卫星云图特征

吴晓京等（2004）就2001年春季及以前对我国北方地区产生较大影响的沙尘天气卫星云图进行了系统的分析研究，并根据卫星遥感监测到的沙尘天气过程的图像特征及其影响的天气系统进行了分型，得出了造成沙尘天气发生的三种主要天气系统及相应的云系分布类型。

（1）第一种类型。高压前部偏东风过程及锋前偏东、偏南风所引起的沙尘天气，这类沙尘天气过程是由于地面高压前部的偏东大风所引起的，在卫星云图上表现为大片晴空区南侧出现沙尘天气，此种类型多出现在我国西北地区和西北地区东部。以2001年比较典型的沙尘天气过程为例。明显的例子出现在4月22—23日，当时，巴尔喀什湖、贝加尔湖、蒙古国大部和我国西北地区上空为一大陆高压控制，高压中心位于贝加尔湖西南部，中心气压达1037 hPa，位于高压南部的我国内蒙古西部、青海东北部出现的偏东风区域内，出现了沙尘天气（图2.11，黄色区域为沙尘区）。另外，如2001年4月8日08时，在冷空气扩散南下过程中，河西走廊出现大范围由西北风引起的沙尘天气。同时，内蒙古阿拉善左旗、甘肃武威地区东部、兰州等地都出现了由锋前偏东和偏南风形成的沙尘天气。新疆南部也有大片由偏东风引起的沙尘暴区域。

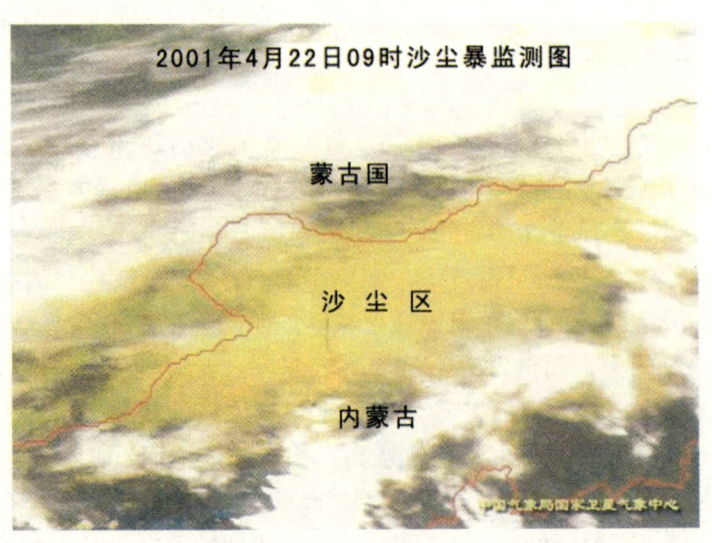

图2.11　2001年4月22日09时气象卫星图像（引自吴晓京2004）

(2) 第二种类型。锋面云系过境所引起的沙尘天气在卫星云图上表现为一条密实的云带,自西北地区向偏东方向移动,沙尘天气发生在地面冷锋后部。如 2001 年 4 月 28 日自新疆东移的锋面云系(图 2.12),29 日在西北地区造成了较大范围的沙尘暴(图 2.13),它与局地的大风及上升、下沉气流作用相关,也是出现沙尘天气的一种较普遍的天气形势。

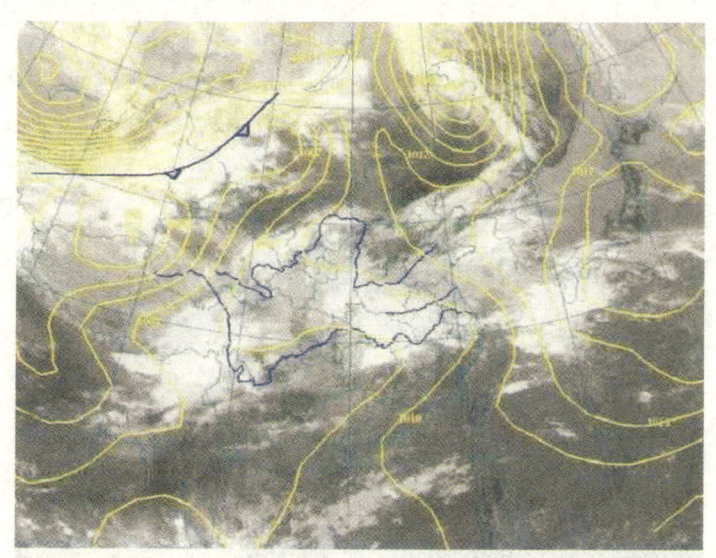

图 2.12　2001 年 4 月 28 日 09 时卫星云图与地面天气形势叠加图(引自吴晓京等 2004)

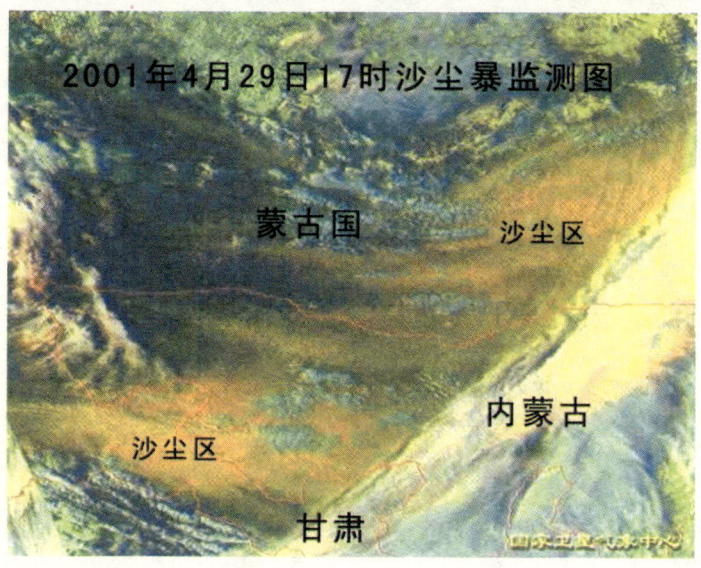

图 2.13　2001 年 4 月 29 日 17 时气象卫星图像(引自吴晓京等 2004)

（3）第三种类型。蒙古气旋快速发展所引起的沙尘天气，是造成东亚强沙尘暴和影响最强的一类沙尘天气过程。在卫星云图上表现为一个巨大涡旋云系的南部有沙尘区。这种天气形势造成的沙尘暴天气，多发生在华北及东北西部地区。根据统计，2001年3月15日至4月30日共有13个蒙古气旋活动，并造成沙尘天气。其中当气旋移动路径偏南时，对华北有较大影响；当气旋路径偏东时，则对东北等地产生影响。2002年4月7日发生了一次蒙古气旋型的强沙尘暴，图2.14是当日13时的气象卫星观测云图，由图可见，这次沙尘暴过程，特强沙尘暴中心主要位于内蒙古中部偏北地区，满都拉、朱日和、二连浩特、苏尼特左旗和阿巴嘎旗能见度均＜50 m。强沙尘暴区（能见度小于200 m）主要位于42°N以北，呈东西带状。

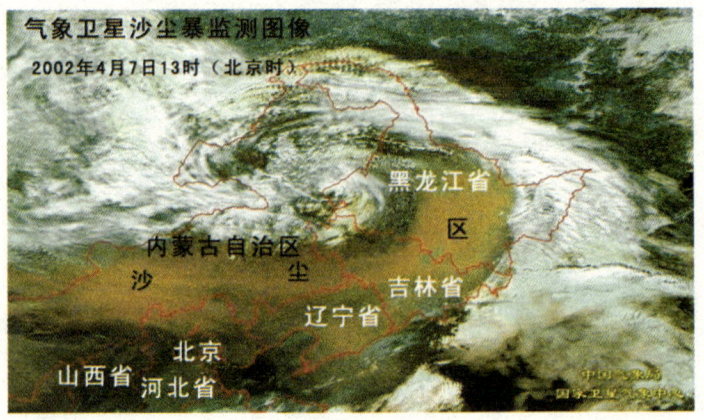

图2.14　2002年4月7日13时蒙古气旋冷平流区发生的沙尘暴[1]

---

[1] 郑新江.2003年11月讲课课件.沙尘暴个例云图监测应用（未发表）.

第3章 沙尘暴的成因及其变化

3.1 沙尘暴的成因

沙尘暴天气是在特定的地理环境和下垫面条件下，由特定大尺度环流背景和某种天气系统发展所诱发的一种概率小、危害大的灾害性天气。沙尘暴的形成有三个基本条件：(1) 物质条件（丰富的沙尘源）；(2) 大风，这是形成沙尘暴的动力条件；(3) 不稳定的大气层结状态，这是重要的局地热力条件。沙尘暴之所以能搅卷起如此多的沙尘，以至使能见度下降到 200 m 以下，甚至降至<50 m，除了有强劲的大风之外，就在于对流层低层存在着强烈的垂直不稳定层结，以至造成强烈的干对流所致。关于沙尘暴形成的物质条件，我们在第 2 章和第 4 章的相关部分中作了比较详细的论述，本节重点介绍沙尘暴形成的动力机制与过程。

3.1.1 起沙机制及沙尘粒子的运动方式

(1) 沙尘粒子的粒度分布

在风沙活动的起沙机制研究中，首先需要了解沙尘颗粒物的物理性质。Bagnold（1941）曾提出以 60 μm 作为沙粒和尘粒区分的界限，粒径 $d>60$ μm 的微粒为沙粒，$d<60$ μm 的微粒为尘粒，但这只是一种经验性的简单划分；Bagnold 认为沙粒和砾石的区别是沙粒可在风力作用下发生运动，而砾石则不会在风力作用下发生运动；尘则是终极沉降速度小于一般风力作用所产生的上升速度的颗粒。Bagnold 提出了砾、沙、尘三者的特征界限分别为粒径 1 和 0.01 mm。以 Bagnold 对沙和尘区分的观点，分析我国风沙颗粒物的分类，可以看出 Bagnold 指的沙物质主要是粗沙、中沙和细沙；尘则是极细沙和粉沙。

根据空气动力学原理，尘粒是指在风力抬升作用下很容易地悬浮在大气中的土壤细微粒,这种悬浮运动是尘粒在垂直方向上升与下沉运动平衡的结果,可以用 w_t/ku^* 来表述(Shao 等 1996),其中 w_t 是微粒下降的末速度,是微粒尺度 d 的函数,u^* 是流动元素的平均拉格朗日垂直速度,也即地表释放的土壤微粒被大气湍流向上扩散时的垂直速度,k 是卡曼常数(Hunt 等 1979)。当 $w_t/ku^* \ll 1$ 时,微粒向上扩散的速度远大于重力下沉速度,因而可以悬浮于大气中;而当 $w_t/ku^* \gg 1$ 时,则重力下沉运动占支配地位,微粒不能悬浮。据此,Shao 等(1996)定义,当满足 $w_t < 0.5ku^*$ 时的微粒为尘粒,那么尘粒的尺度范围即为 $0 < d < d_1$,d_1 是方程 $w_t(d_1) = 0.5ku^*$ 的解。

也有一些学者(如 Scott 1995)采用 $w_t(d_1) = ku^*$ 来确定尘粒尺度范围的上限值。$0.5ku^*$ 的选择意味着尘粒脱离地表之后还会在大气中悬浮一段时间,从而可以忽略尘粒的再沉降,这与 Shao(2001)关于尘粒排放量的计算方案是一致的。

采用类似的方法,沙粒可以定义为尺度在 (d_1, d_2) 之间的微粒,d_2 是在给定风力条件下能够起动并脱离地表的最大微粒尺度,它是方程 $u_t^*(d_2) = u^*$ 的解,其中 $u_t^*(d_2)$ 是地表沙粒起动的临界摩擦速度。

从图 3.1 中可以看出,d_1 随 u^* 的增大而增大,也即尘粒的尺度范围随着风蚀强度的增强而扩大;当 $u^* = 1.0$ m/s 时,d_1 比较接近但还没有达到 60 μm,这说明 Bagnold(1941)所采用的 60 μm 的界限是比较合理的,它包含了大部分风蚀情况下的尘粒尺度,因而在近似计算中是可以采用的。

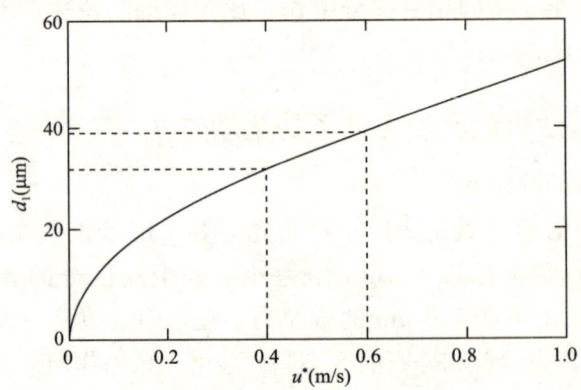

图 3.1　尘粒尺度范围的上限值
d_1 随 u^* 的变化(引自 Shao 2001)

Shao(2000)还指出:一般土壤粒径范围为 0.1 μm~2.0 mm,土壤的粒子谱可分为四类,如表 3.1 所示。

表3.1　几种主要沙尘物质的粒径划分

中文名	英文名	粒径划分
砾石	gravel	2000 $\mu m<d\leqslant 2$ m
沙	sand	63 $\mu m<d\leqslant 2000$ μm
粉沙（泥沙）	silt	4 $\mu m<d\leqslant 63$ μm
黏土	clay	$d\leqslant 4$ μm

我国对风沙颗粒物的分类为（吴正1985）：

——砾石：$d>2.0$ mm

——极粗沙：1.0 mm$<d\leqslant 2.0$ mm

——粗沙：0.5 mm$<d\leqslant 1.0$ mm

——中沙：0.25 mm$<d\leqslant 0.5$ mm

——细沙：0.10 mm$<d\leqslant 0.25$ mm

——极细沙：0.05 mm$<d\leqslant 0.10$ mm

——粉沙：$d\leqslant 0.05$ mm

根据粒度分析资料，我国干旱区具有如下特点，沙的粒度成分以细沙为主，其次为极细沙和中沙，粉沙含量不多，粗沙最少，几乎不含极粗沙（表3.2）（朱朝云等1992）。各个沙漠的粗沙和粉沙的含量都很低。塔克拉玛干沙漠沙的粒径最小，毛乌素沙地沙的粒径最大。朱朝云等（1992）根据我国主要沙漠、沙地风成沙的分析资料也得出同样结论，在各种粒径的百分数含量中，66.78%的颗粒物是粒径为0.10～0.25 mm的细沙，其最高含量可达99.38%。

表3.2　我国干旱区主要沙漠沙的粒度成分统计结果（朱朝云等1992）

沙漠名称	极粗沙	粗沙	中沙	细沙	极细沙	粉沙	粒径中值/mm	沙样数
塔克拉玛干沙漠	—	0.02	4.54	34.15	41.97	19.32	0.0093	63
古尔班通古特沙漠	—	—	8.70	68.20	19.10	4.00	0.150	21
巴丹吉林沙漠	—	3.40	23.40	61.40	9.82	1.98	0.208	17
腾格里沙漠	0.01	1.60	6.61	86.88	4.90	—	0.165	33
乌兰布和沙漠	0.01	0.78	17.31	72.11	9.52	0.27	0.190	28
库布齐沙漠	—	1.10	1.90	85.30	11.70	—	0.153	11
宁夏河东沙地	—	0.13	17.99	75.05	6.16	0.67	0.180	44
毛乌素沙地	—	3.20	41.20	47.30	8.30	—	0.234	15
呼伦贝尔沙地	—	1.40	24.9	70.60	2.80	0.21	0.180	10
平均	微量	1.32	16.27	66.78	12.69	2.94	0.172	合计242

从我国北方地区沙尘物质主要类型的粒度来看，沙漠沙以中、细沙为主，约占总量的70%；其次是极细沙、粉沙，约占20%；黏粒占5%左右。戈壁类型，砾石和细粉沙所占比例大，中细沙比例小；砾石占30%，极细沙、粉沙占40%，中、细沙不足40%。风蚀劣地、第三纪红色沙岩，湖相堆积，以粉沙为主，占80%~90%。黄土和沙黄土以极细沙、粉沙为主，黄土中粉沙占47.83%，沙黄土中极细沙占78%左右。沙质耕地，极细沙和粉沙占90%以上。尾矿砂中细沙和极细沙占90%以上。

杨根生等（2002）对地表物质样品的分析表明，中国北方沙漠和零星沙地的平均含尘量为2.56%；沙漠边缘地区平均含尘量为11.94%；旱作耕地平均含尘量为30.37%；沙质草地平均含尘量为51.86%；干旱湖盆和干旱河床平均含尘量为2.56%。

（2）沙尘粒子的动态分析

为了更好地理解起沙机制，弄清沙尘粒子的受力情况至关重要。静止于地表的沙尘微粒主要受三种力的作用：空气动力 f_a（aerodynamic force）、重力 f_g（gravity force）和微粒之间的黏性结合力 f_i（interparticle cohesive force），这三种力之间的平衡决定了土壤微粒能否脱离地表被输送到大气中（屈建军等 2005）。对于不同大小的土壤微粒，由于其所受三种力的重要性不同，它们从地表起动的物理机制也有很大差异，下面具体分析这三种力与微粒尺度的关系。

空气动力 f_a 的大小与微粒尺度的平方成正比，即

$$f_a = K_a \rho_a (u^*)^2 d^2 , \qquad (3.1)$$

式中 K_a 是无量纲系数，ρ_a 是空气密度，u^* 是摩擦速度，d 是微粒的直径。

重力 f_g 的大小与 d^3 成正比，即

$$f_g = \frac{\pi \rho_g d^3}{6} g , \qquad (3.2)$$

其中 ρ_g 是微粒密度，g 是重力加速度。

微粒之间的黏性结合力 f_i 包括范德华力、电荷力、表面张力、化学结合力等，是一个随机变量，因而很难精确地描述。假定两个微粒之间是真空的，也即范德华力处于理想状态，那么 f_i 可以近似地表达为

$$f_i = \frac{h_w}{32 \pi r_{\min}^2} d , \qquad (3.3)$$

其中 h_w 是一个系数，$r_{\min}$ 是两个微粒之间的最小距离。

图3.2给出了特定参数下（$K_a = 50$，$\rho_a = 1.2 \text{ kg/m}^3$，$u^* = 0.4 \text{ m/s}$，$\rho_g = 2650 \text{ kg/m}^3$，$g = 9.8 \text{ m/s}^2$，$h_w/r_{\min}^2 = 0.02 \text{ J/m}^2$），$f_a$，$f_g$ 和 f_i 随微粒

尺度的变化。从图中可以看出,三种力都随微粒尺度的减小而减小,f_a、f_g 比 f_i 减小得更快。对细小的微粒(当 $d<20~\mu m$ 时),f_i 起支配作用,因而不能被空气动力直接抬升脱离地表;对中等尺度的微粒(当 $20 \leqslant d \leqslant 700~\mu m$ 时),f_a 比 f_g 和 f_i 都大,有可能被空气动力所抬升;而对大尺度的微粒(当 $d>700~\mu m$ 时),其所受的最大的力是 f_g,因而也不能被抬升。

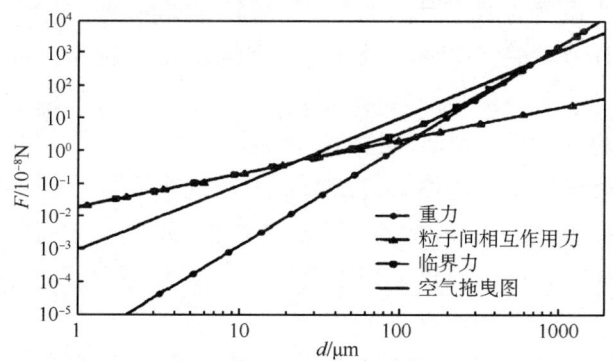

图 3.2 地表土壤微粒所受的空气动力、重力和微粒之间的黏性结合力随微粒尺度 d 的变化(引自 Shao 等 2002)

(3) 起沙机制及运动方式

对沙尘暴起沙机制的研究,最有发展前景的方法是建立在物理学基础上的动力学方法。英国物理学家拜格诺(R. A. Bagnold)为风沙物理学的建立作出了重要贡献。1935—1936 年期间,他在北非利比亚等地的沙漠进行了长期风沙现象的野外观测,并在实验室内做了大量模拟实验。1941 年写成了《风沙和荒漠沙丘物理学》一书(Bagnold 1941)。他以空气动力学为理论基础,利用风洞等实验手段对风沙运动的规律进行了研究。从 1938 年起,苏联也开始应用空气动力学原理,借助室内风洞等设备对风沙运动进行研究。兹纳门斯基创立了沙物质的非堆积搬运理论,著有《沙地风蚀过程的实验研究》一书。1972 年苏联又出版了伊万诺夫的《沙地风蚀的物理原理》一书(伊万诺夫 2001)。

美国对风沙现象的研究侧重于农田风蚀问题上。以著名土壤学家切皮尔(W. S. Chepil)为代表,从 20 世纪 30 年代开始,对农田进行了长期的野外观测,并利用各种不同大小和类型的风洞对风沙运动和土壤风蚀过程进行实验研究,有效地指导了风蚀的防治工作(吴正 1985)。

邵亚平的《风蚀物理与模式》一书(Shao 2000)进一步阐述了风沙物理学中最新的揭示起沙机制的方法,详细分析了将大气模式、地理信息系统和风沙模式耦合在一起的风蚀模拟模式。为沙尘暴的数值预报和起沙量的计算提供了更有效的手段。

静止沙粒如何成为运动的沙粒就是沙尘暴的起动机理问题，对这个问题许多学者作了研究，主要有以下三种学说：

——湍流的扩散与振动学说。这种学说认为：①沙粒脱离地表运动是气流湍流扩散作用的结果；②当风速接近启动值的时候，一些颗粒开始来回振动，且随着风速强度的加大而振动增大，随后立即脱离地表。

——压差升力学说。这种学说认为：①用绕流机翼理论可以解释沙粒脱离地表的运动；②用马格努斯效应来解析沙粒脱离地表的运动；③依据贴地表层气流速度的垂直梯度说明沙粒的起动机制。

——冲击碰撞学说。这种学说认为：沙粒脱离地表及进入气流中运动的主要抬升力是冲击力。Bagnold通过实验计算表明，以高速度运动的颗粒在跃移中通过冲击方式，可以推动6倍于它的直径（或200倍于它的重量）沙粒（吴正1985）。

Bagnold（1941）指出，沙粒从地表离开的原因是受到了冲击碰撞的影响。通过实验研究，更进一步阐述沙粒脱离地表面的动量理论。当风速达到启动风速时，地表沙粒便开始移运，产生风蚀，形成风沙流乃至沙尘天气。不同粒径的颗粒，其运动方式是不同的。依据地表土壤微粒的大小、受力情况及其质量的不同，将微粒的运动分为表层蠕移（surface creep）、跳跃运动（saltation）和悬浮运动（suspension）等三种形式，如图3.3所示。诸多研究也都证明这是微粒运动的三种基本形式。

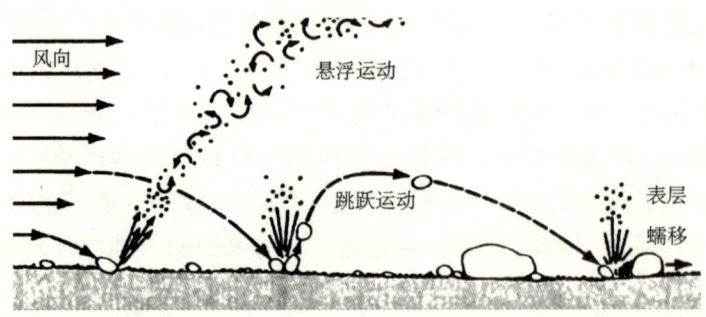

图3.3 地表土壤微粒运动的三种基本形式示意图（引自 Vinkovic 等 2002）

较大尺度的土壤微粒由于所受重力作用要大于空气动力的抬升作用，因而不能脱离地表，只有当空气动力大到一定程度或微粒受到外力的作用（如跳跃微粒落回地表时的冲撞作用）时，才可能沿地表面滚动或滑动，这就是微粒的蠕移运动（即贴地表层蠕移）。通常粒径大于1 mm的土壤颗粒是未受风力不能单独移动的粗颗粒，主要都是靠比它们小得多的跃移沙粒的冲击作用，而获得能量被推动向前蠕移。经验证明，以高速运动的沙粒，在跃移中通过冲击方式可以推动 6 倍于它的直径、200 倍于它的重量的粗沙粒，一般 0.5~2.0 mm 的沙粒的运动都属于蠕移范畴。

中等尺度的微粒，包括沙粒和尘粒聚合形成的小团块（后面将两者统称为沙粒），所受的重力和微粒间的黏性结合力均小于空气动力，在一定大小的风速（或摩擦速度）下，空气动力会大于重力和黏性结合力的合力，从而使得沙粒可以被抬升到离地表一定高度（几厘米到几十厘米）的地方，但当空气动力减小到不足以超过沙粒的重力时，沙粒便会以相对水平线一个很小的锐角迅速下落，风沙物理学中称之为跳跃运动。由于空气的密度比沙粒的密度小得多，沙粒在运动过程中受到的阻力较小，做跳跃运动的沙粒会在落到地表面时具有相当大的动量。因此，不但下落的沙粒本身又可能反弹起来，继续跳跃前进，而且由于它的下落冲击对地表形成较强的冲撞作用，这种冲撞作用又可以引起更多沙粒的跳跃运动，进而形成多级联跳跃冲撞（拓万全 2002）。

较小尺度的细微粒，主要是尘粒，其内部的黏性结合力起支配作用，在这个力的束缚作用下，尘粒一般不会被空气动力直接抬升脱离地表（Shao 等 1993）。但当沙粒做跳跃运动并对地表形成较强的冲撞作用时，尘粒间的黏性结合力便会遭到破坏，此时空气动力取而代之占据支配地位，使得尘粒可以被释放到大气中；尘粒一旦脱离地表进入大气中便会扩散开来，内部黏性结合力的束缚作用随之几乎完全消失，由于其所受的重力作用远远小于空气动力的作用，因而会被抬升到很高的地方并悬浮于空中，这就是尘粒的悬浮运动。

三种基本运动形式中，沙粒的跳跃冲撞运动最关键，地表土壤中尘粒的排放量在很大程度上并不直接依赖于空气动力的直接输送，而是取决于能够进行跳跃冲撞运动的沙粒的量。对于一定尺度的沙粒，能否脱离地表进行跳跃运动取决于它所受的空气动力，也即摩擦速度 u^* 的大小，风沙物理学中定义沙粒所受的三种力达到平衡（即合力为零）时的 u^* 为沙粒起动的临界摩擦速度，记为 u_t^*，那么当 $u^* > u_t^*$ 时，沙粒便可以被抬升做跳跃运动，进而引起尘粒从地表的释放。

沙尘粒子的起动和传输形式主要是蠕动、跃移、悬浮及远距离输送。沙尘粒子在空间的传输形式和强度与大气环流及地面风速和湍流结构相关。悬浮的沙尘粒子在大气环流的驱动下，可在空间做长距离传输。

——蠕动。地表沙尘物质粒子在风力驱动下，离开地面，在地表附近滚动或滑动称为蠕动。在风力作用下，粒径在 0.5~2 mm 的沙尘粒子常以蠕动方式运动。

——跃移。地表沙尘在风力的上扬作用下,脱离地表进入空间,并从气流中获取更大的动能,继续运动。由于重力作用,沙尘粒子会迅速下落。而空气密度远小于沙尘密度。因此,沙尘在运动中落到地面时有相当大的动量,不但沙尘本身可被弹射到空中继续运动,而且它们对地表的冲击作用也能使冲击点的粒子飞跃起来做跳跃式运动。沙尘在近地面所做的这种连锁式跳跃运动称为沙尘粒子的跃移。一般粒径在 0.1~0.5 mm 的沙尘粒子,在风力作用下做跃移式运动。

——悬浮。沙尘在一定时间内可以悬浮在空间称为沙尘粒子的悬浮运动。沙尘悬浮运动的条件是风速的垂直分量必须不小于沙尘的沉降速度。粒径小于 0.1 mm 的沙尘才能在气流的带动下以悬浮运动的方式做长距离传输。

——垂直输送。沙尘颗粒在给定时间(t)内所能达到的平均高程(h)与 ε 的关系表示为

$$h=\sqrt{2\varepsilon t}, \qquad t=2\varepsilon/(U_f)^2,$$

式中 h 为被输送的平均高程;ε 为湍流交换系数,U_f 为粒子的沉降速率。粒子的沉降速率越低,大气湍流交换系数越大,粒子在垂直方向上的输送距离也越大。强沙尘暴发生时风速可达 30 m/s,地面粗沙粒子可被垂直输送的高度为几厘米,细纱粒子约为 2 m,粉沙粒子约为 1500 m。

——水平输送。根据斯托克斯法则,沙尘粒子被水平输送的最大距离可用

$$L=\bar{u}t$$

表示,式中 L 为悬浮沙尘粒子被输送的距离;$\bar{u}$ 为平均风速;t 为粒子输送的时间。

图 3.4 是当 $U=15$ m/s 和 ε 为 $10^3 \sim 10^7$ cm^2/s 时,根据公式计算出的不同粒径的沙尘可能被输送的距离。在中性大气里,中等风暴时,20 μm 的颗粒不大可能迁移到离源区约 30 km 以远,而小于 10 μm 的颗粒则可能被搬运到数千千米之遥。当 $\varepsilon=10^4$ cm^2/s 时,10~20 μm 的颗粒被搬运的距离大约为 500 km 范围。

——长距离输送。沙尘被输送的距离与大气环流运动的规模和强度密切相关,特别是强冷气流的发展过程。西伯利亚南下的强冷气流常把蒙古国沙漠和戈壁地区的沙尘卷入高空,向中国北方的下游地区输送。大部分沙尘被输送到华北和华东地区,沉积到地面,少量的经朝鲜半岛及日本列岛到达北太平洋上空,甚至进入北极圈,最后沉降在格陵兰的冰雪中,或沉入北太平洋。研究表明,来自蒙古国和中国内蒙古地区的沙尘暴,每年向北太平洋输

送约600万～1200万t沙尘。撒哈拉沙漠每年向大西洋输送约6000万～20000万t沙尘。

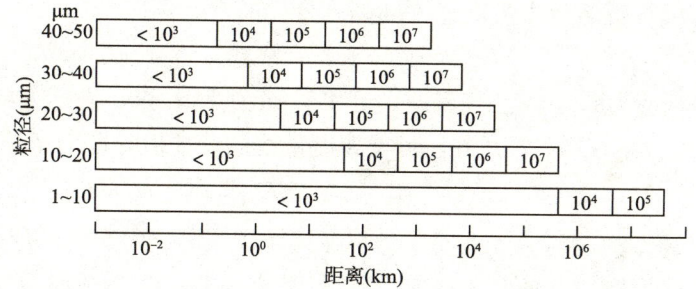

图3.4 当$U=15$ m/s和ε为10^3～10^7 cm^2/s时不同粒级的
石英球粒可能被搬运移动的最大距离（引自夏训诚等1996）

（4）风蚀起沙的物理过程

地表土壤的风蚀起沙过程是运动的空气流与地表上的粒子在界面上相互作用的一种动力过程。研究表明，这是一个由许多因素控制的复杂物理过程。对于风蚀起沙（尘）的诸多影响因子，国内外已有很多研究。McTainsh等（1988）把地表土壤的风蚀起沙量用土壤侵蚀度、地表粗糙度、气候因子、盛行风方向的田地长度（或宽度）、植被覆盖率五个因子表示，建立了半经验性的土壤风蚀方程；有人认为，地表的沙尘排放量是风速和地表状况（包括土壤水分和地表植被等）的函数；也有人认为，把所有的影响因素概括地分为天气和气候条件（主要是大风和少量的降水）、土壤状态（包括土壤的矿物成分、粒子尺度分布特征、土壤硬度、土壤水分等）、地表粗糙元素（非侵蚀性土壤集合、植被覆盖率），以及土壤的利用和管理四个方面；贺大良（1993）利用实验室风沙环境风洞对影响土壤风蚀起沙的风况（含沙量和风速大小）、土壤表面的覆盖状况（植被等）、地表物质组成和人为因素（开垦和放牧）等影响因子进行了初步的模拟试验。

在已有的许多风蚀起沙模型中，地面风蚀起沙量的计算主要受地表土壤类型（或沙粒和尘粒的百分含量）、摩擦速度u^*（或风速u）和沙粒脱离地表的临界摩擦速度u_t^*（或临界风速u_t）等的影响。本章详细论述这三种因子对风蚀起沙（尘）量的影响，并给出具体的确定方法。

摩擦速度所反映的风切应力是风蚀起沙（尘）的主要动力因素，它推动较大的颗粒沿地表滚动，引起沙粒在近地面跳跃运动，进而导致尘粒脱离地表向大气中排放，同时使尘粒在大气中被抬升到更高的高空。根据Gillette等（1989）的计算方案，在一定的临界摩擦速度下，摩擦速度10%的误差将引起垂直尘粒通量至少40%的变化，因此，摩擦速度的确定对于风蚀起沙（尘）

的计算至关重要。

在气象学中，摩擦速度表示雷诺应力的大小，具有速度量纲的特征值。对近地层大气，雷诺应力可看做不随高度变化的常数，即

$$\tau = -\rho_a \overline{u'w'} = 常数, \tag{3.4}$$

式中 τ 为雷诺应力，ρ_a 为空气密度，u' 和 w' 分别为 x 和 z 坐标方向的脉动速度分量。将上式除以 ρ_a 并开方，可得速度量纲的特征值，即为摩擦速度：

$$u^* = \sqrt{\tau/\rho_a} = \sqrt{-\overline{u'w'}}, \tag{3.5}$$

它是近地层湍流特性的一个主要参量，在风速廓线研究中有着广泛的应用。

目前关于摩擦速度的计算方法主要有涡旋相关法、空气动力学法和能量平衡法等。这些方法各有优缺点（胡隐樵等 1991），且需要的观测资料也不尽相同，其中涡旋相关法需要超声仪观测的瞬时高频风速和温度的脉动资料，空气动力学方法需要两层以上的风速和温度平均量的梯度资料，能量平衡法需要风速、温度和湿度资料、地表辐射分量和地热流量资料。

空气动力学法是用近地面两层以上的风速和温度平均量的资料来计算摩擦速度的（张强等 1992，2001）：

$$\frac{kz}{u^*}\frac{\partial v}{\partial z} = \Phi_m, \tag{3.6}$$

式中 k 是卡曼常数，一般取 0.4；z 是高度；v 是风速；Φ_m 是风的莫宁-奥布霍夫相似性函数。

摩擦速度 u^* 也可以用下面中性近地层的风廓线公式计算。

$$u = \frac{u^*}{k}\ln\frac{z-d_z}{z_0}, \tag{3.7}$$

式中 u 是高度为 z 处的风速，k 为卡曼常数，z_0 是地表粗糙度，d_z 是零风速层的偏移高度。

临界摩擦速度 u_t^* 是摩擦速度能否引起地表风蚀起沙的临界值，当 $u^* > u_t^*$ 时，空气动力大于沙粒的重力和内部黏性力的合力，发生跳跃运动，进而引起沙尘微粒从地表释放；当 $u^* < u_t^*$ 时，空气动力小于沙粒的重力和内部黏性力的合力，跳跃运动不能发生，地表的沙尘微粒处于稳定状态，不会脱离地表。

u_t^* 对地表风蚀起沙（尘）量的影响是显而易见的，为了获得数量上的印象，这里根据 Gillette 等 (1989) 的方案计算了垂直尘粒通量 F 随 u_t^* 的变化，如图 3.5 所示，其中摩擦速度取定值 1.0 m/s，当 u_t^* 从 0.2 m/s 增大到 0.8 m/s 时，F 从 1.12×10^{-6} kg/(m²·s) 线性减小到 2.8×10^{-7} kg/(m²·s)。风蚀起沙（尘）的阻力主要来源于地表，u_t^* 的大小正反映了这种

阻力的强弱。由于地表特征包含了机械和矿物组成、植被和其他粗糙元的覆盖、水分和盐分的含量、地形和坡度的走向，以及人工的管理和利用等诸多因素，因此它对风蚀图3.2垂直尘粒通量随临界摩擦速度的变化和对起沙（尘）的影响非常复杂，不同条件下的地表其 u_t^* 也有很大差异。

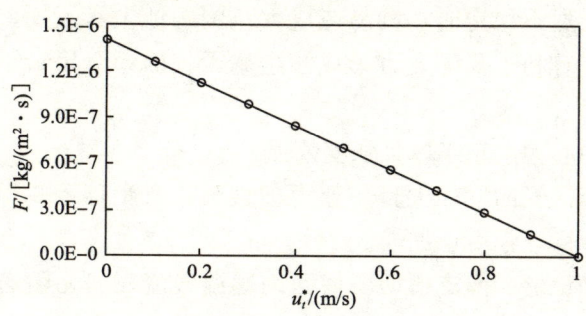

图 3.5 垂直尘粒通量随临界摩擦速度的变化

在理想状态下，对于松软地分布在平坦裸露干燥的地表上的球形均一微粒，其脱离地表的 u_t^* 主要受其重力和内部结合力的影响，这两个力均是微粒直径的函数，因此，u_t^* 可以表达为微粒直径 d 的函数，即 $u_t^*(d)$。国际上关于 $u_t^*(d)$ 的表达式已有很多研究，采用 Shao 等（2000）提出的计算方法：

$$u_t^*(d) = \sqrt{A_N\left(\sigma_p g d + \frac{\varepsilon}{\rho_a d}\right)}, \tag{3.8}$$

式中 A_N 是土壤微粒雷诺数的函数，近似取 0.0123；ρ_p 是土壤微粒密度和空气密度的比值；g 是重力加速度，取 9.80 m/s²；ε 反映的是微粒所受内部结合力与抬升力的比值，其大小为 $1.65 \times 10^{-4} \sim 5 \times 10^{-4}$。

对于一定的自然界土壤微粒，其脱离地表的临界摩擦速度可以表示为

$$u_t^* = u_t^*(d) \cdot f(w) \cdot f(\lambda) \cdot f(s) K \tag{3.9}$$

具体计算时须根据相应的观测资料确定各个影响因子（地表土壤水分、植被覆盖率、土壤硬度、地形坡度），以得到尽可能精确的结果。

3.1.2 沙尘暴形成的大尺度环流形势

相关研究结果表明（钱正安等 2002，达布希拉图等 2003，丁瑞强等 2003，江灏等 2004，林朝晖等 2004，张高英等 2004，尤凤春等 2005），在我国西北地区形成沙尘暴天气的大尺度环流形势的基本特征是，在高空天气图上前期极地不断有强冷空气沿西北气流分股南下，并入西伯利亚的低压区，形成一个较深厚的冷槽，其温压场配置是温度场明显落后于高度场，表明槽区斜压性非常强，使冷空气在西伯利亚低空堆积，并进一步加强，与高空冷

低槽的发展相对应，低层 700 hPa 有强的 24 小时负变温中心南下。

大范围沙尘暴天气过程的发生发展，总伴随着一次大尺度环流调整，即经向环流向纬向环流调整时，通常位于西伯利亚的冷空气迅速向我国境内由西北向东南暴发，若此时处在春季，且前期久旱无雨，地表沙尘源丰富，对流层低层处于强烈不稳定时，则易造成大范围的沙尘暴天气。对大量个例的综合分析表明，有利于我国北方形成沙尘暴天气的 500 hPa 环流形势有如下特征：

——极涡中心偏向东半球且强度偏强。

——北支锋区经向度加大且东亚大槽偏强。东半球 500 hPa 环流形势经向度明显加大，锋区强度也加强。

——南支槽偏弱。南支槽偏弱使西南暖湿气流在向北输送过程中受到了抑制。

——沙尘暴主要发生在冬春季特定的环流条件下。许宝玉等（1997）曾对历史上 5 次特强沙尘暴暴发前环流形势进行合成分析，结合其他许多强沙尘暴事件发现：在沙尘暴暴发日上午 08:00（北京时，后同），对流层中、低层乌拉尔山东侧有强高压脊，该脊前的强低压槽在新疆北部；对应的地面天气图上，在中哈边境处有高于 1025 hPa 的强冷高压，其前缘冷锋已到达哈密—若羌一线。这是激发大范围强沙尘暴最常见的西北路冷空气入侵的典型环流形势（图 3.6）。

我国西北地区特强沙尘暴主要发生在 4，5 月份，主要可分为西大风和东大风两类，且以西大风类为主。西大风类按冷高压路径又分为西方路径和西北路径，并以西北路径为主；东大风类主要是由蒙古高压的剧烈发展，南疆热低压东移，柴达木、甘肃河西热低压等共同形成的东大风所造成的。

——东大风类特强沙尘暴多发生在高空环流由纬向型向经向型的调整中，前 3 天乌拉尔山低槽东移加深，当天低槽接近帕米尔高原，南疆地面发展出热低压，冷空气翻越帕米尔高原进入南疆西部，迫使南疆热低压加深东移，特强沙尘暴区一般出现在热低压中心和东部外围区。

从风场形势看，急流和最大风速中心位置的变化，决定了沙尘暴落区的走向，而高空急流的存在是动量下传产生沙尘暴的必要条件。高空急流加强，风速加大，再通过动量下传作用，使地面上出现大风和沙尘暴。高空动量下传必须具备两个条件：一是层结不稳定，二是有较大的风速垂直切变和下沉运动。

西大风类西北路径型特强沙尘暴的 500 hPa 平均高空环流背景为：欧亚上空为移动性长波，特强沙尘暴发生当天欧亚环流形势为两脊一槽型，长波槽从巴尔喀什湖移至北疆加深,槽线底部南伸至 40°N,槽后有 30~44 m/s 的强风锋区。地面冷高压 3 天前平均位于乌拉尔山西侧中北欧地区,当天位于巴尔喀什湖以北地区。地面冷锋当天 08 时呈现东北—西南向在哈密、若羌与敦煌之间,冷锋平均移速约为 10 个经度/12 h(约 75 km/h),当天 20 时在张掖、民勤之间或银川、乌鞘岭与兰州之间。

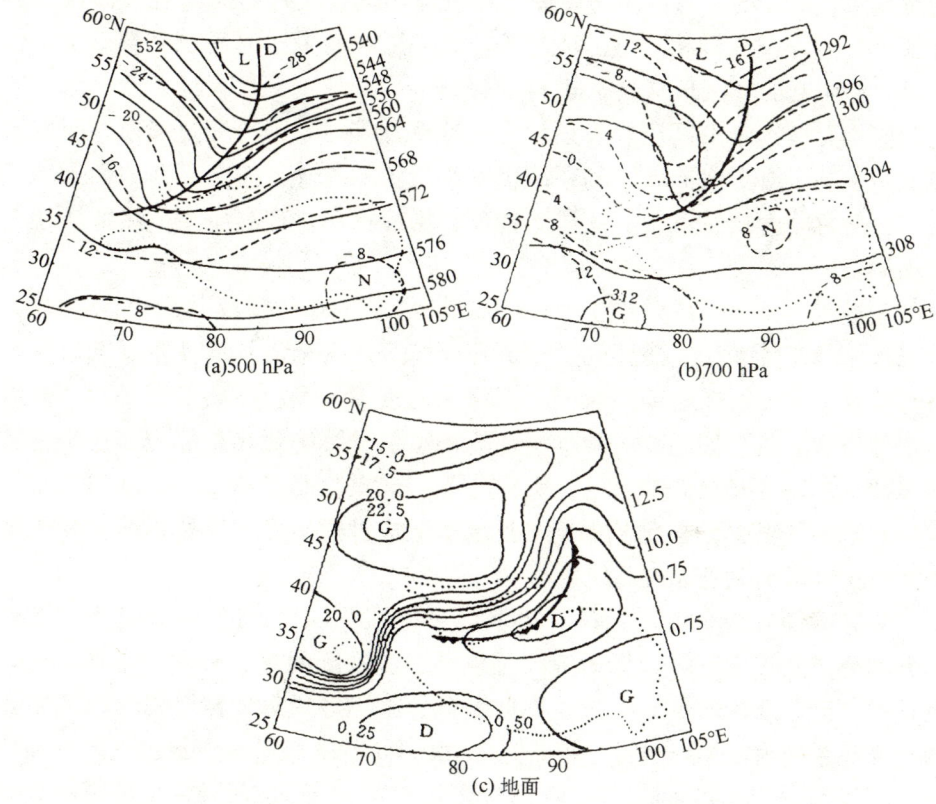

图 3.6　西北地区沙尘暴发生当日 08 时 500 hPa (a),
700 hPa (b) 诱发槽和地面冷锋 (c)(引自许宝玉等 1997)

西大风类西方路径型特强沙尘暴 500 hPa 高空环流形势为:欧亚有移动性波动槽脊,中纬度西风带气流平直。大风沙尘暴出现当天乌拉尔山、北疆、华北分别为低槽,北疆槽线呈东北—西南向,槽后有 20 m/s 偏西风,槽前有强锋区。地面冷高压中心前 3 天位于里海和咸海之间,当天移至北疆。当天 08 时冷锋在新疆东部七角井与哈密之间,南段压至阿尔金山北缘,冷锋移速与西北路径型基本相同,当天 20 时移至甘肃河西张掖、民勤一带,南段在柴达木盆地东部。

3.1.3 沙尘暴形成的主要天气型

沙尘暴一般都是在具备沙尘源的条件下强风作用的产物,但并不是每次大风都会引发沙尘暴,不同强度、不同地区出现的沙尘暴天气过程,在环流形势和影响系统上都具有某些共同的特征。为了在日常预报中很好地把握沙尘暴与天气形势的关系,相关研究工作者对不同强度沙尘暴过程的环流形势特征进行了普查分析和分型。曹玲等(2005)对发生在河西走廊春季147例大风、沙尘暴的环流形势特征进行了普查分析,发现一般大风、沙尘暴天气过程前均有乌拉尔山高压脊发展,脊前冷槽加深,地面冷锋过境时,引发大风或沙尘暴。由于地形影响和系统强度、位置的差异,按高空和地面影响系统,一般可分为强冷锋型、动量下传型、副冷锋型、冷高压型、热低压型五种类型。

王遂缠等(2004)分析了1955—2002年发生在甘肃及其周边地区的63次强沙尘暴或特强沙尘暴天气过程的环流特征,揭示出甘肃沙尘暴天气的五种环流类型——冷锋后偏西风型、强锋区动量下传型、冷高压南部型、热低压前部型和河西小槽型——的平均环流场特征。影响西北东部的强沙尘暴或特强沙尘暴以冷锋型最多,占总次数的73%,其次是动量下传型和河西小槽型,其他两种很少。在此基础上,指出了造成甘肃省冬、春季强沙尘暴天气的影响关键区和关键天气系统。

刘景涛等(2004)对1957—2002年发生在我国北方的33次特强沙尘暴过程的环流系统进行了分析研究,重点是环流系统的热力和动力结构、活动特征及高低层系统的相互配置。在此基础上,以形成触发沙尘暴强风的主要地面环流系统为依据,通过分析研究33次不同范围特强沙尘暴过程高空和地面当天、前12小时、前24小时500 hPa,700 hPa,地面天气尺度影响系统热力、动力结构、活动特征,以及高空急流活动与沙尘暴关系,对形成我国北方特强沙尘暴的环流系统进行了归纳分类,划分成纯强干冷锋型、蒙古气旋与干冷锋混合型、蒙古冷高压南部倒槽型、干飑线与冷锋混合型四种类型。同时分析了各类环流系统在地面大风形成过程中的作用及其沙尘暴的时空分布特征,并给出了天气学概念模型。以下是几种产生强沙尘暴的主要天气型。

(1) 纯强干冷锋型

这类特强沙尘暴是由纯强干冷锋触发的,冷锋是整个过程的控制系统。冷锋坡度陡峭,具有典型的二型冷锋的垂直结构。图3.7是纯强干冷锋型沙尘暴概念模型。在高空500 hPa天气图上,欧亚大陆上空环流径向度大,乌拉尔山为长波高压脊,西西伯利亚为长波槽,冷槽具有典型的斜压不稳定槽结构：冷槽前等高线辐散，温度槽落后于高度槽，槽前有一支强冷锋锋区，冷平流很强。统计沙尘暴暴发前 12～24 h，冷槽附近锋区温度梯度可达到 20～40 ℃/500 km，流线与等温线交角达到 60°～90°。从能量学观点来看，斜压有效位能的释放是地面强风形成的主要能源。此类冷槽在移动过程中加深发展，移至我国东北地区加深成东亚大槽。

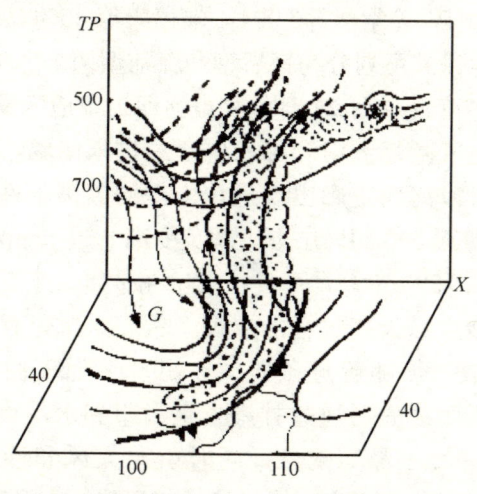

图 3.7　纯强干冷锋型强沙尘暴天气学概念模型（引自刘景涛等 2004）

地面气压系统活动特征是：强大的冷气团（冷高压）由中亚东移或由西西伯利亚南下至我国新疆北部，然后经河西走廊东移（西方路径），或由西西伯利亚向东南方向移经蒙古西部山地，自西北方向袭击我国（西北路径），锋后冷气团前部有很强的气压梯度，地面冷锋后气压梯度可达到 15～25 hPa/500 km，冷锋前后出现明显的负变压和正变压中心，两者之间变压差可达到 6～12 hPa。大气受强大的气压梯度力和变压梯度力共同作用形成强风速，吹起地表沙尘。冷锋北端尽管也伴有蒙古气旋活动，但气旋在整个过程中加深不明显（6 h 中心气压下降不大于 6 hPa）。

在上述地面和高空环流形势下，受地面干冷锋影响，形成西北大风触发强沙尘暴。强沙尘暴随冷锋自西向东（西方路径）或自西北向东南（西北路径）袭击我国北方，形成西北—东南向的强沙尘暴带。在沙尘暴源区（如塔克拉玛干沙漠、巴丹吉林沙漠等）和沿途裸地扬起的大量沙尘，由高空西北气流输送向东南方向扩散。此类沙尘暴对京津乃至华东地区影响最大，由于纯强干冷锋型沙尘暴"沙尘壁"前后辐射造成的热力正负反馈作用，其强度与太阳辐射的日变化关系密切，沙尘暴在午后到傍晚最强，入夜后明显减弱。如 1992 年 4 月 10 日强干冷锋触发的强沙尘暴过程，由此扬起的沙尘影响到了我国东南沿海地区。

刘景涛等（2004）的分析结果表明，在33次特强沙尘暴过程中有25次影响系统为纯强干冷锋型，占76%，是造成特强沙尘暴最主要的环流系统类型。

对大量不同强度的沙尘暴过程进行的天气学分析（王式功等1995a，1995b，赵翠光等2004，姜学恭等2004，朱福康等2004，陈晓光等2006）表明，强干冷锋型沙尘暴又可划分为锋后型和锋前型两个亚类。

——锋后型。1977年4月22日，甘肃河西走廊地区发生的冷锋后特强沙尘暴天气过程。冷空气翻越天山和帕米尔高原进入南疆，高空槽是否可能在新疆强烈加深，是甘肃河西走廊出现强沙尘暴的关键条件。这次强沙尘暴发生前12 h，在新疆南部500 hPa层上出现负变高－17 dagpm的强中心。

——锋前型。如1993年5月5日，发生在甘肃、宁夏河套地区的特强沙尘暴是锋前型特强沙尘暴天气过程的典型个例。这次过程主要是由冷锋前的一次强飑线活动造成。伴随着这条飑线，出现了强阵性干对流天气，称为"干飑线"。中尺度干飑线先后通过甘肃省金昌市和永昌市时，气压曲线都出现先涌升后骤降的"气压鼻"现象，同时引起大风和沙尘暴，瞬间增强为"黑风暴"。气压鼻过后才表现出冷锋过境的气压连续上升现象。

(2) 蒙古气旋与干冷锋混合型

触发该类特强沙尘暴的环流系统为强烈发展的蒙古气旋及其干冷锋，以蒙古气旋强烈发展为主要特征。

此类蒙古气旋生成于蒙古国西部或贝加尔湖附近，后向东南或偏东方向移动，在蒙古国中部（50°N以南）气旋强烈加深。对该类五次过程中气旋中心气压降低率进行逐例分析，结果表明：气旋强烈发展阶段，12 h内气压降低率均小于－6 hPa，平均为－8.8 hPa，最大降低率为－15 hPa。移入东北平原时，气旋锢囚。特强沙尘暴发生在蒙古气旋强烈发展时段。尽管气旋冷锋对该类特强沙尘暴的形成也有作用，但气旋的强烈发展导致地面风速迅猛加大是形成特强沙尘暴的主要动力机制，特强沙尘暴的形成与蒙古气旋强烈发展有着非常密切的关系。这是与纯强干冷锋型沙尘暴的主要区别。其次，蒙古气旋与干冷锋混合型沙尘暴最强时段发生在蒙古气旋强烈发展时段内，有时可在夜间（20时到次日08时），与太阳辐射的日变化关系不密切。再者，该型的沙尘暴区（带）为西—东向分布，与蒙古气旋中心移动方向一致，气旋暖区和冷锋后为西风或西南风，冷锋过境后降温不明显。例如2001年4月6—8日蒙古气旋与干冷锋混合型触发强沙尘暴的天气过程（图3.8）。刘景涛等（2004）对这一典型个例进行了较深入全面的分析研究。

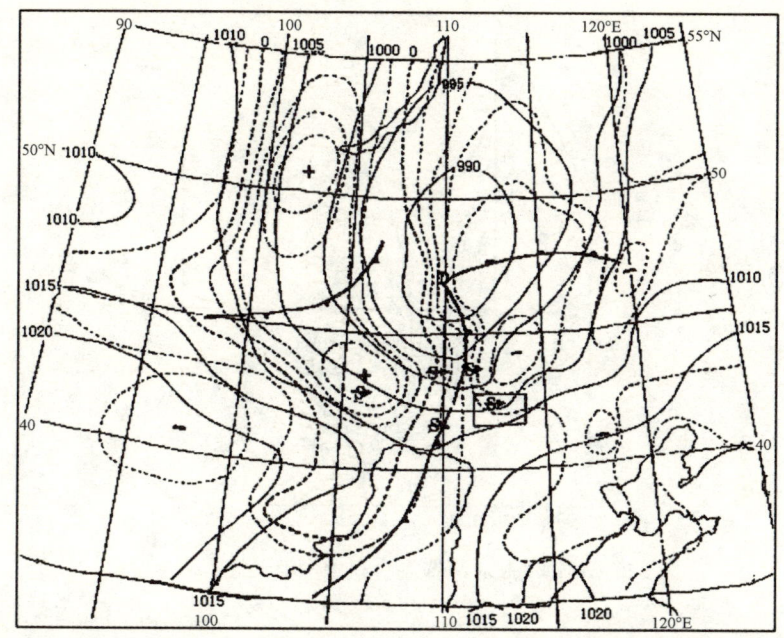

图 3.8　2001 年 4 月 6 日 14 时蒙古气旋与干冷锋混合型触发强沙尘暴的
地面气压形势图（引自刘景涛等 2004）

此类亚洲高空主要锋区位于 40°—50°N，对流层中层有斜压槽沿锋区由中亚或西西伯利亚经蒙古西部山地东移，温压场波动相位近乎相反，气压槽前部有强烈暖平流，槽后有冷平流，但不如纯强干冷锋型强烈。与中纬对流层锋区相联系，亚洲高空 40°—45°N 有强西风急流，地面气旋位于高空（300 hPa）急流出口区左侧，这一地区强烈的气流辐散是蒙古气旋强烈发展和低层沙尘向高空输送的动力机制。研究表明，蒙古气旋中心强度与气旋中心和高空急流核的相对位置有密切关系，当气旋中心位于急流轴出口区左前方适当距离时（5～15 个经距），气旋处于加深阶段；与急流轴基本处于同一经度位置时，气旋加深到鼎盛期；气旋中心位于急流轴左后方时，气旋开始填塞。蒙古气旋移入我国东北地区时发生锢囚，高空出现切断低压。

图 3.9 是蒙古气旋与干冷锋混合型沙尘暴概念模型。在所统计的 33 次特强沙尘暴过程中，该型出现 5 次，占 15%。由于蒙古气旋向偏东方向移动，冷空气呈西路或西北路径，对我国华北及东北地区影响最大。

（3）蒙古冷高压南部倒槽型

这类强沙尘暴是由蒙古冷高压与其南部倒槽（或低压）相互作用形成的强东风触发的特强沙尘暴过程。

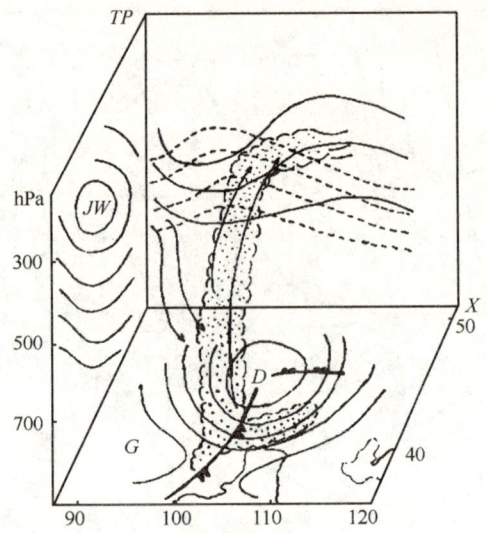

图 3.9　蒙古气旋+冷锋混合型沙尘暴天气学概念模型
(引自刘景涛等 2004)

地面气压系统的活动特征是：强大的冷气团（冷高压）自西西伯利亚南部向东移动，在蒙古国及其与我国毗邻地区形成强盛的冷性高压。其前部冷锋扫过我国北方，但未形成强沙尘暴，而当冷锋在 120°E 以西逐渐由东北—西南方向转为近东—西方向，并准静止少动时，在蒙古冷高压的南部沿 40°—45°N 纬度带，90°—115°E 形成准静止锋（或静止锋波动）。与此同时，在我国河西走廊到河套地区有暖倒槽（或低压）自南向北发展，在北方冷高压与暖倒槽之间产生强大的气压梯度由此形成偏东大风。伴随上述地面气压场的活动过程，内蒙古中西部及甘肃、宁夏等地区地面风向由西南风转为西北风（冷锋过境），再由西北风转为偏东（东北、东、东南）风，且风速逐渐加大，形成偏东大风，触发强沙尘暴。此时地面气压场一般比较稳定，偏东大风及其触发的强沙尘暴可持续 2～3 d。这类强沙尘暴多发生在内蒙古中西部和新疆南疆盆地等我国西北地区。

由于沙尘暴区位于蒙古高压南部，有相对多的水汽由东部较湿润地区向西输送，使沙尘暴区湿度较大，总云量较多，有时可有微量降水；气温则是缓慢持续下降。地面气象要素特征与上述两种类型沙尘暴地面气象要素场有明显区别。

与上述地面气压系统活动相联系，对流层中高层，在泰米尔半岛到东西伯利亚为稳定的冷低压，西西伯利亚南部有一冷槽，该冷槽东移到贝加尔湖附近时，受到北方低压中冷空气补充（或合并）而加强，移到东亚形成大槽。

同时在青藏高原到河西走廊上空有暖气团活动,冷暖气团对峙在亚洲中纬度(45°—50°N)形成强纬向锋区(锋区中温度梯度可达到20~30 ℃/500 km),锋区中有小波动东移,但流线与等温线夹角小,冷暖平流不强。

由热成风原理,中纬度强纬向锋区导致对流层形成一支强西风急流,沙尘暴期间急流核大多位于120°E附近,强沙尘暴产生在高空西风急流入口区右侧,这一地区高空气流的辐散强迫是低层沙尘向高层输送的主要动力机制。

该类沙尘暴区从地面到高空,风向作顺时针变化(气层为暖平流),由偏东风逐渐转为偏南风,在4000~5000 m气层转为西南风或西北风。该类型特强沙尘暴天气学概念模型见图3.10。

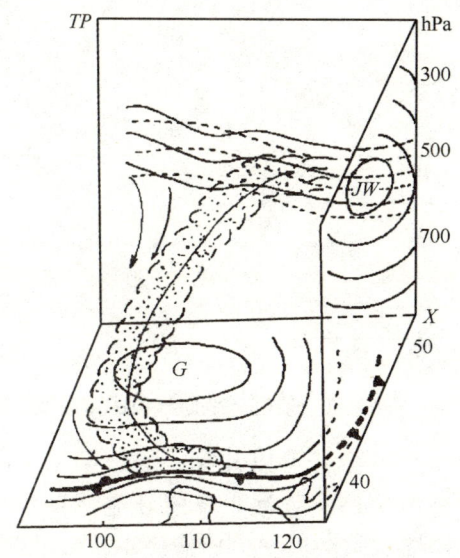

图3.10 蒙古南部倒槽型强沙尘暴天气学概念模型
(引自刘景涛等2004)

在所统计的40多年33次特强沙尘暴过程中,该类型出现3次,只占9%,是最少的一类。此类特强沙尘暴多影响我国西北及内蒙古西部地区。

(4) 干飑线与冷锋混合型

该类是由干飑线或中尺度低气压扰动和冷锋相伴造成的特强沙尘暴过程。其特点是:早在地面冷锋过境前,锋前暖气团中就已有干飑线或中尺度低压等中尺度系统生成发展,首先触发强风和强沙尘暴。待其后天气尺度冷锋加速赶上干飑线等中尺度低压系统,大风和沙尘暴再度加强。1993年5月5日发生在金昌的特强沙尘暴就是干飑线加冷锋混合型的典型个例(金昌市5月5日15—16时最大瞬时风速34 m/s,能见度<50 m)。

在2001年4月6日15—16时,二连浩特气压、气温、相对湿度和风的自记曲线上也可以看到明显的中尺度扰动特征（图3.11），从气压、气温和相对湿度的曲线配置来看，这一中尺度低气压扰动的性质是暖干性的。4月6日16—17时之间气压升高，气温和湿度下降，风向转为西西北风，风速进一步加大，冷锋移过二连浩特，沙尘暴再度加强。这是中尺度低气压扰动加干冷锋混合型的又一个典型实例。

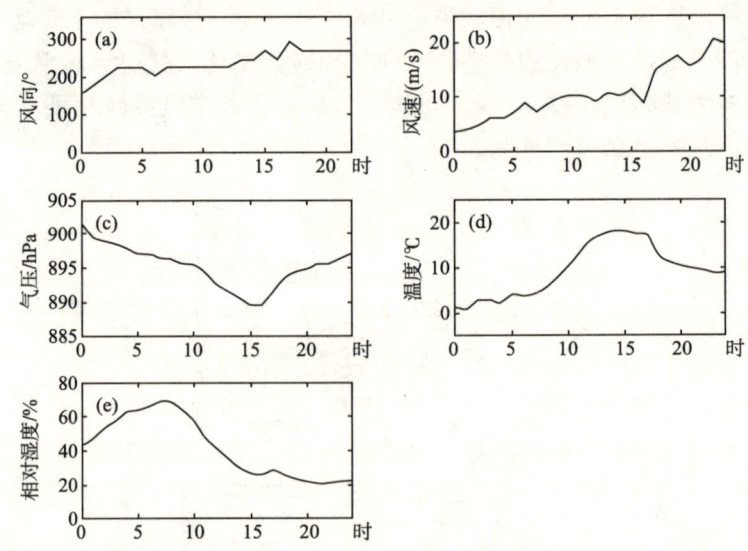

图 3.11 2001年4月6—7日二连浩特地面气象因素演变（引自刘景涛等 2004）

这一类型的强或特强沙尘暴可以和第一类、第二类同时发生。第一、二类天气尺度环流形势是产生该类强沙尘暴的环流背景。第四类强沙尘暴出现在第一、二类某一段冷锋影响的地区，地域较小，但强度很强。

图3.12是干飑线与冷锋混合型沙尘暴概念模型。上述分析的33次特强

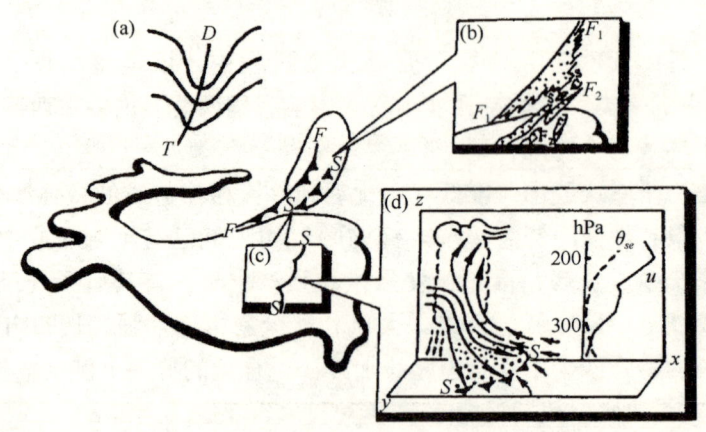

图 3.12 干飑线与冷锋混合型沙尘暴概念模型（引自钱正安等 2004）

沙尘暴过程中，至少有 2 次特强沙尘暴过程属于第四种类型，典型个例有 1993 年 5 月 5 日发生在甘肃省金昌市的特强沙尘暴过程和 2001 年 4 月 6—7 日发生在内蒙古二连浩特市的特强沙尘暴过程。

3.1.4 高低空急流对沙尘暴形成的作用

强沙尘暴和特强沙尘暴是一种猛烈的挟带大量沙尘的干对流风暴，强的干对流上升气流是大量沙尘向高空输送的主要动力。而强对流上升运动一般都是与高空急流相联系的，高空急流出口区左侧辐散强迫与地面冷锋强迫抬升耦合是形成强上升气流的主要动力机制。分析表明，强和特强沙尘暴中心主要是由高空急流出口区左侧强烈的干对流上升气流造成的。

陈晓光等（2006）对 1970—1999 年宁夏 66 次强沙尘暴和特强沙尘暴过程发生前不同时刻的 200 hPa 高空风场进行普查分析，发现宁夏强沙尘暴和特强沙尘暴过程发生前，均有高空急流存在，主要表现为三种方式：西风急流型（宁夏位于高空西风急流出口区的右侧）、副热带急流型（宁夏位于副热带高空急流入口区的左侧），以及西风急流与副热带急流振荡合并型（宁夏位于高空副热带急流入口区的左侧与西风急流出口区右侧交界区域）。其中，西风急流型有 25 次，占 37.9%；副热带急流型出现 23 次，占 34.8%；西风急流与副热带急流振荡合并型为 18 次，占 27.3%。强沙尘暴区一般出现在高空西风急流出口区右前侧。

程海霞等（2005）对近五年我国沙尘暴过程的发生次数与相伴的高空急流次数的分布统计分析后认为，沙尘暴与高空急流总是相伴出现。表 3.6 是最近五年沙尘暴过程的发生次数与相伴的高空急流次数的分布。从表中可看出，沙尘暴与高空急流关系非常密切，常常在 45°—60°N 有一支西北风（或西风）急流和中心在 35°N 以南的强盛副热带偏西风急流同时出现，沙尘暴区位于两支急流（称为双急流）附近。因此，把影响沙尘暴的急流分为两大类：单急流和双急流。

表 3.3 沙尘暴次数与所对应的高空急流次数的分布（引自程海霞等 2005）

年份	沙尘暴次数	急流次数	急流次数占沙尘暴次数的比率
2000	13	13	100%
2001	17	17	100%
2002	12	12	100%
2003	2	2	100%
2004	4	4	100%

郑新江等（2001）对1998年4月14—16日受强冷空气影响，发生在我国西北地区的一次大范围大风与沙尘暴天气过程进行了分析，结果表明，高空急流对其下反气旋环流的形成与发展起到动量下传和加强锋区的作用，反气旋环流是诱发西北地区大风沙尘暴的重要动力和热力机制，强沙尘暴区位于上升运动区内。

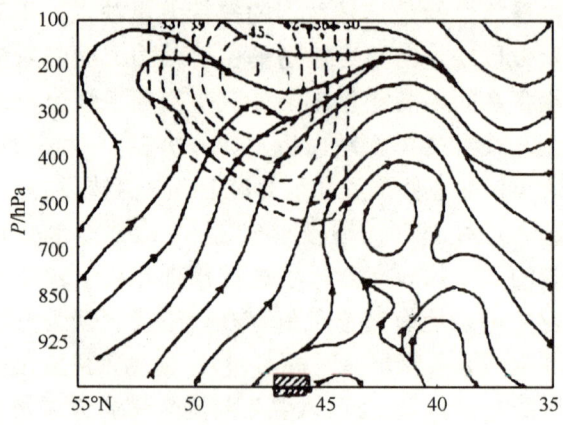

图3.13　1998年4月14日20：00时 v-w（实线）南—北剖面（虚线为等风速线）（郑新江等2001）

赵琳娜等（2002）通过对2000年4月6日蒙古气旋产生的强沙尘暴天气过程的分析认为，高空急流的强迫对气旋的发展起了动力作用，急流出口区北侧的辐散区为气旋暴发提供了动力条件。急流出口区东移造成气旋的突然发展是导致这次强沙尘暴发生的重要动力因素。

吴秋风等（2005）通过对呼和浩特市出现的一次严重沙尘暴天气过程的分析发现，急流中心的迅速加强和位置的变化与沙尘暴区域相吻合；急流出口区左侧地面冷锋前的上升运动区与高空急流出口区次级环流的上升气流区相叠加，更有利于垂直对流加强；同时强烈的减压作用使蒙古气旋强烈发展，所以说高空急流的加强可以通过动量下传过程为地面大风的形成提供很好的动力条件。

通过上述多例沙尘暴过程的分析，我们可以充分相信高空急流出口区左侧气流辐散强迫形成的干对流上升气流是大量沙尘向高空输送的重要动力机制。

3.1.5　中尺度天气系统与沙尘暴

沙尘暴天气过程发生的若干天气学研究结果表明，锋面、气旋、高低空急流等天气尺度系统是引发强沙尘暴的主要天气系统，冷锋的动力学特点决定了其常与强沙尘暴伴随。西北地区典型强沙尘暴都是在特定大尺度环流背景和天气尺度系统及中尺度系统相互作用下发生和发展。与中、低空强锋区相伴的强冷锋移经沙源充足的大沙漠区是强沙尘暴形成和发展的必要条件，整层大气不稳定和强对流是其重要的热力条件。也就是说，强沙尘暴和特强沙尘暴是在不同尺度天气系统相互作用下，在特定的地表环境中形成的中尺度灾害性强风暴。现有分析普遍认为，干旱的气候背景、有利的大尺度天气形势（如冷锋、北方气旋、高空低压槽）、中尺度低压、干飑线等系统与局地热力不稳定条件相互作用是沙尘暴形成的基本气象条件。许多学者都研究过1993年5月4—6日发生在新疆、甘肃、宁夏和内蒙古部分地区的历史上罕见的特强黑风暴，与黑风暴相伴的强冷锋变压梯度最大可达6 hPa/100 km，黑风暴过境后的气象要素跃变具有明显的飑线特征。江吉喜（1995）通过对卫星云图的分析发现，该黑风暴主要由冷锋前部的中尺度对流系统（MCS）发展为飑线，并移经浩瀚沙尘地表而形成。用改进的中尺度模式MM4和高分辨率边界层参数化控制模拟试验可见，在"93.5"黑风暴发展时段，在边界层内与一个中尺度气旋性强涡旋相伴，在对流层内与一个垂直涡柱相伴。可见强沙尘暴过程都有中尺度系统相伴随。

（1）准干飑线

天气尺度的冷锋前方诱发出的总是一系列对流单体。根据冷锋过程的强弱和边界层强迫的程度，诱发的对流单体或多或少，或强或弱。一系列对流单体或单独存在或合并为对流复合体，并在冷锋前方排成一条对流线，由一条或若干条对流线组成的对流体阵列在宏观上构成了带状分布的对流系统，通称为飑线系统。飑线天气系统是一个叠加在天气尺度冷锋系统上的中尺度天气系统，它所表现出的气象要素突变要比冷锋系统更为明显。特强沙尘暴过程实质上与飑线密切相关。在我国西北地区，可能出现得更多的是冷锋前一条对流线构成的强沙尘暴，而在美洲大平原上则比较容易出现冷锋前有多条对流线构成的强沙尘暴。由于沙尘暴过程有时观测不到降水，所以称特强沙尘暴过程的飑线为干飑线。

张强等（2005）分析了特强沙尘暴的物理特征后认为，干飑线加冷锋的强对流性混合型沙尘暴是在典型低槽加冷锋的天气尺度背景下，锋前暖气团中有中尺度干飑线强烈发展，它是由多个雷暴单体组成的雷暴群，一个个干雷暴单体云中后部的强冷下曳气流至近地面时，快速向外辐散分别形成一段段弧状的阵风锋，即地面常见的弧状推进的沙尘墙。所以，中尺度干飑线首先触发强风和沙尘暴，待其后大尺度冷锋加速赶上干飑线时，大风及沙尘暴又再度加强，因而这类沙尘暴更强，持续时间更长。与中尺度低压系统只是出现在锋前的情况不同，干飑线也有出现在强烈发展的蒙古气旋冷锋后冷区里的情况，这是纯冷锋型沙尘暴。

胡隐樵等（1997）分析1993年5月5日强冷锋大风和沙尘暴过程后指出，干飑线同湿飑线存在一些不同之处。它们的差别是：

——湿飑线一般都伴随着强的雷暴降水过程，说明它是一种强的湿对流天气；但干飑线却无强雷暴降水，干对流起重要作用。

——湿飑线一般都是在相当潮湿的地表条件下发展起来的，地表有充分的水分蒸发给大气；但干飑线是在干燥地表发展起来的，地表非常干燥，几乎没有水分能够蒸发给大气。

——飑线发展的地区，湿飑线发展过程中，大气处于湿绝热不稳定（相当位温同饱和相当位温曲线非常接近），由于对流发展，水汽不断凝结释放潜热，又进一步供给对流发展的动力，而且地表还能不断供给潜热；正如前文所述，在干飑线发展的地区，大气处于干的超绝热不稳定状态，大量的感热加热了大气边界层，干对流发展，地表没有潜热供给大气。

（2）强对流复合体

一般认为，强风、沙源和大气热力不稳定是形成沙尘暴的三大因子。但并不一定强风天气在沙源地遇到大气热力不稳定情况就一定能形成特强沙尘暴，有可能只形成一般的沙尘暴或沙尘天气。许多观测事实表明，只有在天气尺度的冷锋系统能够诱发出一系列有组织的对流体时，才能在沙源地形成特强沙尘暴天气。

张强等（2005）认为，对流单体内一般存在一向后倾斜的阵风界面，以阵风界面为界，在其后方有下沉气流，而其前方却有强的相对于阵风界面的反向上升气流，并且这一上升气流在对流体上部向前方延伸和扩展。在湿润地区，由于大气水分比较充分，对流体气流上升过程中凝结释放的潜热贡献能使对流体发展得很深厚，一般能达到10 km左右，甚至还要更厚一些。但沙尘暴天气的对流单体由于出现在干旱气候条件下，大气水分稀少，气流上升过程中潜热的贡献很弱，甚至可能是干对流，所以很难发展得比较深厚。沙尘暴天气的对流单体高度一般为2～3 km。如果是绝对干对流的情况，则更多的是在大气边界层内发展。并且，在西北干旱地区，热力自由对流也比湿润地区更充分，急流产生的动力强迫也更显著，所以其边界层对流会比一般大气边界层的对流更深厚。沙尘暴扬起的沙粒和尘埃造成的辐射冷却能使冷锋锋面后的大气降温升压，加大与冷锋前低压区的气压差，使风速更大，辐合上升更强，这会加剧对流的发展。并且，沙尘吸收太阳辐射对大气的加热作用能起到类似湿对流过程的潜热释放的功效，增加大气的对流不稳定性，有利于对流单体发展。这两方面的正反馈机制必然使沙尘暴天气过程的对流体虽不深厚，但却比较强烈。

采用非地转平衡中尺度数值预报模式 MM5 进行数值模拟研究（胡文东等 2004），计算了 2001 年 4 月 8 日 15—23 时出现在宁夏的一次强沙尘暴过程的非地转矢量 Q、锋生函数和总温度。诊断结果显示：

——在冷空气来临之前，除贺兰山北段外，宁夏区域无 Q 矢量辐合；最为明显的特征是沿兴仁、六盘山到泾源存在一条强辐散带，宁夏全境几乎都被 Q 强辐散所控制。冷锋移近宁夏时，在贺兰山的东、西两侧都出现了东北—西南走向的 Q 辐合线。这表明冷空气的逼近迫使其前方较暖的空气抬升，产生了非地转上升运动。物理量对这次强沙尘暴过程具有较好的指示意义，场分布与冷锋运动状况、地形影响特征、冷空气主要活动区域都有明确的对应关系。

——500 hPa Q 辐合区、锋生函数正值区和总温度高梯度区与冷空气活动密切相关。地形作用对锋面的影响在物理量场分布上也有明显的反映。冷锋影响前和锋面过后，宁夏 Q 为辐散区，锋生函数为负值区，总温度梯度较低。冷锋到达时，Q 为辐合区，锋生函数为正，总温度梯度很大，变化情况与锋面运动相一致。对发生在宁夏的这次强沙尘暴过程进行的锋面及沙尘暴运动发展的特点分析，及用非静力平衡中尺度数值模式进行的数值模拟，利用预报模式导出的物理量产品进行的合成诊断分析，无论从时间还是空间尺度都反映出这次沙尘暴是由中尺度强辐合和局地锋生加强造成的。

（3）中小尺度低压

利用地面气压场，有关气象站的气压、气温、湿度、风速自记资料，对 2000 年 4 月 12 日天气过程进行了分析和研究（王锡稳等 2001）。结果表明，造成这次强沙尘暴的主要天气系统是冷锋过境。锋面前的抬升作用是必要的触发机制，而中小尺度低压系统的生成与环境场对流不稳定产生的扰动，对沙尘暴的突发、加强起到激发作用。对地面气压场的分析较客观地反映了地面中小尺度低压系统的酝酿形成过程。从 12 日卫星云图的动态变化可以看到，冷锋云带是一次自西向东、由南向北、从弱到强的发展过程。在云图上反映出冷锋云带前部始终有一片中小尺度对流单体群。这次沙尘暴过程在 4 月 12 日 05：00—20：45 从河西至兰州地面气压场曾出现过 3 个水平范围 200～250 km 的中尺度低压系统，当与冷锋合并后，分别造成了降水、沙尘暴、扬沙等天气现象。因此可以认为，中尺度低压对沙尘暴有激化作用，但并不是充分必要的触发机制。由沙尘暴发生前后的单站要素分析可见，在大风沙尘暴出现前后 15 分钟内各地气温明显下降，气压上升，金昌出现黑风时气温下降最大，15 min下降了5.8 ℃，气压上升0.8 hPa。能见度从永昌到乌鞘岭之间沙尘暴所到之时全降为<50 m。以上压、温、湿、风的变化具有典型的冷锋过境特征。12日13：42时沙尘暴在肃南形成时，本站有一维持了2 h的低压存在，在东移过程中此低压维持时间逐渐缩短。16：45到达金昌，低压维持时间只有1 h，此时风速达25 m/s，能见度为<50 m，达到黑风天气的标准，之后低压减弱消亡，风速减小。18：08民勤站出现中尺度扰动，20：09到达景泰，扰动加大，20：45到白银后扰动消失。由压、温、湿、风的变化分析表明，在这次大风、沙尘暴天气过程中，冷锋前确实有中尺度系统存在。从而也提示预报员，应特别注意冷锋前有无中小尺度低压系统的生成，将为做好短时临近大风沙尘暴预报提供重要依据。中小尺度低压多发生在地面冷锋前部。冷锋进入中小尺度低压时，大风、沙尘暴天气加剧，与强沙尘暴出现的时间吻合。

王文等（1999）对1993年5月4—6日发生在新疆、甘肃、宁夏和内蒙古地区的特强沙尘暴（黑风暴）的结构和成因进行了一系列诊断分析和中尺度数值模拟研究。结果指出，这次特强沙尘暴的形成及发展与一个中尺度气旋性涡旋在低层大气内的生成和急剧发展密切相关，而与其相伴的特强冷锋具有飑线性质。从动力学角度考虑，这次突发的与特强沙尘暴密切相关的中尺度系统的发生和发展还应与大气的不稳定性有关，或者说，局地大气不稳定性对黑风暴的触发作用至关重要。还有条件对称不稳定（CSI），即大气因潜热释放而变为对称不稳定的作用。线性CSI判据对于诊断飑线暴发的位置是比较成功的，但由于线性CSI是随基流移动的，而飑线是以重力波的相速移动，这就是前者落后于后者的一个主要原因。黑风暴飑线具有很强的非线性特点，因此，用非线性CSI能更精确地描述它的发生与发展过程。非线性CSI判据的动力学诊断结果表明：非线性SCI是这次黑风暴发生发展过程的一种动力学机制；尖点突变对黑风暴飑线发生发展的作用也是不可忽视的，且其移动速度较线性理论更符合实际情况。

利用MM5模式输出资料对"2002.3"强沙尘暴过程进行了成功的模拟研究（王文等2004），计算了动量收支残差X。结果表明，2002年3月19日高低层上，最大X位于河西小槽的后部，表明动量残差X主要是加速西北气流的南下。X与风矢V的夹角在槽后小于90°，说明动量残差在槽后加速冷空气南下，非常有利于小槽的发展和东进南下。300 hPa动能转换E的带状分布非常清楚，并且E的大值中心分布在高空急流（风速大于50 m/s）的两侧，这也表明高空急流在能量转换过程中起到了非常重要的作用。涡度、散度和位涡的分布特征与引发此次沙尘天气的河西小槽位置比较一致。

（4）深厚混合层

姜学恭等（2004）利用常规观测资料和数值模拟方法对影响 2001 年 4 月 6—8 日强沙尘暴天气发生的若干天气因素进行了研究。结果表明，在影响沙尘暴的诸多气象因素中，影响地面大风形成的有效动量下传机制为：高空急流下沉支使高空动量下传至对流层中层，其下方形成的深厚混合层使这一动量继续下传到地面。"混合层"从本质上反映了有利于沙尘暴形成的低层大气层结特征，深厚混合层是否形成在很大程度上决定着沙尘暴的强度。本次过程深厚混合层的形成是长时间地面加热的结果，这也是特强沙尘暴仅发生在内蒙古中部偏北地区而不是下垫面条件更为适宜的内蒙古西部的原因。混合层空气的平流对内蒙古中部偏北地区深厚混合层的形成具有相当的贡献，其影响程度与地形分布密切相关。地面热通量试验表明，地面加热对冷锋过境时上升运动的强度、深厚混合层形成、高空动量下传等都具有重要影响，并因此影响沙尘暴强度。

3.1.6　不稳定大气层结的作用

众所周知，不稳定大气层结是沙尘暴形成的热力条件。相关研究结果表明，在沙尘源和大风动力条件具备的情况下，若低层空气稳定，则受到大风吹击的沙尘不会被卷扬得很高，可能仅仅形成风沙流；若低层大气层结不稳定，则受扰动的沙尘会卷扬得很高；特别是在风力强和沙尘源丰富的情况下，低层大气层结是否处于强烈不稳定状态是形成沙尘暴的决定性因素。

以最常出现区域性强沙尘暴灾害的甘肃省河西地区为例，这里是西方路径和西北路径冷空气东南下的重要通道。一般来说，冬春两季特别是春季经常有势力强大的冷空气入侵，由于春季气候干燥，解冻后地表土质疏松裸露，植被稀少，在太阳照射下地表升温很快，只要连续晴好两三天，地面温度便可大幅度升高，如果这时遇上强大的冷空气在午后过境，可形成上冷下暖的不稳定温度层结。实际上，我国北方各地的沙尘暴多出现于春季，而且多出现于春季的午后，就是由于春季是全年空气冷暖变化最剧烈的季节，午后又是一天中气温最高的时段，更容易造成大气层结的不稳定。对流层低层强烈的垂直不稳定层结是形成沙尘暴与单纯大风天气的根本区别。沙尘暴之所以能搅卷起如此多的沙尘，就在于对流层低层存在着强烈的垂直不稳定而导致强对流发展。个例研究发现，沙尘暴发生当天早晨，发生地中低空理查孙数锐减，达到零或正值。这种垂直不稳定在卫星云图资料上表现为：强冷空气前激发出的中尺度对流单体与来自较低纬度地区的对流单体合并等相互作用，最后强烈发展成对流云团或干飑线。

青藏高原及河西地区持续增温易导致东大风类沙尘暴发生。此类沙尘暴发生前期受暖高压脊控制，西北区各地从地面到对流层中层异常增暖，地面气温与历年同期相比往往普遍偏高 3～5 ℃。大气层结不稳定性增加，为地面热低压发展和沙尘暴的生成提供了热能。再加上地面辐射增温，地面热低压迅速发展，便易激发出强沙尘暴天气。有人用甘肃民勤基准气象站的加密探测资料对 2004 年 5 月 23—24 日该站发生的一次沙尘暴天气过程进行了大气热力参数的计算与分析。结果表明，沙尘暴来临前到沙尘暴过境前半期，大气温湿层结处于不稳定状态，有利于沙尘暴发生发展；沙尘暴过境后期，大气层结调整到稳定状态，抑制了干对流的发展；沙尘暴天气结束后整层大气都调整为稳定状态。

3.2 沙尘暴的年际和年代际变化及其原因

3.2.1 沙尘暴年际和年代际变化

从中国北方区域平均的近 53 年来沙尘天气的年际变化（图 3.14）可看出，我国北方沙尘暴、扬沙和浮尘三种类型的沙尘天气年发生日数的年际变化趋势虽略有差异，但总体是一致呈波动式减少趋势。其中 20 世纪 50 年代沙尘天气的发生日数最多；60 年代前期略有降低，中期明显增加，之后又减中有增；70 年代总体上呈增加趋势；80 年代又呈明显减少趋势；90 年代沙尘天气的发生日数相对较少，其中 1997 年是上世纪沙尘天气发生日数最少的一年；新世纪初，中国北方沙尘天气的发生日数在总体波动的状况下有明显反弹，但 2003—2005 年连续 3 年明显减少，2006 年沙尘天气又有所增加。

另外，从图 3.14 还可看出，中国北方沙尘天气具有明显的年代际变化特征，即 20 世纪 50 年代至 70 年代末属于沙尘天气多发期，而 80 年代至现在基本上属于沙尘天气少发期。

从图 3.15 还可看出，中国北方强沙尘暴的年际变化总体上也呈减少趋势。20 世纪 50 年代强沙尘暴较为频繁，几乎年年高于平均线，其中 1959 年达 11 次，为近 53 年的最高值。20 世纪 60 年代至 80 年代中期虽然存在较大的年际波动，但趋势并不明显。90 年代强沙尘暴相对较少，有 8 个年份的出现次数低于均值线，其中 1991 年为近 53 年的最低值，仅 1 次。2001 年又上升到 7 次，是 1983 年以后出现次数最多的。总之，53 年间中国北方典型强沙尘暴在波动中也呈减少趋势。

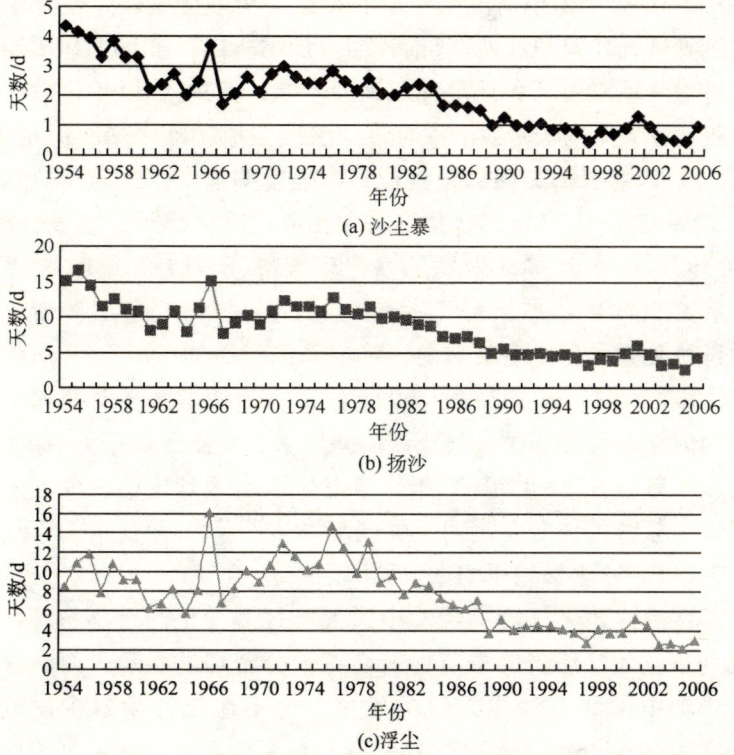

图 3.14 1954—2006 年中国北方区域平均的年沙尘天气发生日数的年际变化

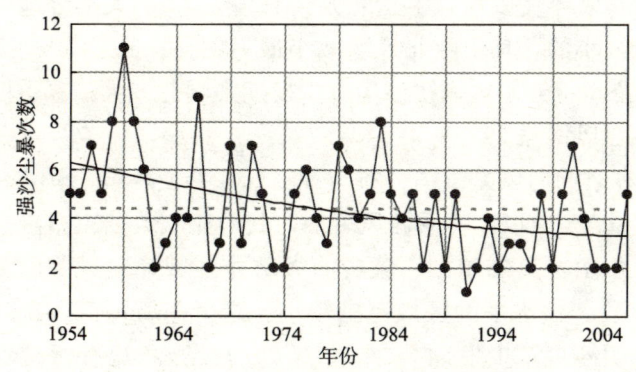

图 3.15 1954—2006 年中国北方强沙尘暴的年际变化

3.2.2 大气环流形势的年代际变化与沙尘暴

特定的大气环流型是造成沙尘暴活动的主要原因（钱正安等 2002）。20世纪 70 年代后期北半球出现了气候跃变。在东亚地区，和 1960—1975 年间相比，1980—1995年冬季对流层中层的东亚大槽强度减弱，位置东移；相应地，西伯利亚地面冷高压1970年前较强，1976—1995年间明显减弱；结果六七十年代冷空气活动强，各地多强风和沙尘暴；而进入80年代后，冷空气活动减弱，连续出现14个暖冬，各地较少出现强风和沙尘暴。但是2000年春季（3—5月）东亚大槽又回到正常位置，强度偏强，西边的乌拉尔山高压脊也偏强；2001年4—5月也盛行强乌拉尔山高压脊、强贝加尔湖低槽的形势。这正是2001年4—5月多沙尘暴的盛行环流特征。似乎从1998年（特别是2000年）起的几年内，东亚大气环流又进入了一个小的年代际变化期，沙尘暴活动也随之加强，但之后又减弱。

选用1955—1975和1980—2000年分别作为沙尘暴多发期和少发期来比较前后两个时期冬季和春季大气环流的差异（丁瑞强等2003）。结果表明，中国沙尘暴发生频数在20世纪70年代末发生了由多到少的转变，由大气环流和沙尘暴发生频数的转变在时间上的同步性表明，70年代末的年代际气候跃变是80年代以后沙尘暴减少的重要原因之一。

东亚地区高空西风气流是影响中国天气气候变化的重要系统，其位置的南北移动与东亚大气环流的季节性转换有十分密切的联系，而春季其强度的变化直接影响中国北方沙尘天气的发生。为了比较沙尘暴少发期（1980—2000年）和多发期（1955—1975年）春季东亚地区高空西风气流的差异，给出了少发期、多发期200及500 hPa春季纬向风差值分布图。

自20世纪80年代以来，中国北方（35°—45°N）大部分地区500 hPa春季纬向风都是减小的，其中西北地区减小最为明显；30°N以南500 hPa纬向风显著增强（图3.16），这表明沙尘暴少发期中国北方大陆春季西风减弱而东亚副热带地区西风增强。

200 hPa春季纬向风差值图分布与500 hPa有所不同（图3.17），沙尘暴少发期东亚大陆45°N以南春季西风增加，其中亚欧大陆东岸副热带急流区增加显著；乌拉尔山至贝加尔湖、蒙古的大部分区域纬向风差值为负，这一带超过$\alpha=0.05$显著性水平的区域范围较小。这个差值负值区正对应着极锋急流的位置，表明沙尘暴少发期50°—60°N处的极锋急流有所减弱，而东亚副热带急流增强。极锋急流是形成沙尘暴的一个重要因素，一般沙尘暴期间，在55°—60°N常有一支强极锋急流，这支西北急流由北欧经西西伯利亚进入新疆北部，与从35°N附近北上的副热带西风急流在中国西北区汇合，形成一支风速达25~50 m/s的西风急流；高层西风急流加强，动量下传，引起地面大风，从而容易产生沙尘暴。

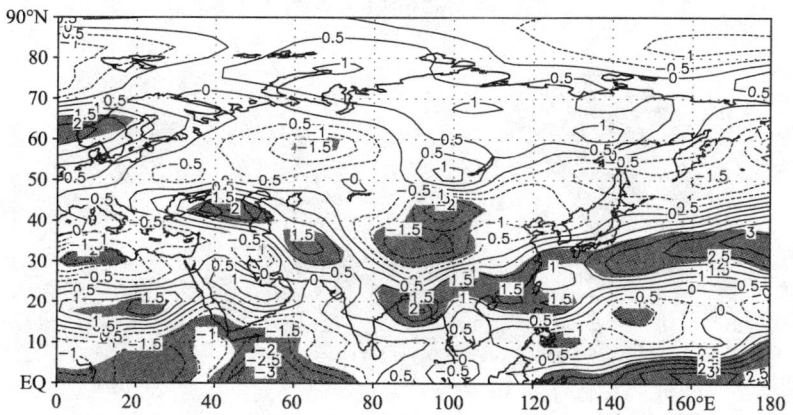

图 3.16　1980—2000 年与 1955—1975 年春季 500 hPa 纬向风差值场（单位：m/s）
（阴影区通过 $\alpha=0.05$ 的显著性水平 t 检验）（丁瑞强等 2003）

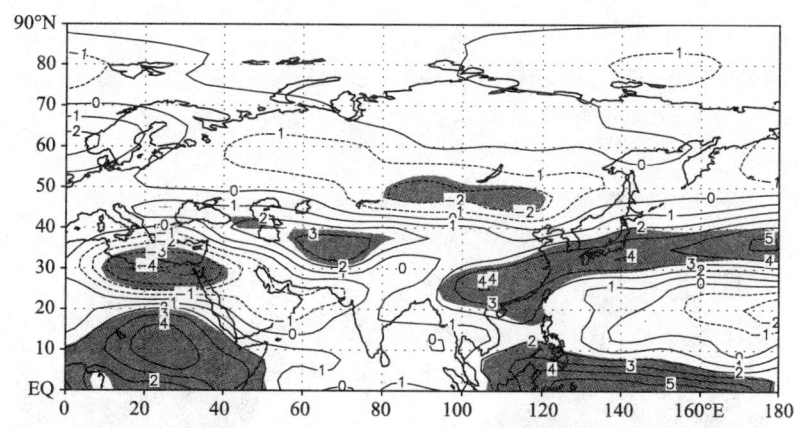

图 3.17　1980—2000 年与 1955—1975 年春季 200 hPa 纬向风差值场（单位：m/s）
（阴影区通过 $\alpha=0.05$ 的显著性水平 t 检验）（丁瑞强等 2003）

为了进一步说明沙尘暴少发期、多发期纬向风差异的空间分布情况，图 3.18 给出了沿 80°—120°E 平均的春季纬向风差值的经向剖面。从图 3.18 中可以看出，与沙尘暴多发期相比较，沙尘暴少发期 35°—40°N 范围内 400 hPa 以下西风显著减弱，25°N 附近对流层上层（300～200 hPa）西风加强比较明显，而 45°—55°N 沙尘暴少发期对流层中层（500 hPa 以上）西风减弱，负值中心正好位于 200 hPa 左右的显著减弱区。图 3.19 更清楚地表明了在沙尘暴少发期，春季中国北部至蒙古极锋急流减弱而东亚副热带急流增强这一流场特征。

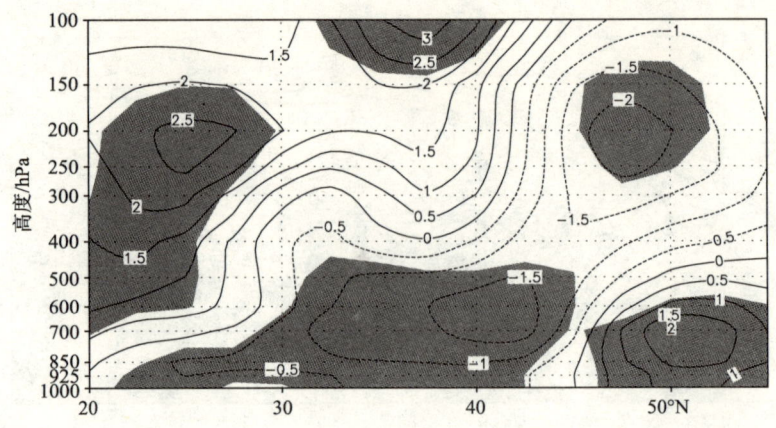

图 3.18　1980—2000 年与 1955—1975 年春季 80°—120°E 平均的纬向风差值的
经向剖面（单位：m/s）（阴影区通过 $\alpha=0.05$ 显著性水平 t 检验）（丁瑞强等 2003）

大气环流的异常变化具有一定的持续性，即冬季、春季或夏季的某些异常特点，在下一个季节甚至隔季在一定程度上也有体现，这里只对沙尘暴少发期（1980—2000 年）与多发期（1955—1975 年）冬季 500 hPa 高度场、海平面气压场以及冬季风进行对比分析，以便了解沙尘暴少发期大尺度环流背景场的差异。

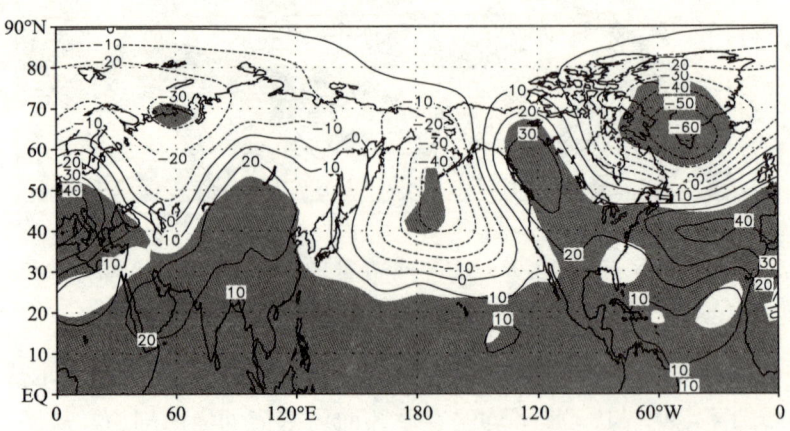

图 3.19　1980—2000 年与 1955—1975 年冬季 500 hPa 位势高度差值场（单位：gpm）
（阴影区通过 $\alpha=0.05$ 的显著性水平 t 检验）（丁瑞强等 2003）

图 3.20 是沙尘暴少发期与多发期冬季 500 hPa 位势高度差值场。与沙尘暴多发期相比，沙尘暴少发期北半球 500 hPa 高度场低纬度（30°N 以南）为大片的显著升值区，西太平洋副热带高压系统显著增强；中高纬度显著升值区主要在三个大槽即东亚大槽、北美大槽及欧洲浅槽的西侧；而显著降值区位于三个平均脊即阿拉斯加、西欧沿岸和贝加尔湖地区的西侧。从冬季

500 hPa 平均高度场等值线对比图来看，与沙尘暴多发期相比，沙尘暴少发期东亚大槽和北美大槽相位明显偏东，中高纬环流系统发生了系统性东移。结合图 3.19 和 3.20 可以看出，东亚大槽底部变平，强度有所减弱；北美大槽与东亚大槽强度变化基本上相反，在高纬度槽区加深，强度增强。大气环流是一个整体，各槽脊系统之间存在一定的联系，东亚大槽和北美大槽的强度在中高纬度上存在着显著负相关，两大槽强度的负相关主要由极涡的位置决定：当极涡偏东半球时，东亚大槽加深，北美大槽减弱；反之亦然。沙尘暴少发期和多发期平均极涡中心的变化也进一步证实了极涡位置和两个大槽强度变化之间的关系。

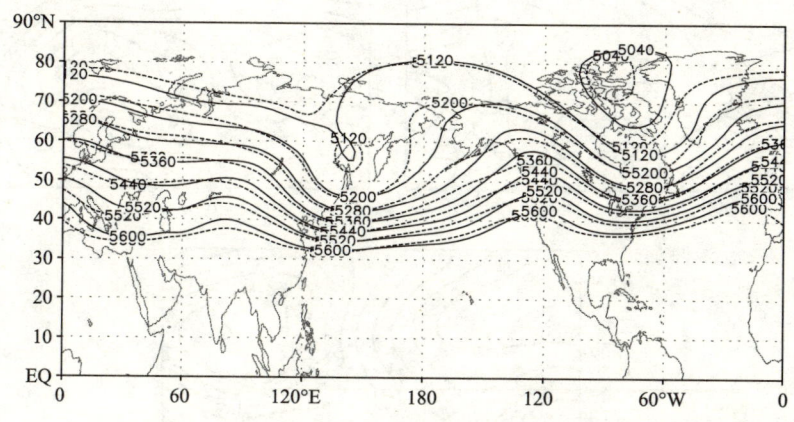

图 3.20　冬季 500 hPa 高度场等值线对比（单位：gpm）
（实线为 1980—2000 年，虚线为 1955—1975 年）（丁瑞强等 2003）

分析了 50 年平均的春季 500 hPa 高度场与沙尘暴发生的关系后发现（江灏等 2004），在 20 世纪 50 年代至 90 年代春季 500 hPa 高度距平图（图 3.21）上，50 年代（图 3.21a）和 70 年代（图 3.21c）春季，距平场为东低西高，负距平涡旋在蒙古国中部地区，而乌拉尔山地区为正距平高脊区，其间强大的气压梯度使平直的西北气流被破坏，环流经向度加大，偏北气流引导北方冷空气南下，形成地面大范围大风。这种乌拉尔高（脊）和蒙古低（槽）的环流形势配置是沙尘暴天气过程中经常出现的较典型的情况，而如果出现在一个较长时期的气候平均状态中，则表明这个时期经常有此类环流形势出现，因而也容易经常出现有利于沙尘暴的天气过程，从而导致沙尘暴发生频数升高。

与上述形势相反，20 世纪 80 年代，蒙古国和我国西北地区为正距平中心区，乌拉尔山地区的正距平偏小；到 90 年代，蒙古国有一个强大的正距平中心，而乌拉尔山地区已是负距平。在这样的形势下，西风减弱，环流平稳，不容易形成有利于沙尘暴的天气过程,沙尘暴频数当然越来越低。

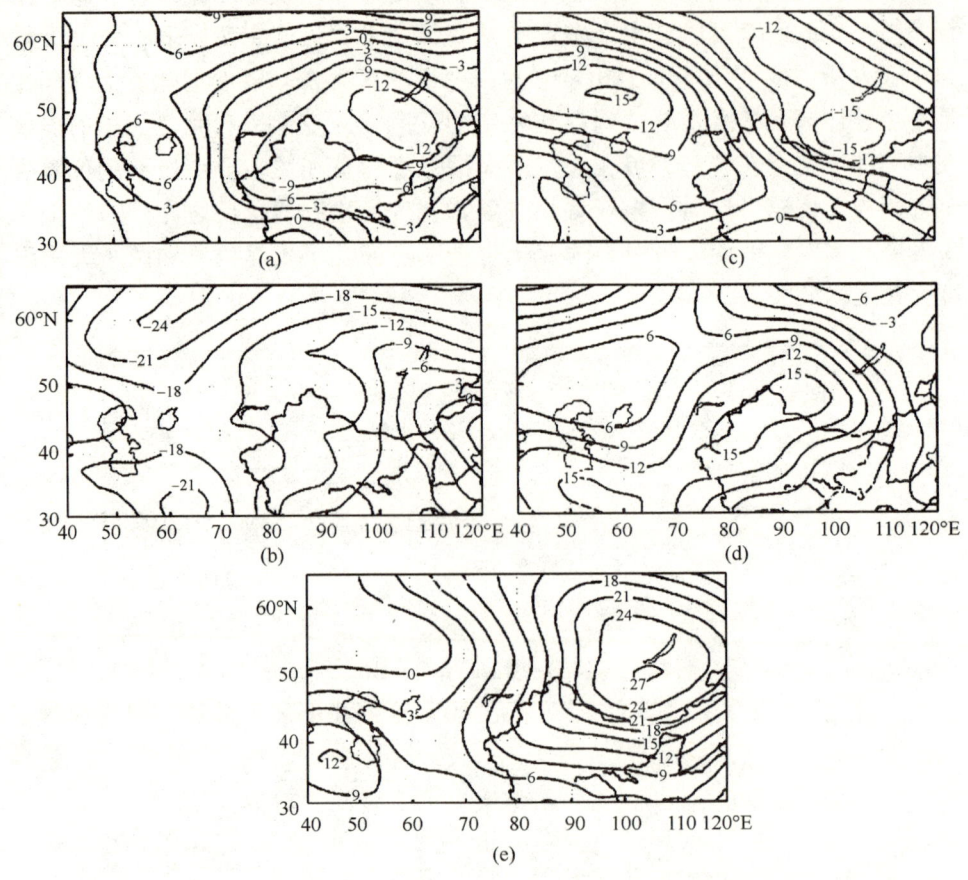

图 3.21 20 世纪 50 年代至 90 年代春季 500 hPa 高度距平(单位:gpm)(江灏等 2004)
(a) 20 世纪 50 年代;(b) 60 年代;(c) 70 年代;(d) 80 年代;(e) 90 年代

上述分析表明,500 hPa 高度场环流形势的年代际变化与沙尘暴的年代际变化是一致的,反映出前者的年代际变化为后者的年代际变化提供了有利的环流背景。

3.2.3 我国北方大风日数和高度场年际变化与沙尘暴

大风是沙尘暴发生的三个主要条件之一,是导致沙尘暴发生发展的直接原因。从图 3.22 可看出,1961—2002 年的 42 年间,中国北方 175 个气象观测站年大风日数合计值总体上呈明显减少趋势。年大风日数在 20 世纪 60 年代初至 70 年代中期基本上呈增加趋势,之后,年大风日数呈现十分明显的持续性减少趋势,这与中国北方 175 个气象观测站同期沙尘天气活动(沙尘暴和扬沙）日数合计值的年际变化趋势完全一致。由此正好说明近 50 年来中国北方年大风日数的明显减少是造成沙尘天气减少的主要原因之一。

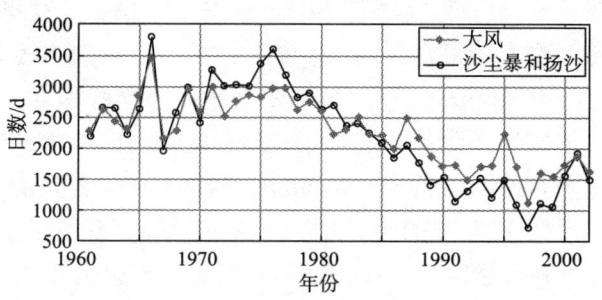

图 3.22　1961—2002 年中国北方 175 个站春季沙尘天气
活动日数合计值以及与大风日数合计值的年际变化

选取河北省 5 个多沙尘暴年和 5 个少沙尘暴年，分别计算出偏多年份和偏少年份春季 500 hPa 高度、距平及差值场（尤凤春等 2005）。对比分析后发现：在沙尘暴偏多年春季 500 hPa 高度距平图上，极地附近为大范围的负距平区，其负距平中心位于新地岛东部，极涡较常年位置偏东、强度偏强；从新地岛经贝加尔湖到我国东部及沿海地区为负距平，东亚大槽较强；另外，从我国西部到乌拉尔山以西地区为正距平，乌拉尔山附近的高压脊也偏强，在中高纬度地区的欧亚大陆上空，高度场上这种北部和东部负、南部和西部正的距平分布，可使南北气压差加大，锋区加强，西北风速分量加大；对应着大气环流形势呈经向环流型，在这种形势下，极地较强冷空气将沿脊前西北气流频繁南下，影响我国北方地区，为河北省大风和沙尘暴天气的形成提供了极为有利的动力条件。

在沙尘暴偏少年春季 500 hPa 高度距平图上，极地附近的负距平中心位于西半球，极涡较常年位置偏西；在欧亚大陆上空大体上呈北部和东部正距平、南部和西部负高度距平分布，这与多沙尘暴年的高度距平分布相反。这种距平分布可使南北气压差减小，锋区减弱，偏西风速分量减小，从贝加尔湖到日本岛附近为正距平分布，东亚大槽比常年偏弱，导致极地冷空气南下的路径偏北、偏东，另外，从我国东部到乌拉尔山附近为负距平区，乌拉尔山附近的高压脊也偏弱，导致中高纬度地区欧亚大陆的大气环流形势趋于纬向环流型，在这种形势下，极地冷空气不易南下影响我国北方地区，所以河北地区大风和沙尘暴天气较少。

（林朝晖等 2004）对 2003 年春季中国沙尘天气异常的气候及环流背景分析发现，前冬及春季大气环流异常与当年春季中国沙尘天气发生的多少有着密切的关系。

图 3.23 给出了 2002—2003 年冬季 500 hPa 高度场异常分布。从图 3.23 可以发现，在北半球从欧洲至乌拉尔至蒙古以及我国北方大部地区，500 hPa 高度场距平呈现正—负—正的波列结构。冬季 500 hPa 高度场在欧洲北部存在显著的正距平，中心值可达 60 gpm 以上；在乌拉尔则为显著的负距平区，负距平中心低于 −40 gpm；而在以贝加尔湖为中心至我国北方的大部地区存在着显著的正距平区，正距平中心高于 40 gpm。此外，北太平洋大部分地区存在显著的负距平，中心值低于 −60 gpm。这种高度场异常的分布形势表明，2002—2003 年冬季东亚大槽偏弱，纬向环流占优势，不利于沙尘暴天气形势的发展，所以 2003 年春季我国北方地区沙尘天气异常偏少。

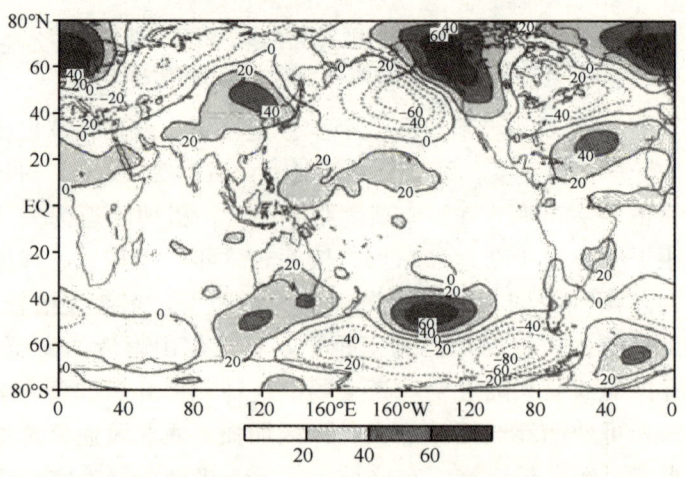

图 3.23　2002—2003 年冬季 500 hPa 高度场异常分布（单位：gpm）
（气候场取为 1968—1996 年平均；林朝晖等 2004）

3.2.4　准定常波和超长波的异常变化与沙尘暴

研究中高纬度大尺度天气变化的一个重要任务就是预报准定常波的异常。准定常波对于高纬度与中低纬度之间大气质量、动量及热量的交换有重要影响。超长波（1～3 波）是中期天气过程的主导系统，中高纬大气的能量主要集中于超长波的作用，在各种能量转换和物理量输送中超长波起主要作用。年代际高度场（海平面气压场）异常会影响到中纬度准定常波和超长波的异常，准定常波和超长波强度和相位的异常会导致中高纬度气候异常，从而对沙尘暴的发生产生重要影响。

丁瑞强等（2003）根据准定常波的定义，其参考态取纬圈平均值，将 20°—180°E 东半球沿纬圈平均 500 hPa 选作参考态；先分别求出 1955—1975 年和 1980—2000 年冬季平均 500 hPa 高度场，再分别减去 1955—2000 年冬季平均高度场的参考态值，得到沙尘暴多发期和少发期东半球的准定常波（图3.24a，b）。与沙尘暴多发期相比（图3.24a），沙尘暴少发期（图3.24b）中纬度准定常波发生了明显变化，亚欧大陆上准定常扰动正距平区（脊区）振幅增大，且相位发生明显东移，准定常扰动正中心由原来的巴尔喀什湖附近东移到巴尔喀什湖以东；准定常扰动负距平区（槽区）振幅没有明显变化，但相位发生明显东移，准定常扰动负中心由140°E东移到145°E附近。此外，沙尘暴少发期与沙尘暴多发期比较，另一个显著特点是准定常扰动负距平区沿西北方向向高纬地区扩展，而原先中国华北到印度一带广大范围的负距平区缩小减弱成范围很小的区域，位于缅甸到孟加拉国一带（图3.24b）。

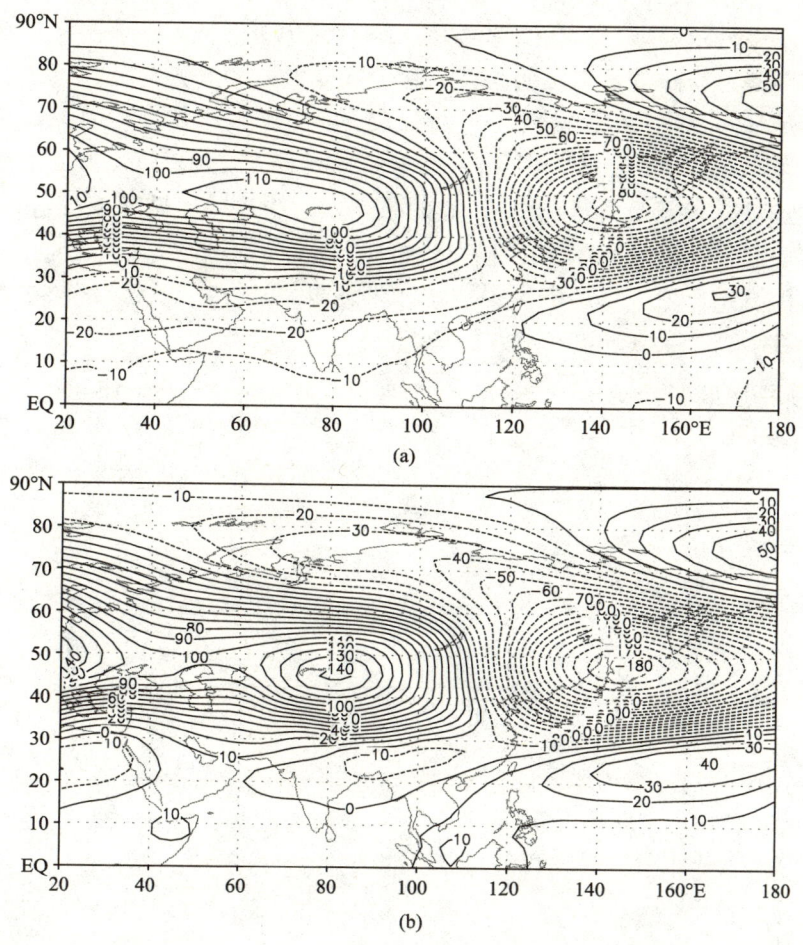

图3.24　冬季平均500 hPa高度场准定常波（单位：gpm）（引自丁瑞强等2004）
(a) 1955—1975年（沙尘暴多发期）；(b) 1980—2000年（沙尘暴少发期）

准定常扰动负距平区向高纬地区扩展致使南面的正距平区向南收缩，负距平区和正距平区之间梯度加大，导致亚欧大陆高纬度地区西风环流增强，西风环流的增强阻碍了极地冷空气频繁南下，不利于沙尘暴的生成。此外，影响中国华北的沙尘暴主要起源于105°E附近蒙古南部和内蒙古的沙区，准定常波脊区和槽区相位的东移，使105°E附近的沙区由沙尘暴多发期的脊前槽后位置转变为脊区，从而导致西北气流减弱，也不利于沙尘暴的生成。

为了定量反映沙尘暴少发期和多发期超长波差异，将两个时期冬季500 hPa平均高度场作谐波展开，分别求出反映大气环流异常的1～3波的方差贡献及相位，然后比较其差异。

图3.25给出了沙尘暴少发期和多发期北半球冬季1～3波的方差贡献差异。从图中可以看出，从低纬到高纬，1～3波的方差贡献差异并不一致，都呈波动变化。与沙尘暴多发期比较，沙尘暴少发期1波方差贡献（图3.25a）副热带地区（20°—30°N）减少，西风带地区（30°—50°N）增加，高纬度（50°—70°N）减少；2波（图3.25b）和3波（图3.25c）与1波基本上呈相反变化趋势。30°—50°N区域是研究的重点，因为这一区域环流形势的调整，可直接引起中国天气的变化；这一区域沙尘暴少发期1波方差贡献增大，而2波和3波方差贡献减小的事实说明，沙尘暴少发期30°—50°N区域的环流形势持续性增高，大气环流有较好的稳定性。

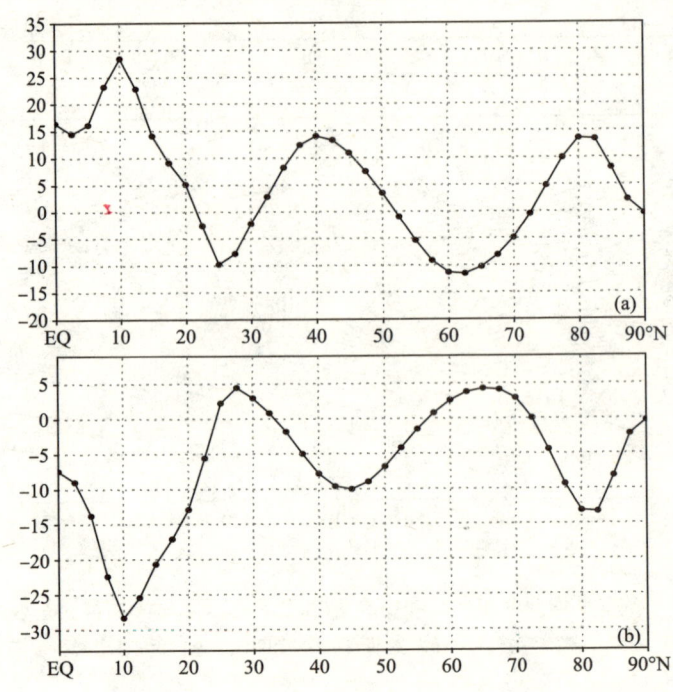

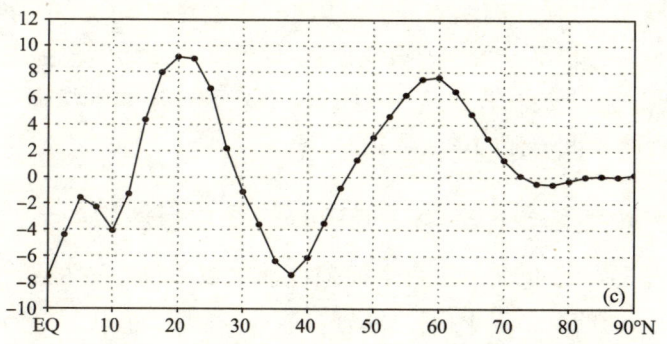

图 3.25 1980—2000 年与 1955—1975 年北半球冬季超长波
方差贡献差值曲线（％）（丁瑞强等 2004）
(a) 1 波；(b) 2 波；(c) 3 波

为了分析 30°—50°N 区域超长波相位的变化，选取 35°N，40°N 和 45°N 三个纬圈，比较了沙尘暴少发期和多发期 1~3 波相位（1 波脊线所在的经度位置）的差异（表3.4）。与沙尘暴多发期相比较，沙尘暴少发期 1~3 波相位都偏东，这个特征在 35°N，40°N 和 45°N 都是如此，不过对不同纬度和不同波数，偏东的程度有所不同。对于 40°N 和 45°N，2 波脊的位置在 100°E 附近，正好在中国西部经度范围内，其相位的东移会对东亚地区的大气环流异常产生重大影响。

表 3.4 沙尘暴少发期和多发期超长波相位比较（引自丁瑞强 2004）

相位	1 波		2 波		3 波	
	$\bar{\theta}_{1955-1975}$	$\bar{\theta}_{1980-2000}$	$\bar{\theta}_{1955-1975}$	$\bar{\theta}_{1980-2000}$	$\bar{\theta}_{1955-1975}$	$\bar{\theta}_{1980-2000}$
35°N	59.4°W	44.8°W	104.5°E	144.3°E	90.7°W	82.1°W
40°N	35.0°W	26.9°W	97.9°E	114.3°E	76.9°W	67.1°W
45°N	17.1°W	15.0°W	90.3°E	99.4°E	66.9°W	55.2°W

关于超长波对东亚大槽和北美大槽贡献的研究表明，由于超长波的振幅远比其他波的振幅大，超长波的强度和相位对两大槽的强度和相位必然有很大的影响。在中纬度（45°N，35°N），1~3 波槽在东亚大陆的东岸基本上是重合的，因此，东亚大槽较强；北美大槽东岸为 1 波的脊区，且 2 波槽和 3 波槽相距较远，尤其是在 30°N，故北美大槽弱。在高纬度，2 波槽和 3 波槽在北美大陆东岸基本上重合，还由于高纬 2 波的振幅最强，故北美大陆东岸有较东亚大槽稍深的超长波槽。因此，考虑到超长波对两大槽的影响，可以说超长波相位的东移是造成两大槽东移的重要原因；另外，由于 1 波和 3 波

在中低纬度最强，2 波在高纬度最强，1 波和 3 波在 30°—45°N 处的振幅变化（图 3.25a，c）（振幅平方与方差成正比），导致了在此纬度范围内东亚大槽和北美大槽减弱；而 2 波在高纬度（60°—70°N）区域振幅的增强（图 3.25b），是北美大槽在高纬度增强的重要原因。

3.2.5　北半球冬、春季极涡中心的变化与沙尘暴

一般情况下，北半球存在两个极地冷涡（以下简称"极涡"）中心（图 3.26），其中较强的一个位于格陵兰岛西部，较弱的一个在东西伯利亚的太平洋沿岸。从图 3.27 可以看到平均极涡中心的变化，与我国沙尘暴多（少）发期有密切关系。其中沙尘暴少发期东西伯利亚太平洋沿岸的高度升高而格陵兰岛西部高度下降，这意味着沙尘暴少发期东半球的平均极涡中心偏弱而西半球偏强；反之亦然。自 20 世纪 80 年代以来，随着全球变暖，冷空气范围向极地收缩，极涡加深，但东、西两半球的两个平均极涡中心并没有同时加强，只是西半球的平均极涡中心有所加强，而东半球却减弱。

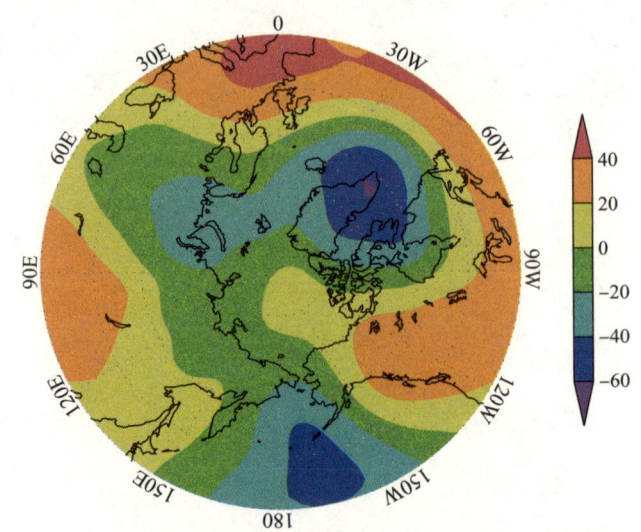

图 3.26　1980—2000 年与 1955—1975 年冬季 500 hPa 高度差值场
（单位：gpm）（丁瑞强等 2004）

通过以上分析可以看出，沙尘暴少发期极涡位置偏西半球，东亚大槽位置偏东且总体上减弱。这种位势高度场分布说明，沙尘暴少发期东亚地区极地冷空气势力偏弱，中高纬度西风环流变得比较平直，大气环流纬向度增强，而经向度减弱，入侵中国的冷空气减少。沙尘暴天气的发生一般需要有足够强劲持久的风力，平均风速要在 12～19 m/s 以上，强冷空气是形成沙尘天气

的驱动力，只有足够强的冷空气推动暖空气加速运动，才有可能形成强的气压梯度和变压梯度，产生地面大风。因此，20世纪80年代以来，北极冷涡总体上偏西半球，东半球冷空气势力减弱，这可能是造成我国沙尘暴总体上呈减少趋势的主要原因之一。

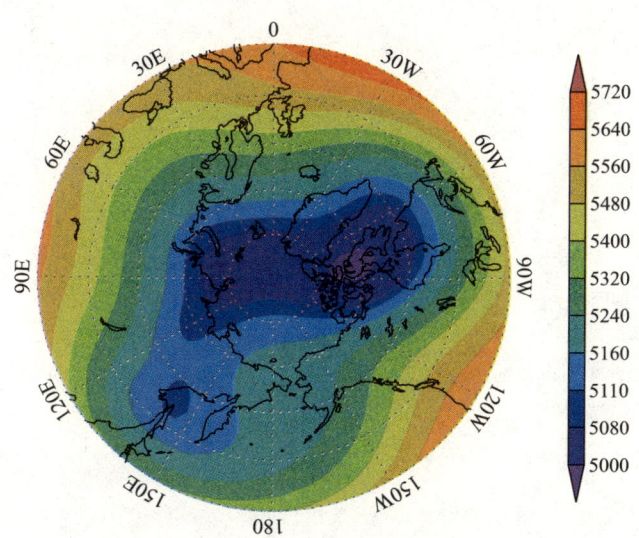

图 3.27　1955—2000 年冬季 500 hPa 位势高度场
（单位：gpm）（丁瑞强等 2004）

用内蒙古中西部地区 40 年（1961—2000 年）的气象资料、沙尘暴资料和气候资料，分析研究了该地区沙尘暴频率变化趋势和气候动力因子对沙尘暴频率的影响（达布希拉图等 2003）。结果显示，沙尘暴频率与 11 个气候动力因子相关，依次分别是：大风日数，亚洲极涡强度指数，北半球极涡面积指数，北半球极涡强度指数，亚洲极涡面积指数，西太平洋副热带高压强度指数，西太平洋副热带高压面积指数，南方涛动指数，亚洲纬向环流指数，亚洲西风环流指数，亚洲经向环流指数。沙尘暴频率与各气候因子的单相关关系也反映出北半球极涡与沙尘暴频率相关程度很高。

极涡是高纬地区大气环流中重要的系统之一，它的活动及所在位置与我国的冷空气活动及相关天气变化密切相关（张高英等 2004）。2002 年 4 月极涡中心亦呈偶极型分布（图 3.28），中心明显偏向东半球，在新地岛以东，与常年相比，强度明显偏强。极涡的偏心分布，使极锋锋区位置相对偏南，中纬度短波槽脊活动频繁。当这类短波槽脊南下发展加强时，常引导极地冷空气南下，在我国北方造成大风天气，在有利的地表条件下，很容易形成沙尘天气。

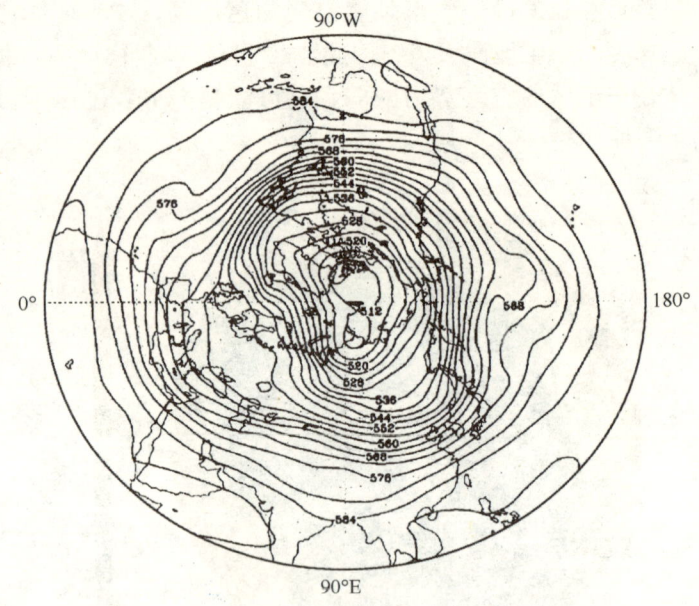

图 3.28 2002 年 4 月北半球 500 hPa 月平均高度场
(单位：dagpm)（张高英等 2004）

3.2.6 海平面气压场年代际变化与沙尘暴

高空环流形势与地面气压场是有一定对应关系的。丁瑞强等（2003）研究发现，沙尘暴少发期海平面气压差异比较明显（图 3.29）。50°N 以北大部分地区气压普遍下降，其中西伯利亚高压的中部和北部气压显著下降。选取 1002.5，1005，1025 和 1030 hPa 四条有代表性的等压线，以比较西伯利亚高压和阿留申低压两个对东亚地区天气有重要影响的大气活动中心的强度和位置的变化（图 3.30）。结合图 3.17 可以发现，西伯利亚高压中心位置并没有发生显著变化，但是高压范围指数（用大于 1032 hPa 等压线所包括的范围表示）明显减小；阿留申低压增强，1002.5 hPa 等压线所包括的范围扩大了很多，低压中心也向东移了 5～8 个经度。

东亚冬季风变化主要取决于西伯利亚高压和阿留申低压的变化。冬季西伯利亚高压的减弱和阿留申低压的东移，会使东亚冬季风也发生变化。从沙尘暴少发期与多发期冬季地面合成风场差值图来看（图 3.31），与沙尘暴多发期比较，沙尘暴少发期中国出现一个异常的差值风矢气旋环流，使中国东部沿海地区出现显著的南风异常。这表明沙尘暴少发期东亚平均冬季风强度明显减弱，不利于沙尘暴的形成。

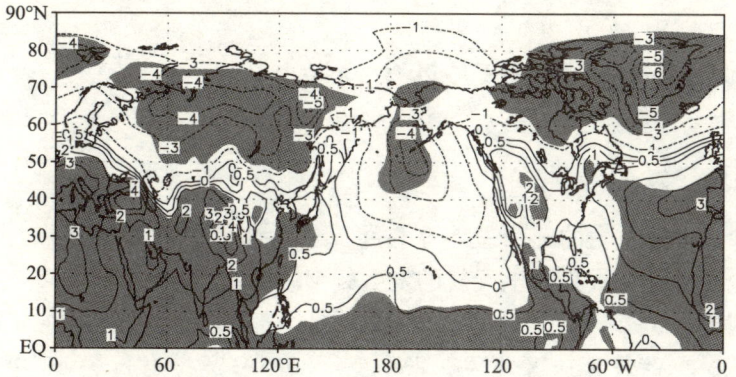

图 3.29 1980—2000 年与 1955—1975 年冬季海平面气压差值场（单位：hPa）
（阴影区通过 $\alpha=0.05$ 的显著性水平 t 检验）（丁瑞强等 2004）

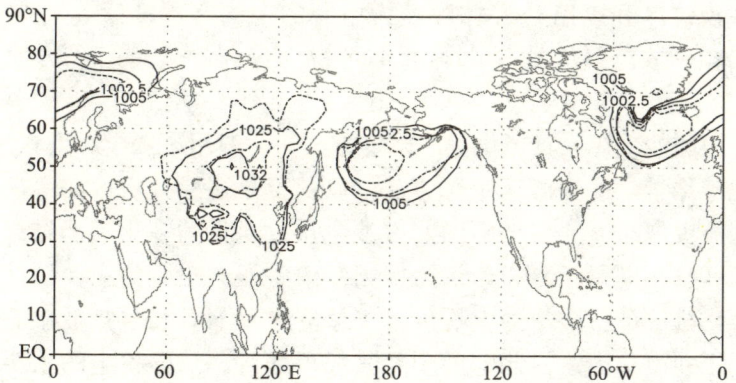

图 3.30 1980—2000 年与 1955—1975 年冬季部分等值线比较（单位：hPa）
（实线为 1980—2000 年，虚线为 1955—1975 年）（丁瑞强等 2004）

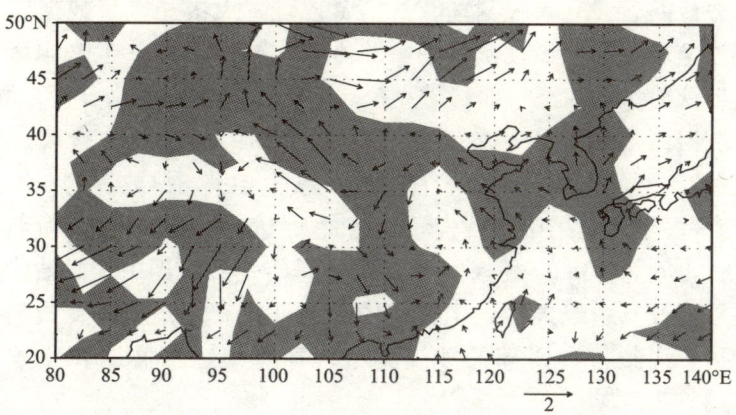

图 3.31 1980—2000 年与 1955—1975 年冬季地面合成风场差值（单位：m/s）
（阴影区通过 $\alpha=0.05$ 的显著性水平 t 检验）（丁瑞强等 2004）

3.3 我国沙尘暴的源区及沙尘输送

3.3.1 发生源地

由沙尘天气发生的三个基本条件可知，沙尘源区的首要特点是具有丰富的沙、尘粒子；其次是沙尘天气的发生频率较高。

我国的沙尘暴区属于中亚沙尘暴区的一部分，主要发生在北方几大沙漠、沙地、戈壁及其边缘地区。张小曳（2001）通过对过去43年亚洲粉尘释放通量的模拟研究，发现亚洲沙尘暴的十个主要源区分布，其中非中国源区对沙尘暴的贡献约为40%。蒙古源区、以塔克拉玛干沙漠为中心的中国西部沙漠源区和以巴丹吉林沙漠为中心的中国北部沙漠高粉尘源区贡献了亚洲粉尘释放总量的约70%，它们可视为亚洲沙尘暴三个贡献量最大的源区。

关于中国沙尘源区具体位置的确定方法，一般用矿物学、元素地球化学、同位素地球化学对沙尘源区示踪方法，以及卫星遥感分析方法等。采用这些方法，张小曳（2001）根据中国北方沙尘排放通量的多年观测结果，对亚洲粉尘的源区分布进行了分析，认为中国沙漠是亚洲粉尘的主要源区，中国沙漠粉尘年均排放量占全球沙漠粉尘排放总量的50%，粉尘排放中心分别位于塔克拉玛干沙漠和内蒙古北部沙漠及其邻近地区。中国粉尘的主要源区分别是西部沙漠源区（塔克拉玛干沙漠、库姆塔格沙漠）、北部沙漠高粉尘区（巴丹吉林沙漠、乌兰布和沙漠）和北部沙漠低粉尘区（腾格里沙漠、毛乌素沙地、库布齐沙漠）。Xuan等（2002）结合地理、土壤和气象数据研究了中国北方不同沙尘来源的特征，认为中国北方最主要的三种沙尘来源区域分别是地势相对较低的盆地沙漠（如：塔克拉玛干沙漠、库姆塔格沙漠）和戈壁滩，以及分布在河西走廊与干旱农业区的沙漠（如：巴丹吉林沙漠、腾格里沙漠），这三种类型的来源分别占粒径10 μm 沙尘年平均排放量的64%，35%和1%。这与许多学者利用中国沙尘暴、地面天气图和卫星遥感等资料分析得到的结果（钱正安等2002，杨根生等2002）基本一致，即中国的沙尘暴源区主要分布在沙漠及其边缘地区，主要集中在河西走廊、南疆塔克拉玛干沙漠及其周边地区、内蒙古中西部的沙漠戈壁、青海柴达木盆地和北方沙地（图3.32）。

近年来，一些学者提出干涸湖床沉积物是沙尘暴的物质来源问题。岳乐平等（2004）通过分析准噶尔盆地的玛纳斯湖、阿拉善的居延海，民勤盆地

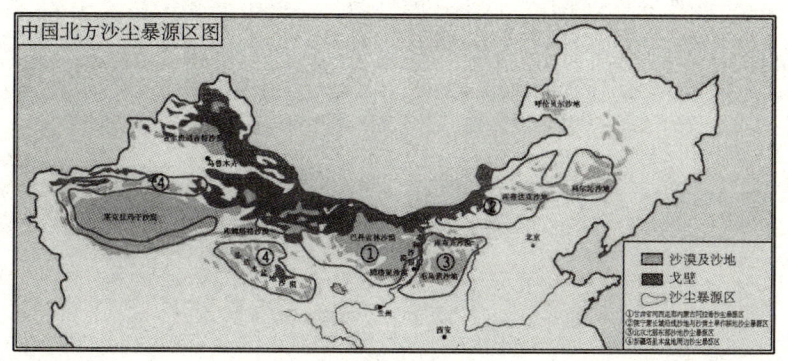

图 3.32 中国北方沙尘暴源区空间分布（杨根生等 2002）

的野猪泽等北方众多现代干涸湖床的沉积物粒度,认为,干涸湖床的地表湖相沉积物粒径小于 10 μm 的颗粒占 60% 以上,中国西北地区活动沙丘粒度组成小于 63 μm 粒径的颗粒很少,小于 10 μm 的颗粒微乎其微,沙尘暴、扬沙或浮尘天气虽然多发生于中国西部沙漠、阿拉善高原沙区、河西走廊北部沙区,以及蒙古东部、中部地区,但由于粗粒沙扬起高度与搬运距离有限,真正影响整个华北、华东地区的沙尘物质是小于 63 μm 的粉沙级别的颗粒,特别是小于 10 μm 的粉尘。影响东亚地区的沙尘天气物质来源不仅是中国西部的内陆沙漠、沙地,更重要的是干涸的湖泊、弃耕的荒地与裸露的沙砾草地。根据黑河流域干涸湖床沉积物、戈壁、农地、严重退化草地、流动沙丘五种景观类型的沙尘排放通量的观测结果,研究认为,中国西北干旱内陆河盆地（如黑河）,其干涸湖床沉积物、退化草地及沙化土地是风成粉尘的主要来源。

3.3.2 传输路径

研究结果表明（Zhang 等 1996）,含有 10 种主要元素的沙尘气溶胶粒子谱分布取决于中国北方 12 大沙漠（地）。黄土高原来源于沙尘的沉降。沙尘暴对黄土高原的增高效应主要是在冰期阶段。根据四种主要沙尘元素（Al, Fe, Mg 和 Sc）,可以得到中国沙尘的三个主要源区（西北沙漠、北方高沙尘沙漠和北方低沙尘沙漠）。依据化学元素平衡模型,建立了元素追踪系统,以确定中国源区对沙尘释放的贡献率。

Shao 等（2000）讨论了空气中的沙尘输送情况,并通过旋转坐标轴使风速在水平面内只存在 x 轴方向的风速 U,同时忽略湍流扩散和分子扩散。沙尘浓度 C 符合下列输送公式:

$$U\frac{\partial \rho C}{\partial X} = -\frac{\partial F}{\partial Z}, \qquad (3.10)$$

式中 U 是水平风速，X 是水平距离，ρ 是沙尘的质量密度，F 是垂直方向上的沙尘通量，Z 是高度。设沙尘到达的高度是 H，将上面公式进行积分，则有

$$\left(U\frac{d\rho C}{dX}\right)_m = \frac{F_0}{H}, \quad (3.11)$$

式中下标 m 表示高度 H 内的平均，F_0 沙尘在地表面的通量。对上面公式进行化简：

$$U_m\frac{d\rho C_m}{dX} = \frac{F_0}{H}, \quad (3.12)$$

式中 U_m 和 C_m 是在厚度为 H 的大气中平均的水平风速和沙尘浓度。对于干沉降，$F_0 = \rho W_d C_m$，$W_d = W + W_t$ 是沙尘相对空气的沉降速度，W 是大气的上升速度，W_t 是由沙粒重力形成的沉降速度。因此，W_d 是沙尘粒子在大气中的最终沉降速度。

$$C_m(x) = C_m(0)\exp\left(-\frac{x}{x_d}\right) \quad (3.13)$$

其中 $x_d = U_m H/W_d$，可以看出，x_d 是由气象要素决定的影响传输的因子。

$$x = -x_d \ln\frac{C_m(x)}{C_m(0)} = -(U_m H/W_d)\cdot \ln\frac{C_m(x)}{C_m(0)} \quad (3.14)$$

从上述公式可以看出，对于一定浓度的沙尘，其输送距离与沙尘所在大气层的平均风速和沙尘到达的高度成正比，与沙尘相对空气的沉降速度成反比。

观测资料表明，沙尘一般位于 1~3 km 的高度。在撒哈拉沙尘暴期间，沙尘区有时可达 5 km 以上。而沙区的上升高度应该与垂直速度成正比。所以，我们主要分析沙区的平均风速和垂直速度。从公式也可以看出，沙尘的最终沉降速度对沙尘的输送距离有较大影响。如果沙尘区的上升速度大，可使沙尘的最终沉降速度降低好几个量级。这样输送距离就可延长几十倍，甚至上百倍。

我国学者运用西北、华北的沙尘暴资料、天气图、卫星观测数据图像资料等，对沙尘暴的天气形势特点、冷空气来源及云图特征等用多种方法进行分析，认为我国西北地区沙尘暴的传输路径主要分为西方路径、西北路径、北方路径三大类（方宗义等 1997，邱新法等 2001，徐建芬等 2002，周秀骥等 2002）。

——西方路径。冷空气从中亚翻越帕米尔高原进入南疆西部，穿越塔里木盆地东移影响南疆、河西西部及青海北部而出现大风沙尘暴天气，此类沙尘暴占 14%，主要发生在塔里木盆地、河西走廊西部和青海省。

——西北路径。冷空气源于北冰洋冷气团，经西西伯利亚加强后向东南

经我国北疆、内蒙古西部，再入侵河西走廊，往往造成大范围强沙尘暴天气，可穿过巴丹吉林沙漠和腾格里沙漠，然后东移至鄂尔多斯高原，此路径沙尘暴具有范围广、强度大、灾害严重等特点，易形成黑风暴，发生次数最多，占68%，如1993年"5.5"黑风暴、1977年"4.22"黑风暴以及2000年"4.12"强沙尘暴等。

——北方路径。冷空气来自极地气团或变性气团，经贝加尔湖、蒙古国南下，影响我国西北地区东部和华北等地，从而引发大风沙尘暴。沙尘暴从蒙古国经我国内蒙古中部到达陕北以及华北等地区，此类路径的沙尘暴约占18%。

3.3.3 降尘量的估算

沙尘暴在移动过程中，其所携带的沙尘微粒因自身的重力作用而不断沉降。沙尘粒径不同，其沉降速率也不同，一般说来粒径大于100 μm的微粒在空中悬留的时间是几分钟到几小时，而粒径小于1 μm的微粒在空中悬浮可长达几个星期。沙尘在输送过程中其气溶胶微粒不断地沉降、扩散、稀释，因此随着下风方距离的增大，大气中沙尘气溶胶含尘量会不断减少。沙尘被输送的距离与大气环流运动的规模和强度密切相关。西伯利亚南下的强冷气流常把蒙古国沙漠和戈壁地区的沙尘卷入高空，向中国北方地区输送，大部分较粗粒径的沙尘常被输送到邻近的华北和华东地区，沉积到地面；其余大部分细沙尘可经朝鲜半岛及日本列岛输送到北太平洋上空，甚至"飘"洋过海到达北美洲大陆；更甚者可随西风带环流进入北极圈，最后沉降在格陵兰的冰雪中，或沉入北冰洋。

国际上，在大气物质沉降入海方面开展了广泛的研究，早在20世纪60年代，对深海沉积物的分布及矿物分析的结果就表明，亚洲大陆沙尘通过大气被输送到北太平洋并沉积在海底。从1981年开始，美、日两国就在北太平洋若干岛屿上设置了采样点，开始实施黄沙气溶胶的连续观测，其中"亚洲尘对北太平洋的输送"（the SEAREX Asian Dust Study, SADS）研究项目，在整个太平洋布置了23个监测站，每周采样观测，其目的就是为了搞清沙尘传输及向海洋沉积的规律。

在我国，对降尘现象的记载可追溯至公元前1150年，史书中对我们现在所称的降尘常记为"雨土""黄土""黄砂""雨尘土""黄霾""黄雾四塞""天雨黄砂"等。历史时期雨土地点分布与现代浮尘日数分布及黄土分布三者颇为近似，意味着昔日黄土堆积也有类似的风力传送过程。

张小曳（2001）对亚洲/太平洋五大区域的大气降尘估计指出：每年有800 Tg来自中国沙漠的尘土进入大气中，大约30%降落到沙漠上，20%被输送到沙漠以外的地区，其中主要是中国大陆。剩余 50% 的灰尘被远距离输送到太平洋或更远的地方。

一般情况下，沙尘粒子的沉降分为三种情况：干沉降、云下清除和湿沉降，下面是这三种情况的具体计算原理。

(1) 干沉降方案

沉降后的沙尘含量变化为

$$\frac{\partial C_i}{\partial t} = C_i \cdot \left[\exp\left(-\frac{V_t}{\Delta z} \cdot \Delta t\right) - 1 \right] \tag{3.15}$$

式中等式右边的 C_i 为起沙、传输、晴空以及云下清洗等过程后的沙尘品质比含量。Δz 与 Δt 为模式的垂直分辨率和时间步长。粒子下落末速度 V_t 由重力沉降项 V_g 与考虑地表状况及大气稳定度的湍流项组成：

$$\begin{cases} V_t = V_g & \text{其余层} \\ V_t = V_g + \dfrac{1}{R_a + R_s} & \text{底层} \end{cases} \tag{3.16}$$

式中重力沉降项 V_g 为

$$V_g = C \cdot \frac{2}{9} \frac{g}{\mu} (\rho_s - \rho_a) r_s^2 \tag{3.17}$$

(2) 云下清除

在有云情况下，粒子的云下清除指由于布朗运动、惯性碰撞、湍流切变流、热漂移、扩散漂移、电漂移等运动形式使粒子向水汽凝结体运动而被捕获的过程。

根据 Slinn（1984），单位体积的云下清除率可写为

$$\frac{\partial C_i}{\partial t} \bigg|_{below\text{-}clouds} = f_{dd} \psi(r_i) C_i \tag{3.18}$$

式中 r_i 是第 i 档的平均粒径，f_{dd} 是云覆盖度，ψ 是清除率。清除率依赖于粒子与下落水汽凝结体两者的粒径。

全球四大沙尘暴区之一的撒哈拉及其周围干旱区，其沙尘可由热带东风气流携带，越过大西洋，输送到美洲大陆。尤其是在冰期，沙尘暴将粉尘携带到高空做长距离输送，对区域尺度输送的粉尘的通量要远大于间冰期。Swap 等（1992）的研究结果表明，撒哈拉的沙尘可输送到巴西亚马孙平原，一次撒哈拉的强沙尘暴过程可有约 48 万 t 尘埃输送到亚马孙平原东北部，年输送沉降量达 1300 万 t，相当于每年沉降 190 kg/hm²。Franzen 等（1995）对 1991 年 3 月来自撒哈拉、降落在欧洲中部和南部以及斯堪的纳维亚北部的沙尘暴过程进行了分析，结果表明，撒哈拉沙尘可输送沉降到德国北部地区，沙尘暴过程的涉及面积至少为 32 万 km²，仅在上述区域的降尘量估计接近 5 万 t。

美国根据北太平洋 7 个站的观测研究认为，自亚洲大陆到达北太平洋 25°—40°N 之间的尘粒，估计每年在 230 万～5660 万 t。张凯等（2003）据气象卫星观测指出，在中国北方的沙尘暴过程中，黄沙飘浮的最大高度不在塔克拉玛干沙漠附近，而在黄河流域下游地区，并且近年来这种黄沙飘浮很严重，据日本长崎县福江（128.8°E，32.7°N）59 年（1925—1983 年）的地面观测，每年 1—6 月和 10—12 月都能观测到来自中国沙漠地区由沙尘暴带来的黄土粒子，粒径一般在 50 μm 以下，以春季为最多。另据日本气象厅在日本西岸的有关观测，沙尘浓度为 150～400 L/km² （0.4×10^{-4}～1.0×10^{-4} g/cm²）。日本在 1979 年 4 月 14—15 日还曾观测到直接源自中国沙漠地区并覆盖了日本岛的沙尘，其水平尺度达 136 万 km²，总质量至少达 163 万 t，并称之为严重"黄沙事件"。

我国科学家认为，亚洲的粉尘总释放量为 8 亿 t，约占全球粉尘释放总量（约为 15 亿 t）的一半，其中在中国沙漠地区的沉降量（2.4 亿 t）约相当于亚洲粉尘释放总量的 30%，黄土高原和中国历史降尘区沉降量的总和约相当于释放量的 20%，每年从中国沙漠输入太平洋的矿物尘约为 600 万～1200 万 t（Zhuang 等 1994，1998；张小曳等 1996；张小曳 2001）。在 1987—1992 年"中日黑潮合作调查研究"期间，对中国的黄海、东海和日本以南海区进行了 10 个航次的海上气溶胶观测，结果表明，大量的陆源气溶胶可通过大气输送到海上，其中春季经大气向黄海输入的矿物气溶胶达到经河流和大气总输入量的 40%以上。矿物质（如 Al，Sc，Fe 等由沙漠风尘携带）在黄海海气界面的入海通量为 9～76 g/（m²·a），约占入海总量的 20%～70%，中国东海的入海通量明显高于南海。

张宁等（2001）为推算出发生沙尘暴当月沙尘暴降尘在单位面积上的沉降量（A_i），将该背景监测点采集到的大气自然降尘量实测值（X_i），与该点多年同期的均值（$\overline{X}_i$）比较，二者之差为

$$A_i = X_i - \overline{X}_i \quad (i = 1, 2, 3, \cdots, 12) \tag{3.24}$$

计算出的值较准确地反映了在沙尘暴发生后，单位面积上的沙尘暴实际降尘量。根据单位面积上的降尘量（A_i）和所在地区总面积（S_i），可计算出沙尘暴降尘的总沉降量：

$$T_i = A_i \cdot S_i \tag{3.25}$$

研究发现，沙尘暴降尘在甘肃的分布是以河西走廊东部为中心，向下游地域扩散，降尘量也相应逐渐减少，形成一个自西北向东南的梯度分布。1986—1996 年发生沙尘暴期间，沙尘暴降尘在全省的沉降总量为 3758.37 万 t。

其中在河西走廊沉降 3064.69 万 t，占 81.54%，金昌为全省的高值区，达 1284.83 万 t，占全省总量的 34.18%。陇西黄土高原沙尘暴降尘 433.20 万 t，占 11.53%；陇东黄土高原为 187.30 万 t，占 4.98%；陇南山地为 73.18 万 t，占 1.95%。由此说明，我国西部发生沙尘暴时的沙尘沉降，有相当一部分是通过狭长的河西走廊通道沉降在陇西黄土高原和陇东黄土高原一带。另外，造成甘肃境内西北部与东南部降尘量较大差别的原因是，随海拔高度的下降和输送距离的增加，气流对沙尘的搬运能力会逐渐减弱，致使不同颗粒的物质按由粗至细的次序沉降。

黄河中游的黄土高原是中国黄土分布最广、厚度最大的地区，其面积达 27.5 万 km^2，约占全国黄土总面积的 43.7%。黄土高原西部的兰州一带，黄土厚度达 200~300 m，六盘山以东及吕梁山以西黄土厚度为 100~200 m。黄土粒度的分布自西北向东南逐渐变细。沙尘暴降尘在甘肃的沉降量统计结果，只是反映了短短 11 年间十多次沙尘暴的沉降状况。而黄土的堆积形成却历经几千乃至若干万年。中国西北的沙尘土向东部搬运和沉积不只限于沙尘暴一种形式，也不限于春季。扬沙、浮尘对沙尘的输送都有相当大的贡献。在我国第四纪沉积物——黄土的风成学说中，大气降尘是一种重要的沉积过程。多年来许多地质、冰川工作者也都在研究这一现象。较早地提出了黄土堆积源于中国沙漠贡献的论点，西部沙尘暴形成后，经冷锋抬升而进入大气，在西风急流动力作用下，向东传输形成了"亚洲粉尘"。在冰川表层雪冰样品中的化学离子浓度和微粒浓度受源自西部干旱、半干旱区亚洲粉尘的控制，而呈现出北高南低的空间分布态势。

Zhang 等（1998）和 Wang 等（2004）用 PM_{10} 浓度与输送轨迹和潜在源区相结合的方法来识别北京春天高浓度污染沙尘天气的主要传送路径和来源。研究结果表明，存在三条影响北京的沙尘输送路径。其中最主要的路径为经过哈萨克斯坦，穿越蒙古西南的沙漠和半干旱区，然后经过内蒙古到达北京。在这当中有四个主要的沙尘源区：

——哈萨克和中国边界线附近；
——蒙古西部的沙漠和半干旱区；
——北方沙漠；
——黄土高原。

第4章 自然因素和人类活动对沙尘暴的影响

4.1 气候对沙尘暴的影响

4.1.1 沙尘暴空间分布与气候的关系

关于沙尘天气的空间分布与气候要素空间分布的关系，尚可政等（2003）分析了中国北方地区 470 个台站的沙尘天气和气候资料，结果表明，沙尘天气发生日数与植被覆盖率、相对湿度和降水量的负相关最为显著，与蒸发量的正相关也较明显，与气温和风速的相关性较差（表 4.1）。这表明中国沙尘天气的空间分布主要由降水量决定，降水量空间分布决定了植被覆盖率和空气相对湿度的空间分布（图 4.1）后，由此对沙尘天气的空间分布起了主导作用。王金艳（2003）的分析结果也表明，相对湿度和降水量的空间分布与沙尘天气的空间分布较为相似，但气候要素的空间分布与沙尘天气的高

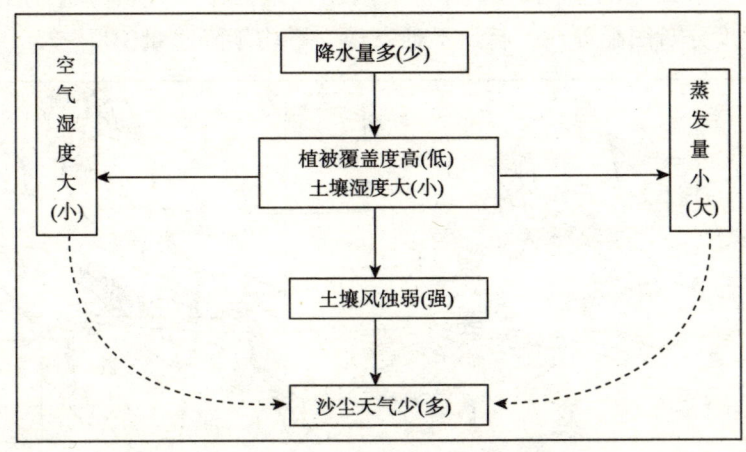

图 4.1 气候因子对沙尘天气空间分布作用示意图

频区空间分布并不完全相同,这说明其他因素对沙尘天气的空间分布也起一定作用。

表 4.1 多年平均沙尘天气出现日数与各气候因子之间的相关系数

	降水量	蒸发量	相对湿度	温度	平均风速	植被覆盖率
沙尘暴	-0.5402	0.5405	-0.6309	-0.0538	0.0422	-0.6523
扬沙	-0.5480	0.5398	-0.6132	0.0356	0.0395	-0.6270
浮尘	-0.3832	0.3254	-0.3599	0.1555	-0.1456	-0.4810

中国降水量的空间分布,自东南沿海向西北内陆递减,中国北方贺兰山以西,年降水量在 200 mm 以下;贺兰山以东在 200 mm 以上,降水量最少的地区为塔克拉玛干沙漠、南疆东部、柴达木盆地西部以及巴丹吉林沙漠,年降水量在 50 mm 以下,有的地方甚至不足 25 mm。西北地区降水稀少,且很不稳定,即年变率和年际变率都很大,降水量多年平均变率多在 40% 以上,甚至超过 50%。降水量的季节分配也极不均匀,主要集中在夏季 6—8 月,降水量的高度集中,使得连续无雨的干旱期很长,全年最长连续无降水日数,有的地区有的年份可达 7~10 个月,尤其是春旱特别严重。而蒸发却极为强烈,故地表干燥,植被稀少,生态环境极为脆弱。

从气候角度讲,贺兰山是西北地区半干旱区和干旱区的气候分界线。贺兰山西侧的年降水量明显少于东侧。如贺兰山西侧的拐子湖站平均年降水量只有 40 mm,而东侧的盐池站平均年降水量为 288 mm。降水量的悬殊差异,使东侧的地表湿度、植被覆盖程度都明显高于西侧,相应地,沙尘暴的发生次数也明显低于西侧。

将沙尘暴天气的空间分布图和中国北方地区平均年降水量分布图(图4.2)、湿度分布图配置在一起,不难发现,平均年降水量 100~250 mm 的分

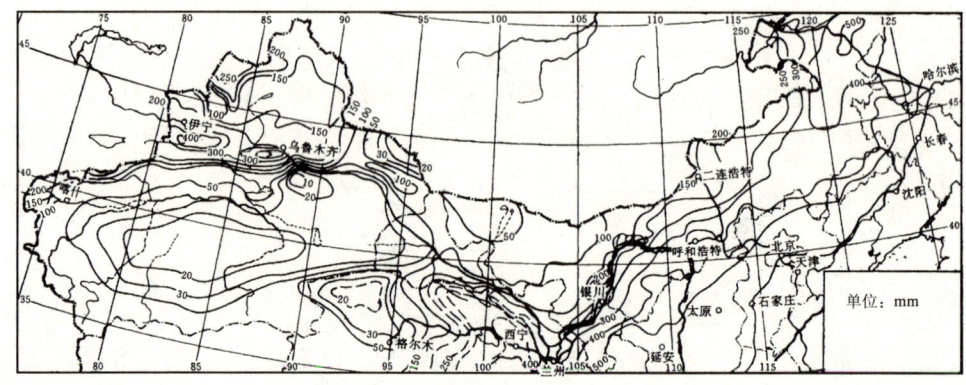

图 4.2 中国北方平均年降水量空间分布

布区恰好是沙尘暴天气易发区；而 100 mm 以下降水量分布区正是沙尘暴天气多发区。同时年平均相对湿度不大于 50% 的区域与沙尘暴天气易发区分布趋势基本一致。这从另一个角度说明，沙尘暴发生区域的分布在很大程度上取决于降水量的区域分布。

4.1.2 沙尘暴时空变化与气候的关系

为了研究沙尘天气的时空变化与气候要素的关系，王式功等（2003）将全国沙尘暴天气易发区划分为七个亚区：北疆区、南疆区、河西区、柴达木盆地区、河套区、东北区和青藏区（图 4.3）。王金艳（2003）对各亚区沙尘天气与气候关系的分析结果（表 4.2 和 4.3）表明，沙尘天气的时间变化与风速的相关性最好。柴达木地区和青藏地区的沙尘天气表现出与气温和地温的正相关，这可能与这两个地区特殊的地形和独特的高原气候有关；其余地区与气温和地温呈负相关。降水量、相对湿度与沙尘天气呈负相关。就全国范围而言，春季沙尘暴发生日数与同期降水量、上一年冬季的降水量和气温以及上年秋季降水量和 10 cm 地温均呈负相关，与同期及上一年秋季的气温均呈正相关。其中降水量与沙尘暴的相关性最显著，这表明降水增多时，地表较湿润，植被状况会好转，沙尘源减少，从而制约了沙尘暴的发生发展；反之亦然。由此可见，春季沙尘暴易在上一年秋季暖干、冬季冷干，当年春季暖干的年份频繁发生。张平等（2003）对 2002 年春季沙尘天气与物理量场的相关分析表明，扬沙和沙尘暴的发生，风是先决条件。

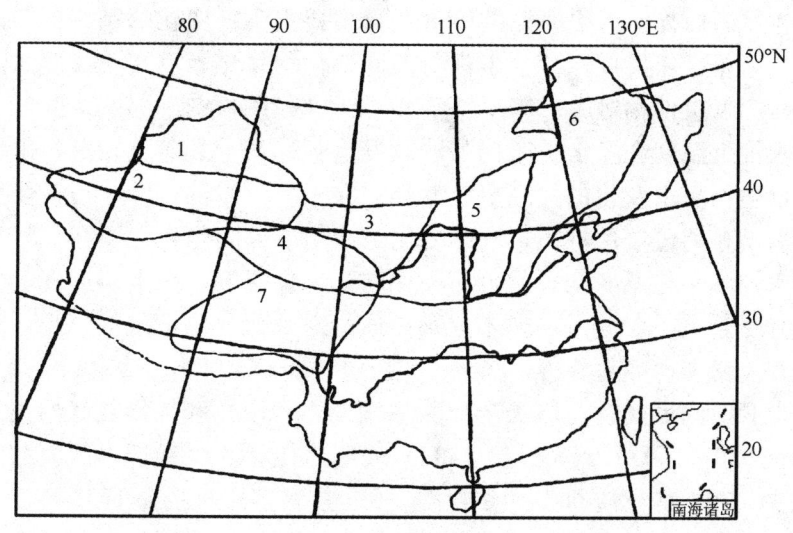

图 4.3　中国沙尘暴天气易发地的区划示意图

表 4.2 中国大陆前冬地面气候因子与春季沙尘暴的关系

项目	气温	地温	降水量	相对湿度	风速	风蚀指数
北疆区	−0.264*	−0.212	−0.358**	−0.219	0.182	−0.152
南疆区	−0.306**	−0.295**	0.016	0.041	0.800***	0.361**
河西区	−0.293*	−0.214	0.335**	0.356**	0.396**	0.077
河套区	−0.264*	−0.138	0.226	0.092	0.513***	−0.061
东部区	−0.215	−0.045	0.279*	0.281*	0.642***	0.336**
柴达木	0.162	0.080	0.281*	0.464***	0.273*	0.326**
西藏区	0.386***	0.597***	0.332**	0.199	−0.005	0.077

注: *,** 和 *** 分别表示通过了 $\alpha=0.05$，0.02 和 0.01 的相关显著性水平检验（后文同）。

表 4.3 中国大陆各区沙尘暴与同期气候要素的关系

项目	气温	地温	降水量	相对湿度	风速	风蚀指数
北疆区	−0.008	−0.090	−0.194	−0.291***	0.226	0.336**
南疆区	−0.052	−0.069	−0.284*	−0.518***	0.801***	0.723***
河西区	−0.177	−0.263*	0.005	−0.009	0.482***	0.519***
河套区	−0.121	−0.308**	−0.139	−0.196	0.540***	0.580***
东部区	−0.521***	−0.499**	−0.067	0.149	0.661***	0.555***
青海区	0.477***	0.506***	−0.427***	−0.430***	0.153	0.150
西藏区	0.524***	0.503***	0.141	−0.362**	−0.031	0.014

张自银等（2006）依据冰芯、树木年轮等代用资料和历史文献记录，分析了中国北方不同地区近两千年的沙尘事件及其与气候变化的关系。结果表明，在干旱区西部，历史时期的沙尘变化主要受温度变化的制约，无论在十年尺度，还是百年尺度，沙尘事件与温度变化均呈显著反相关，即气候寒冷期与沙尘频发事件相对应；气候温暖期与沙尘发生变弱期一致。在半干旱区，在十年尺度上温度和降水量序列与沙尘发生频率均呈显著负相关，但在百年尺度上沙尘与降水变化的关系更为密切；在干旱区东部，沙尘与气候变化的关系具有明显的过渡性特征，气候变化对沙尘事件的作用主要在百年尺度上体现出来，沙尘与温度记录的负相关比与降水量更好，在十年尺度上气温与沙尘序列尽管也是负相关，但不显著。通过对现代气象记录的气温、降水量变化和沙尘暴事件频数分析，其结果与历史时期情况基本一致。

从更长时间尺度看，15 万年以来中国北方沙漠化和气候之间的关系研究（董光荣 1990，1993；董光荣等 1995）表明，在暖湿气候期，沙漠缩小，沙尘暴减少；在干冷气候期，沙漠扩大，沙尘暴增多。对距今 1700 年以来和距今 500 年以来中国东部与沙尘暴有关的降尘事件的发生频次进行的统计分析均指出，降尘的频繁时段对应于干冷的气候背景。

张德二等（1999）根据国家气候中心气候监测公报正式发布的（1951—1998年）全国平均气温距平序列曲线图确定：冷十年为1963—1972年，暖十年为1988—1997年。分别统计中国北方100个站在冷十年和暖十年时段中的沙尘暴日数，对比二者之间的差异。由冷、暖时段沙尘暴日数差值（图4.4）可以看出，中国北方大部分地点冷时段沙尘暴日数多于暖时段，除东北、新疆北部和甘陕南部为零值区外，仅在青海存在一片负值区。这与自历史时期以来中国东部地区大气降尘频数在冷气候期增多的研究结论一致。这进一步说明，在一个比较长的时期内，生态环境演变与气候演变看上去基本同步。如果气候干冷，则由于降水量较少，因而土壤干燥，植被稀少，风蚀会增强，沙尘暴多发；如果气候暖湿多雨，则土壤湿度大，植被繁茂，风蚀减弱，沙尘暴较少。

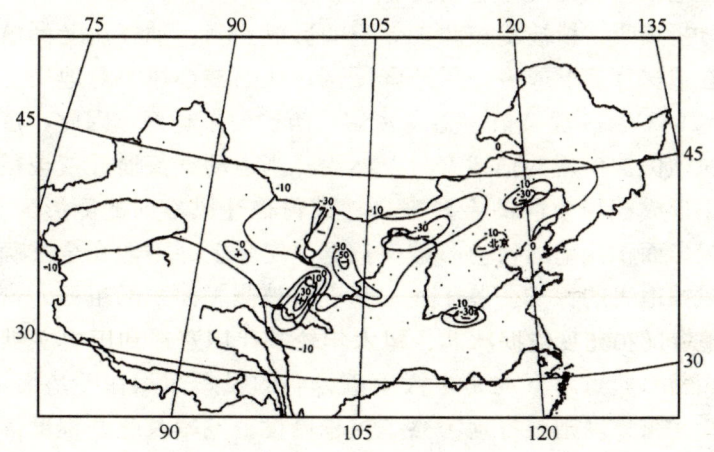

图4.4　中国北方暖十年（1988—1997年）和冷十年（1963—1972年）沙尘暴日总数之差值分布图

降水量偏少的年份，植被状况往往比较差，沙尘天气也就严重。如1963年春季西北地区频发大范围沙尘暴，其成因之一就是1962年全国大范围严重干旱，植被荒芜，地表裸露，加之冬季寒冷，地面土壤严重冻裂，来年春季回暖明显，地表浮土极为松散，一旦有强冷空气过境，产生大风，就非常容易引起沙尘飞扬。反之，同样强度的冷空气只能造成大风，不能形成扬沙，更无法形成沙尘暴。较为典型的沙尘暴还有1971年5月18日的河西沙尘暴、1977年4月22日河西及河套沙尘暴、1984年"4.19"和1984年"4.25"河套沙尘暴、1993年"5.5"河西至河套沙尘暴，以及2000年4月12日的沙尘暴，它们都是在类似的气候背景下产生的。

4.2 地表状况对沙尘暴的影响

4.2.1 植被

沙尘暴的发生、发展除了取决于特定的天气条件以外，还与地理环境（即下垫面条件）有关。在下垫面条件中，最重要的条件是有无沙尘源区的存在。哪些地区可以成为沙尘源，不仅取决于该地区是否为干旱半干旱区或沙漠，还与该地区的地表覆盖状况有关。一个地区可能发生沙尘暴的一个重要因子是植被状况。风蚀和沙尘暴对地表土壤的大量搬运和堆积，是导致干旱半干旱区土地沙化和荒漠化进程最重要最直接的作用过程之一。

理论分析表明，植被覆盖防护效应的形成是当运动气流受到植被覆盖的阻挡时，在植株背后形成一个风速降低区，从而减小风力对地表土壤的吹蚀（董光荣等1987）。一般植被覆盖越密集，防护效果越好，因此，植被覆盖率常被当做风蚀保护作用的描述变量。然而，当运动气流通过植被覆盖的下垫面时，真正形成挡风效应的主要来自植被覆盖迎风方向的侧影面积，因此，基于垂直投影面积比率的植被覆盖率概念，实际上并不能完全准确地描述植被覆盖对风蚀地表的保护。鉴于此，基于植被侧影面积的粗糙元密集度概念是一个更适合的描述变量。

植被覆盖率着重考察的是植被垂直方向的投影面积在下垫面上的比率，而植被粗糙元密集度则很好地考察了植株高度、宽幅及疏密程度等形态结构特征差异，可比植被覆盖率更有效地区分乔、灌、草不同植被类型在防风效应上的差异。另外，粗糙元密集度概念还可直接建立植被覆盖与地表粗糙度之间的定量关系。因此，采用植被粗糙元密集度作为描述变量是对植被覆盖率变量的有益改进，有利于定量考察植被覆盖的防护效应。

由于植被覆盖的存在，下垫面粗糙度增大，植被覆盖的沙面上的风速低于相同高度上光裸沙面上的风速。这是风蚀过程中植被覆盖形成对地表保护的内在机理。

中国科学院兰州沙漠研究所的风洞实验结果（董光荣等1987，屈建军等2004a）表明，植物通常以三种形式来影响风蚀：

——覆盖地表，使覆盖部分免遭风蚀。

——分散地面之上一定高度内的风动量，从而减少了气流与地面物质之间的动量传递。

——阻止被蚀物质的运动。植物群落特征如密度、宽度、形状及其排列方式之差异将产生不同的影响作用。

从风蚀动力学的角度来看，植物是通过改变气流对地面物质的作用效果来抑制风蚀。通过风洞实验对不同密度（植被覆盖率）、不同植物作用区面积、不同排列形式及行状植物的不同排列方向的风速廓线进行测定及对比分析。实验结果表明，除了光滑地表即地面无植物存在的条件下风速随高度的变化遵循对数规律外，在其余条件下，植物的存在破坏了地面之上一定高度内的上述规律。在约相当于植物层高度之下，风速变化受植物个体和群落的影响比较明显，随机性因素占主导地位，掩盖了内在的规律。在植物高度层之上，风速变化反映了整个地表植物层的总体效应，使风速及其梯度的变化呈现出一定规律。植物密度作用区面积、排列方式等既影响植物单体作用的发挥，也影响总体效益的体现。植物对气流的影响不仅反映在风速廓线变化上，亦表现为流场特征的改变上。

实验结果表明，当地表无植物存在即相对平滑时，粗糙度 z_0 非常接近地表，植物的存在增大了 z_0，粗糙度变为 z_{01}，相当于无植物时的 z_0 向上产生一个位移 $d_1=z_{01}-z_0$，即相当于原地表向上位移 d_1，d_1 称为零平面位移高度。从植物对风力作用影响的角度来看，植物密度愈大，零平面位移高度愈高，防风蚀作用愈好。位移高度随植物密度的增加呈幂函数增大。植物作用区面积愈大，零平面位移高度愈大，土壤风蚀强度相应愈小，位移高度随植物作用区面积的增大呈线性增加。就植物的排列形式而言，在植物覆盖率（密度）相同的条件下，均匀分布形式比簇状分布形式的零平面位移高度大，因而风蚀强度较小。行状植物的排列方式与零平面位移高度之间的相关关系较好，排列方向与风向夹角愈大，零平面位移高度愈大，风蚀强度愈小。位移高度与夹角的平方根成正比。

风洞实验结果（董治宝等 1996）还表明，土壤风蚀比率与植被覆盖率之间具有如下关系：

$$f(C)=e^{-5(\frac{C}{1-C})^{0.87}} \quad (4.1)$$

土壤风蚀率与植被覆盖率之间具有

$$E=830.14\times f(C) \quad (4.2)$$

的关系（$R=0.995$）。表 4.4 和图 4.5 表明，风蚀率随植被覆盖率的减小呈指数增加。

表 4.4　不同植被覆盖率下的风蚀强度和风蚀比率（风速为 12.7 m/s）

植被覆盖率	0.0000	0.0547	0.1095	0.1970	0.2715	0.3372	0.4029	0.4905	0.6024
风蚀强度 [E/(g/min)]	824.00	547.77	359.46	102.06	58.01	30.25	23.81	6.40	3.46
风蚀比率	1.0000	0.6648	0.4362	0.1239	0.0704	0.0367	0.0289	0.0078	0.0042

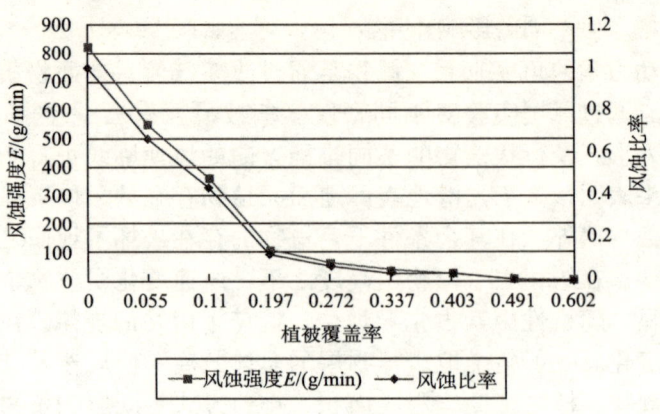

图 4.5 风蚀率与植被覆盖率的关系

野外观测发现，植被覆盖在风蚀过程中可通过多种途径对地表土壤形成保护，减少风蚀输沙量。黄富祥等（2001）在野外实地观测的基础上，结合风沙动力学中经典的理论模型，选择毛乌素沙地不同植被覆盖率条件下的平坦沙面，观测不同风速下的风蚀输沙率，建立了毛乌素沙地植被覆盖率与风蚀输沙率的定量关系模型。考察植被覆盖对沙粒起动风速和风蚀输沙率的影响以及不同风速下的有效植被覆盖率，结果表明，在光裸沙面上，沙粒起动风速在距地面 1 m 高度处为 4.5 m/s，随着植被覆盖率的提高，沙粒起动风速也随之增大，当植被覆盖率达 40%～50%时，沙粒起动风速也相应增大到 8～10 m/s，这将使风蚀输沙率大为降低。要在 12 m/s 的风速下不发生风蚀，植被覆盖率必须达到 40%以上，而要保证 20～25 m/s 的极端强风下显著减少风蚀输沙，植被覆盖率必须达到 60%～70%。海春兴等（2002）的实验结果表明，当植被覆盖率从 0 到 60%变化时，用 6，7，8 和 9 m/s 的风速各吹蚀 1 min，测得的风速基本保持稳定状态。吹蚀量随植被覆盖率的增加而减少（表 4.5），即植被覆盖率与土壤吹蚀量呈明显的负相关。

表 4.5 滦河源区植被覆盖率变化与风蚀量的关系

植被覆盖率		60%	40%	20%	10%	5%	0
风蚀量/g	试验 1	0.2	0.5	0.4	1.9	5.0	27.5
	试验 2	0.2	0.4	1.0	1.9	3.7	26.2
	试验 3	0.9	0.6	3.6	3.5	5.3	26.1
	平均	0.43	0.5	1.67	2.43	4.67	26.6
吹蚀模数/[g/(cm²·min)]		0.0036	0.0042	0.0139	0.0203	0.0389	0.222

在风力条件相同的情况下，沙尘暴的强度取决于地表植被和土壤状况，而植被覆盖又受到温度和降水条件的影响，土壤的沙尘释放能力也受到降水

和温度的影响。在植被覆盖率低的地区，降水能够影响土壤的起沙能力，温度升高引起土壤解冻，从而直接影响到沙尘暴的强度。在植被覆盖率高的地区，植被覆盖与沙尘暴强度关系更密切（田育红等2005）。

顾卫等（2002）利用美国诺阿卫星先进甚高分辨率辐射仪（NOAA/Advanced Very High Resolution Radiometer，NOAA/AVHRR）的归一化植被指数（Normalized Difference Vegetation Index，NDVI）数据和地面气象观测数据，研究了植被覆盖与沙尘暴分布的关系。结果表明，在内蒙古中西部地区，20世纪80年代沙尘暴日数的正距平与植被覆盖率的负距平、90年代沙尘暴日数的负距平与植被覆盖率的正距平是相互对应的；沙尘暴日数与植被覆盖率之间呈负相关关系，这种相关关系在不同地貌类型区和不同季节有所差异；沙区夏季（7—9月平均）的植被覆盖率与次年沙尘暴日数之间的负相关最为显著。

4.2.2 土壤湿度

土壤湿度一般用土壤重量含水百分率表示：

土壤重量含水百分率＝［土壤含水量（g）/湿土重量（g）］×100％， （4.3）

造成沙尘暴暴发的原因很多，其中土壤含水量的多少（土壤湿度）对起沙有重要影响，特别是在植被覆盖率低的荒漠区，土壤湿度尤为重要。土壤含水量减少，土壤表面的水黏膜力减小，引起风对土壤的风蚀，土壤被风蚀的结果就是土壤的沙漠化。

风洞实验表明，起动临界摩擦速度与下垫面土壤湿度之间有很大关系（董光荣等1987，董治宝等1999，海春兴等2002，屈建军等2004）。当土壤湿度从0到10％变化时，用6，7，8和9 m/s的风速各吹蚀1 min，吹蚀量随湿度的增加而急剧减少（表4.6），当土壤水分含量接近10％时，吹蚀量变化已经很小，这也与所采土样区的实际风蚀情况基本吻合。

表4.6 滦河源区土壤湿度变化与风蚀量的关系

土壤湿度		0	2%	4%	6%	8%	10%
风蚀量/g	试验1	22.0	18.3	3.0	1.1	0.8	0.6
	试验2	21.3	18.1	6.0	1.9	0.9	0.5
	试验3	20.9	18.0	4.8	2.1	0.8	0.5
	平均	21.4	18.1	4.6	1.7	0.8	0.5
吹蚀模数/[g/(cm²·min)]		0.222	0.189	0.048	0.018	0.009	0.006

西北地区东部土壤湿度与沙尘暴关系的分析结果显示，土壤湿度与沙尘暴呈反相关（田育红等2005）。图4.6和4.7分别为陕西榆林和内蒙古乌审召

两个站 0~10 cm 土壤湿度的变化与沙尘暴的对应变化。可以看出，1990—2001 年榆林土壤湿度与西北地区东部群发性沙尘暴的暴发次数变化趋势相反，相关系数为-0.60，达到了 95% 的置信度。乌审召土壤湿度与西北地区东部群发性沙尘暴的暴发次数变化趋势刚好相反。这表明，如果春季土壤湿度相对较大，那么西北地区东部沙尘暴暴发次数相对较少；而土壤湿度相对较小的春季，该地区沙尘暴暴发的次数相对多些。

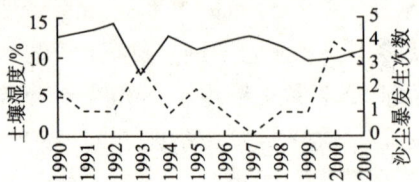

图 4.6　春季陕西榆林土壤湿度与沙尘暴暴发次数变化
（实线：土壤湿度；虚线：沙尘暴暴发次数）

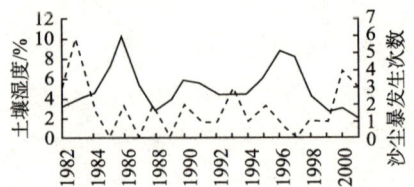

图 4.7　春季内蒙古乌审召土壤湿度与沙尘暴暴发次数变化
（实线：土壤湿度；虚线：沙尘暴暴发次数）

利用内蒙古中部二连浩特地区 2001—2004 年的土壤湿度资料，初步分析了该地区土壤湿度的变化特征，结合相应的地面资料，探讨了土壤湿度与沙尘天气之间的关系（杜子璇等 2005）。结果表明，二连浩特地区土壤湿度具有一年周期的变化，每年土壤湿度的峰值出现在降水较多的湿季，土壤湿度与沙尘暴呈负相关。

利用中国北方 61 个农业气象站 1980—2001 年固定地段 0~10 cm 土壤湿度资料，分析了土壤湿度的变化对扬沙天气出现的影响（柏晶瑜等 2003）。其中盐池与河套地区农业站春季土壤湿度的相关系数均达到 $\alpha=0.01$ 的显著性水平，即与河套地区土壤湿度变化的趋势是一致的。因此以盐池为代表分析扬沙与土壤湿度的关系是有代表性的。图 4.8a 为 1990—2001 年盐池春季月扬沙日数与土壤湿度距平的变化情况，盐池扬沙日数与土壤湿度的变化趋势相反，其相关系数为-0.48，即土壤湿度偏低、土壤较干燥时，扬沙出现的日数就相对偏多。1992—2001 年 5 月盐池干土层厚度与同期扬沙频次（图 4.8b）显示，干土层较厚，扬沙频次也相对较多，这与周自江（2001）和周秀骥等（2002）的研究结果是一致的，干燥疏松的土壤，其下垫面的临界摩擦速度明显小于湿土层下垫面，容易被风吹起形成沙尘天气。

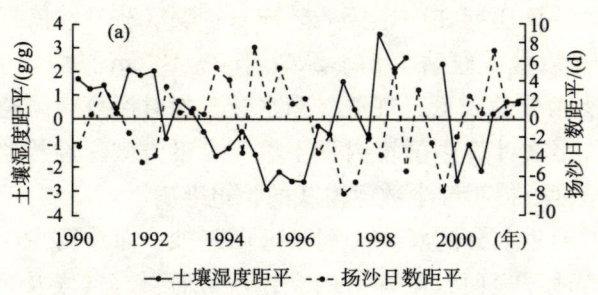

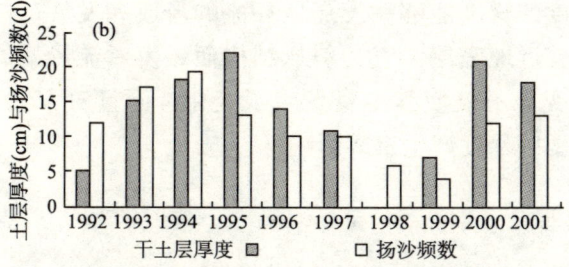

图 4.8 宁夏盐池下垫面变化与扬沙日数
(a) 1990—2001 年春季盐池扬沙日数与土壤湿度距平变化；
(b) 1992—2001 年 5 月盐池干土层厚度与扬沙日数变化

利用 NOAA/AVHRR 数据，地表土壤相对湿度旬平均值、NDIV 旬平均值、风速以及三者的综合值与实测的沙尘暴旬日数，定性和定量分析了中国北方地区土壤湿度、植被覆盖率、风速与沙尘暴发生的关系（陈巧等 2005）。结果表明，风速是影响沙尘暴发生的关键因素，与沙尘暴发生呈正比，土壤相对湿度与地面植被在一定程度上影响了沙尘暴的发生，与沙尘暴的发生呈反比。

宁夏中北部地区东、西、北三面被沙漠包围，沙尘暴是该地区的主要灾害性天气，而下垫面土壤湿度状况对沙尘暴的形成有很大影响。张智等（2004）选取 1981—2000 年沙尘暴多发期（3—5 月）7 个农业气象站的土壤湿度资料及其对应前一日、当日空气相对湿度、平均温度资料，分析了旬土壤湿度与空气相对湿度、气温的变化关系，结果表明有很好的相关性，最后建立了逐日土壤湿度估算方程，检验表明效果较好。但有降水发生时，误差明显偏大。

沙尘暴数值模拟结果显示，改进表层土壤湿度的模拟精度，可改善对临界摩擦速度的模拟，进而提高对起沙过程的整体模拟效果。

土壤湿度是陆面过程中的关键物理参量，在沙尘天气过程中，土壤湿度影响临界摩擦速度，进而影响风蚀起沙量。然而长期以来，由于缺乏观测资料，土壤湿度的计算还存在一定困难。Shang 等（2007）依据彭曼公式，利用中国境内 79 个农业气候站 1981—2002 年 0～10 cm 平均日土壤湿度资料和相应的降水量及相应的云量、气温、降水量、相对湿度、风速等资料，建立了根据日常天气报文计算中国境内日土壤湿度的方案。经检验，该方案可较好地反映土壤湿度，提高沙尘数值模式的预报准确性。

除此之外，地表水分的减少有利于地面起沙，而滞留在大气中的沙尘粒子，会引起到达地球表面太阳辐射的变化，从而引起气候及环境的变化。研究指出，土壤湿度的梯度能够激发局地环流的形成和发展；植被和土壤湿度的空间变化能改变近地表层大气的斜压结构而激发对流风暴的形成。由此可见，土壤湿度的变化不仅使其本身发生了变化，而且对大气也有重要作用，从而对局地沙尘暴的暴发产生重要影响。

4.2.3 积雪

积雪主要从两方面来影响沙尘天气的发生发展：一方面可通过影响土壤含水量，从而影响沙尘天气；另一方面是当积雪覆盖度减少时，地表裸露部分增加，雪盖对表层土壤的保护能力降低，表层土壤中的细小颗粒在强风作用下被刮起，进入大气中而成为沙尘暴的主要组成部分，积雪覆盖程度越差，表层土壤为强风提供沙尘的可能性就越大。因此，积雪覆盖状况的好坏，与沙尘天气发生的频度（日数）是有关联的，尤其是冬末春初，牧草尚未返青，冷空气活动频繁，雪盖对地表的保护就显得尤为重要。中国西部区域的冬雪在春季融化后，增加土壤湿度，这一过程可以抑制或减少沙尘天气的发生。徐兴奎等（2006）计算了沙尘暴、扬沙、浮尘与年降雪量的相关系数。结果显示（表 4.7），在中国北方各干旱区，沙尘暴、扬沙和浮尘均与降雪量呈明显负相关，特别是在中温带干旱区负相关性更显著。

表 4.7 沙尘暴、扬沙、浮尘与年降雪量的相关系数

	沙尘暴	扬沙	浮尘
中温带亚干旱区	−0.31	−0.36	−0.41
中温带干旱区	−0.55	−0.59	−0.62
南温带干旱区	−0.22	−0.06	−0.16

郝璐等（2006）研究了内蒙古中部地区冬、春季积雪与沙尘天气的关系。结果显示，冬季及初春沙尘天气的发生日数与积雪深度不小于 1.0 cm 的日数

呈负相关（表4.8），其趋势线走向基本上相反，积雪日数越多，沙尘天气日数越少，这说明地表积雪覆盖有利于沙尘天气日数的减少。另外，对初春沙尘暴发生日数与积雪日数的相关分析表明，地表积雪覆盖同样有利于沙尘暴日数的减少，但地表积雪覆盖对沙尘暴的抑制作用要小于对沙尘天气的抑制作用。内蒙古中部地区冬季及初春沙尘天气发生日数与积雪日数之间呈现负相关，这种相关关系在不同区域内和不同季节有所差异，冬季积雪日数与沙尘天气发生日数之间的负相关较初春积雪日数与沙尘天气发生日数之间的负相关更为显著；在中温带温凉半干旱气候区初春积雪日数与沙尘天气发生日数间的负相关更为显著。在内蒙古中部大部地区，冬季及初春积雪日数与沙尘天气日数呈明显负相关，个别地区的积雪日数与沙尘天气日数的相关关系不显著。说明地表积雪覆盖状况只是影响沙尘天气的一个因子，它对沙尘天气所产生的影响是有限的。

表4.8 中国北方初春及冬季日积雪深度不小于1.0 cm日数与沙尘天气日数的相关关系（1971—2002）

站点	与冬季沙尘天气相关系数	与初春沙尘天气相关系数	与初春沙尘暴相关系数	样本数
阿巴嘎	−0.45	−0.34	−0.30	30
朱日和	−0.23	−0.30	−0.26	30
二连浩特	−0.49	−0.35	−0.21	30
那仁	−0.16	−0.40	−0.31	30
锡林浩特	−0.29	−0.07	−0.15	30
多伦	−0.25	−0.16	−0.22	30
正镶黄旗	−0.42	−0.35	−0.12	30
苏尼特右旗	−0.37	−0.20	−0.23	30
苏尼特左旗	−0.41	−0.42	−0.29	30
正镶蓝旗	−0.63	−0.36	−0.27	30
正镶白旗	−0.34	−0.41	−0.26	30
东乌珠穆沁旗	−0.36	−0.13	−0.01	30
西乌珠穆沁旗	−0.22	−0.30	−0.01	30
乌拉盖	−0.52	−0.48	−0.45	30

任国玉等（2005）的分析表明，1956—2002年中国有积雪地区平均最大积雪深度呈增加趋势（图4.9），这也从另一角度说明了它是影响近50多年来中国北方沙尘天气发生日数呈下降趋势的原因之一。

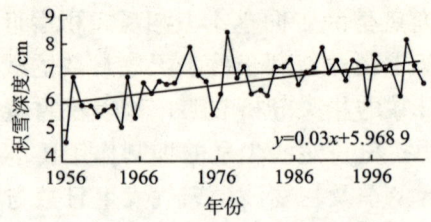

图 4.9 1956—2002 年中国有积雪地区平均最大积雪深度的年际变化

4.2.4 地理环境

根据古地理研究,西北干旱区地理环境早在晚白垩纪和早第三纪(距今 1.3 亿年至距今 0.25 亿年)已初步形成。当时中国大陆长期处于燕山造山运动之后比较稳定的时期,大部分地面被夷为准平原和剥蚀低山丘陵以及若干散布其间的堆积盆地。在蒙古高原上,蒙古准平面广泛分布;在天山、阿尔泰山以及许多西北地区的山地,红色风化壳广泛残存;塔里木、准噶尔等内陆沉积盆地也在西北地区广泛存在。

在古气候上,当时我国季风气候尚未形成,大部分地区处于亚热带高气压控制之下,盛行干燥的东北信风,再加之地势平坦,地形雨较难产生。因而,从东南的台湾、福建沿岸向西北经长江中下游直到甘肃、新疆形成了一条广阔的干旱气候带,稀树草原和温带荒漠草原景观占优势。

我国现代季风气候的形成以及西北地区干旱程度的加剧,发生于喜马拉雅造山运动之后。当印度板块向北移动与亚欧板块碰撞,印度大陆的地壳插入亚洲大陆的地壳之下,并把后者顶托起来,喜马拉雅山开始形成并逐渐升高,青藏高原也受印度板块的挤压而隆升,使喜马拉雅地区的浅海消失。晚第三纪时(距今 2500 万年至距今 200 万年)由于强烈的喜马拉雅造山运动,我国全部大陆连成了一整片,青藏高原及其周围山地大面积隆升达 3500 m 至 4000 m 以上,从而促成我国季风环流系统的建立,东南沿海及长江流域转趋多雨,而西北地区更趋干旱。这种变化形势到第四纪末更趋明显,当时我国的气候和地形基本上已和现代气候一致。

地貌形态的巨大变化,直接改变了大气环流的格局,东—西走向的喜马拉雅山挡住了印度洋暖湿气团向北移动,使中国西北温暖潮湿气候趋向干旱荒漠,久而久之,渐渐形成了大面积的沙漠和戈壁,通过气流搬运,粉尘沙粒吹向黄河中下游地区,堆积成了黄土高原。西北干旱荒漠是黄土高原沙尘的发源地。

体积巨大的青藏高原正好耸立在北半球的西风带中,它的高度不断抬升,整个高原的宽度约占西风带的三分之一，把西风带的近地面层分为南、北两支，其中北支沿青藏高原的东北边缘向东流动。这支气流常年存在于海拔 3500～7000 m 的高空，成为搬运沙尘的主要动力。沙漠和戈壁中小颗粒的粉沙（粒径 0.005～0.05 mm）和黏土（小于 0.005 mm）能被风带到海拔 3500 m 的高空，进入西风带，同时，由于青藏高原隆起，东亚季风加强，与西风急流一起，在中国北部以沙尘暴形式堆积成了黄土高原。迄今 200 万～300 万年以来，这个沙土搬运过程一直没有停止过，这就是由自然力形成的连续不断的沙尘天气。

4.2.5 地形作用

地形的狭管效应对局地沙尘暴的突然加强也不可忽视，当气流由开阔地带流入峡谷时，空气将加速流动，风速增大，这种地形的"狭管效应"确实在强沙尘暴形成中起了重要的作用。例如，当冷空气由新疆入侵并经过塔克拉玛干等沙漠地带时，冷锋后的大风挟带了大量沙尘进入河西走廊，由于地形的"狭管效应"，风速不断加强，常会造成河西走廊出现强沙尘暴天气，这也是甘肃河西走廊易发生"黑风暴"的重要原因。

甘肃河西走廊呈西北—东南向，有 1100 多千米的狭长地带。南有祁连山、阿尔金山，北有马鬃山、合黎山、龙首山，南、北山岭之间形成较窄的狭管（图 4.10）。当冷空气经过时，地形引起的狭管效应使风力明显加大。金昌位于龙首山与祁连山之间的狭窄处，南—北宽度仅数十千米，狭管效应极

图 4.10　西北及邻近地区地形

为显著。到河西东部开口处狭管效应减弱,风力减小,黑风暴也逐渐减弱成为一般沙尘暴或扬沙天气。

假定在近地面不厚的气层内,无空气质量的辐散辐合,也不考虑高低层空气质量的交换,取西部宽阔处(风入口)某一截面的空气流出量,等于狭管处(风出口)某一截面的空气流出量,看由狭管作用引起的风速变化。气层厚度取为 H,风入口处截面为矩形,宽度为 L_1,风速为 V_1,出口处截面也为矩形,宽为 L_2,风速为 V_2。假定空气在风入口处的流入量等于在风出口处的流出量,即 $V_1 t L_1 H = V_2 t L_2 H$,得 $V_2 = V_1 L_1 / L_2$。就是说在不考虑辐散辐合的情况下,空气流到狭管处,风速大约要增加为入口处的 L_1/L_2 倍。

越山气流的下滑效应同样也可以增强沙尘暴。经验证明,甘肃玉门镇的偏西大风常比周围大 1~2 级。这一方面与地形狭管作用分不开;另一方面,冷空气越山沿坡下滑,伴随着位能向动能转换,亦是风速加大的因素。利用过山冷空气造成风速增量公式,可计算风速增加量。

$$\Delta V = \sqrt{\frac{2gh}{T} \Delta \theta}, \tag{4.4}$$

式中 T 是地面空气温度,g 是重力加速度,h 是冷空气下降的垂直距离,$\Delta \theta$ 是地面位温与越山冷空气位温之差。假定冷空气由天山、马鬃山翻山下滑,选择哈密和酒泉为代表站。经计算得到,1993 年 5 月 5 日 08 时,哈密风速增量为 11.6 m/s,酒泉风速增量达 17.8 m/s。可见这种作用是不可忽视的。

又如 1983 年 5 月 18 日在玉门产生的沙尘暴和 1977 年 4 月 22 日在张掖产生的沙尘暴天气,它们都与狭管效应和冷空气越山下滑有关。冷空气翻越天山,在南疆盆地形成大风和扬沙天气,进入甘肃河西走廊后,因狭管地形产生水平辐合,加大了气压梯度和温度梯度,促使冷锋加强,导致强沙尘暴天气的产生。

地形的阻挡、抬升、绕流作用也可影响沙尘暴的形成与发展。数值模拟发现,青藏高原地形使西风槽稍向北收缩,移动加快,并使低空锋区、地面气压梯度和地面风加强。高原地形对气流还有强迫绕流作用,在高原周围地形梯度较大地区的对流层低层中加大了绕流分量,在河西走廊地区则加大了西北分量,这导致中低层引导气流加强,诱发槽和冷锋向东南移动加快。总之,青藏高原地形壁障和强迫绕流的综合作用,将加强沙尘暴区的风速,也加强了沙尘暴向东南扩展的移动速度。

特殊地形的阻挡、抬升、绕流作用对沙尘暴天气的形成也有很重要的作用。根据典型沙尘暴个例分析,发现突起的山脉与盆地相互配合容易造成沙尘暴。如 1984 年 "4.19" 沙尘暴,是由于在甘肃河西形成大风,引起扬沙,大风挟着大量沙尘,经阿拉善高原时,在贺兰山西北面受阻堆积,冷锋正处于"爬山"阶段,坡度很大,当冷空气积累到一定厚度时,一部分冷空气翻越贺兰山向银川盆地俯冲,由于冷空气迅速下沉,锋面坡度急剧减小,因而大量的位能转化为动能,加之锋前高温,促使在银川盆地形成强烈的辐合上升运动,使气压梯度和温度梯度进一步加大,促使系统加强,从而导致沙尘暴形成。南疆沙尘暴和1993年"5.5"金昌特强沙尘暴也属于同类机制。

贺兰山西侧的拐子湖(位于巴丹吉林沙漠)和贺兰山东侧的盐池(位于毛乌素沙地)分别为年平均沙尘暴发生25次和20次以上的高值中心。贺兰山两侧附近沙尘暴发生次数反而较少,说明贺兰山地形对山体前后的风速有一定的阻挡减速作用,对低层沙尘的传输也有一定的截留阻碍作用。对海拔3000 m高的山体,在其下风方100 km附近,风速变化已恢复正常,所以,盐池风力偏大,也反映了这种因素的作用。贺兰山西侧的沙尘暴频次明显高于东侧,正好反映了贺兰山山体作为干旱区和半干旱区自然分界的地理、气候特征。

4.2.6 荒漠化

1994年通过的《联合国关于在发生严重干旱和/或荒漠化的国家特别是在非洲防治荒漠化的公约》指出:"'荒漠化'是指包括气候变率和人类活动在内的种种因素造成的干旱、半干旱和亚湿润干旱地区的土地退化"。在荒漠化过程中,土壤干燥、植被稀少,且这一状况不断扩大和强化,从而引起生物生产能力下降。这一过程的结果是植物生物量、土地承载量、作物产量和人类健康状况下降。就全球来说,干旱地区总面积约为4770万 km^2,约占全球面积的三分之一,世界各地区干旱区和半干旱区的分布见表4.9和图4.11。

表4.9 世界各地区的干旱区面积

地区	总面积/km²	半干旱区		干旱区		极端干旱区		全部干旱区	
		面积/km²	比例/%	面积/km²	比例/%	面积/km²	比例/%	面积/km²	比例/%
北美洲	21280000	2340800	11.0	1489600	7.0	425600	2.0	4256000	20.0
中南美洲	18637000	1602360	9.5	1420400	8.0	355100	2.0	3377860	19.5
非洲	29797000	5546490	18.5	7325560	24.5	4527240	15.0	17309290	58.0
亚洲	42365000	6354750	15.0	8049350	19.0	1270950	3.0	15675050	37.0
澳洲	7703850	2234120	29.0	3928960	51.0			6163080	80.0
欧洲	10032100	752500	7.5	200500	2.0			953000	9.5
合计	129814950	13741020	14.5	22414370	17.0	6578890	5.0	47734280	36.5
其他陆地*	23418050	0	0	0	0	0	0	0	0
陆地合计	153233000	18741020	12.2	22414370	14.6	6578890	4.2	47734280	31.0

*格陵兰、北极、印度尼西亚、新西兰、南极、大洋洲岛屿等。

发生在中国的土地荒漠化主要表现为沙质荒漠化（简称沙漠化）。中国北方地区分布有十二大沙漠及沙地，面积 60.38 万 km²（表 4.10），戈壁 56.95 万 km²（表 4.11），不同发展程度的沙漠化土地 60376 km²（表 4.12）。此外，还有风蚀性的低山丘陵、戈壁面上零星分布的风蚀残域以及大面积风蚀性荒漠。沙漠及沙漠化地区年降水量多在 150 mm 以下，植被稀少，沙尘物质极其丰富，风蚀强烈，形成大范围荒漠化地带，中国北方沙漠和沙地分布见图 4.12。表 4.13 给出了中国北方半干旱地区沙漠化土地面积的扩展状况，从中可以看出，广大北方中东部沙地是沙化土地扩展的主要地区，沙化土地的平均年扩展速度约为 4%～10%。就全国而言，沙化土地从 20 世纪 70 年代的 1560 km²/a 增加到 80 年代的 2100 km²/a 和 90 年代的 2460 km²/a，相当于一年一个中等县的土地面积。由此，使得这里成为亚洲沙尘暴的多发区之一。

表 4.10　中国北方各大沙漠面积

沙漠名称	面积/万 km²	沙漠名称	面积/万 km²
塔克拉玛干沙漠	37.76	乌兰布和沙漠	0.99
库姆塔格沙漠	2.28	库不齐沙漠	1.61
古尔班通古特沙漠	4.88	毛乌素沙地	3.21
柴达木盆地沙漠及风蚀地	3.49	浑善达克沙地	2.14
巴丹吉林沙漠	4.43	科尔沁沙地	4.23
腾格里沙漠	4.27	呼伦贝尔沙地	0.72

表 4.11　中国西北地区戈壁面积

省（自治区）	面积/万 km²	省（自治区）	面积/万 km²
新疆	29.3	内蒙古	18.8
甘肃	4.9	宁夏	0.25
青海	3.7	合计	56.05

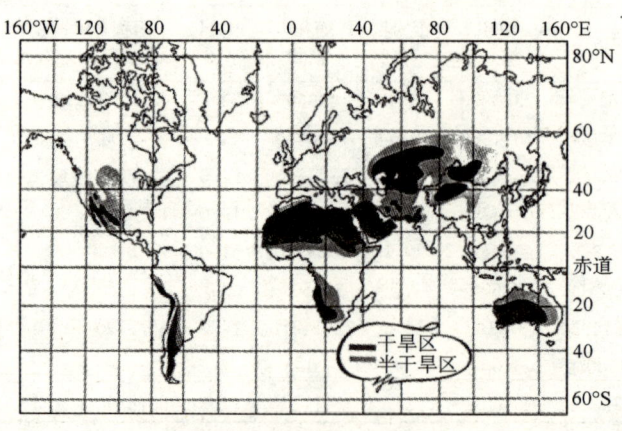

图 4.11　全球干旱及半干旱区的分布

表 4.12　中国西北地区沙漠化土地面积

地区	面积/km²	地区	面积/km²
河套及乌兰布和沙漠北部	2342	阿拉善中部	2600
狼山以北	2174	河西走廊绿洲边缘	4656
宁夏中部及东南部	7687	柴达木盆地山前平原	4400
贺兰山西麓山前平原	1333	古尔班通古特沙漠边缘	6248
腾格里沙漠南缘	640	塔克拉玛干沙漠边缘	24223
弱水下游	3480	合计	60376

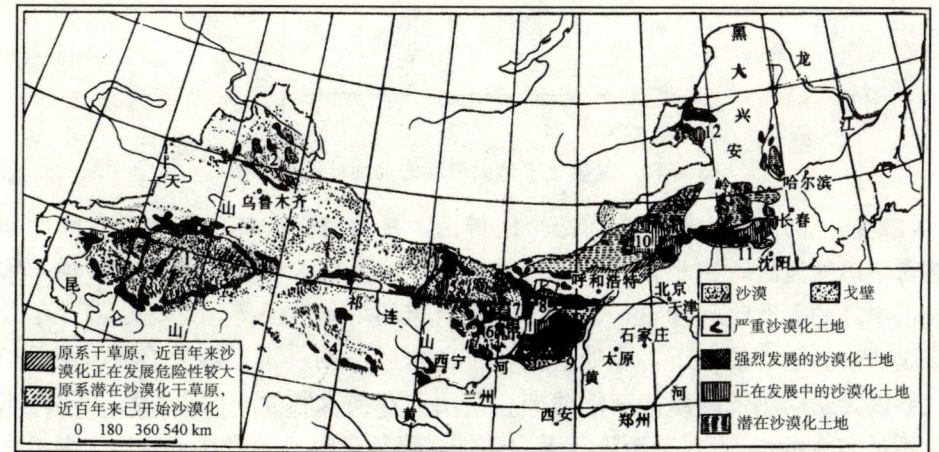

图 4.12　中国北方沙漠和沙漠土地分布（朱震达等 1994）

表 4.13　中国北方半干旱地区荒漠化土地面积扩展趋势一览表

地区	20世纪70年代荒漠化土地		20世纪80年代荒漠化土地		年增长		时段
	面积/km²	比率/%	面积/km²	比率/%	面积/km²	比例/%	
科尔沁沙地西北部	28971	68.4	32851	77.6	323	31.12	1976—1988
河北坝上草原农垦区西部	1761.7	13.4	3272	24.9	125.9	7.14	1975—1987
河北坝上草原农垦区东部	762.3	22.31	336.6	39.1	47.6	6.28	1975—1987
内蒙古察哈尔草原农垦区	2848.3	31.5	59929	661	262.1	9.20	1975—1987
内蒙古乌盟后山	2031.4	4.4	4055.2	8.7	168.7	8.30	1975—1987
伊克昭盟鄂尔多斯草原	43407	88.3	45973	93.6	256.6	0.59	1977—1986
陕西北部榆林地区	7808	43.3	8166.9	45.3	35.9	0.46	1977—1986
宁夏东南部盐池县草原区	1368.9	29	1845.5	31.8	47.6	3.48	1977—1986

　　局地气候的形成，下垫面起着非常重要的作用。从区域性的观点来看，沙漠通过红外辐射而损失到空间的热量比从太阳短波辐射中获得的热量还要

多。没有云层时，有更多的红外辐射从地面释放到空间去，从而使地面冷却，在夜间尤其如此。其结果是使沙漠地区之上的整个空气柱冷却，引起空气下沉辐散，造成当地空气变得干燥，抑制沙漠地区上空降雨的形成（如图4.13）。

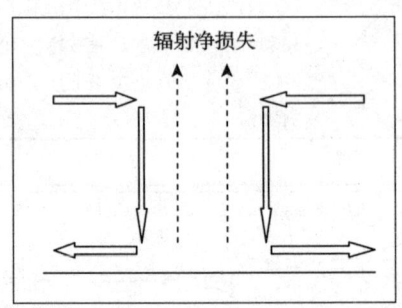

图4.13 荒漠化下垫面引起的局地环流示意图

地球上的沙漠主要分布在两个地带，一是赤道南北纬 15°～25°之间的副热带下沉气流区，如北非的撒哈拉大沙漠，澳大利亚的维多利亚大沙漠，阿拉伯半岛的鲁卜哈利沙漠，印度、巴基斯坦的塔尔沙漠等。这些地带常年处于副热带高压的控制下，或处于信风带的背风一侧，属于热带干旱、半干旱气候区。受副热带高压控制的北非、西南亚和澳大利亚中西部地区，年降水量不足 200 mm，有时甚至连年无雨，加之终年高温（最热月份平均气温可达 32～36 ℃），蒸发强烈，植被稀少，荒漠化越来越严重，形成了热带和亚热带沙漠。另一个地带则是北半球 35°～50°N 的亚洲和北美大陆腹地。由于远离海洋或受高原（高山）阻挡，暖湿气流难以到达，不易受海洋气候的影响，冬寒夏热，气温年较差大，降水量少，呈现大陆性干旱、半干旱气候。加之这些地区土壤盐分高，土层薄，质地粗，易于风化、风蚀，故这一地带极易形成沙漠，其边缘地区由植被稀少逐渐过渡到荒漠化沙地。如中国的塔克拉玛干、柴达木、科尔沁、呼伦贝尔等十二个大沙区都属于这种沙漠气候区（见表4.14）。

表4.14 中国12个沙区降水的气候特征

沙漠名称	地理位置	海拔高度/m	年降水量/mm	干湿状况	年降水变率
塔克拉玛干沙漠	新疆塔里木盆地	500～1500	25～50	干旱	40%～50%
古尔班通古特沙漠	新疆准噶尔盆地	200～1000	100	干旱	<30%
马鬃山前和祁连山麓沙漠	新疆甘肃毗邻地区	1000～2000	50～75	干旱	30%～50%
柴达木盆地沙漠	甘肃柴达木盆地	1500～2000	25～50	干旱	40%～50%

续表

沙漠名称	地理位置	海拔高度/m	年降水量/mm	干湿状况	年降水变率
巴丹吉林沙漠	阿拉善高原	1000~1500	75~100	干旱	30%~50%
腾格里沙漠	宁夏贺兰山北部	1000~2000	100~200	干旱	25%~30%
乌兰布和沙漠	宁夏贺兰山北部	1000~1500	100~150	干旱	30%
库布齐沙漠	内蒙古河套平原南部	1000~2000	150~400	干旱	30%
毛乌素沙地	鄂尔多斯高原南部	1000~1500	300~400	半干旱	25%~30%
浑善达克沙地	内蒙古中部	1000~1500	200~300	半干旱	20%~25%
呼伦贝尔沙地	呼伦贝尔高原南部	500~1000	400	亚湿润	15%
科尔沁沙地	内蒙古哲里木南部	0~500	400~500	半干旱	15%~20%

热带地区的太阳辐射增热量大大超过极地，所以大气圈和海洋容易造成来源于热带到极地的极不均衡的增热。在此过程中，产生了决定气候的风系和洋流，如图 4.14 所示。其中的经向环流圈中，在赤道两侧各有一个哈得来环流。该环流圈在热带是上升气流，而在亚热带却是一下沉气流。在上升气流中，水汽被垂直输送到一定高度冷却、凝结，最后以雨水的形式降落。然而，在下沉气流中，变化过程与上升气流完全相反，即干燥空气下沉被压缩升温，抑制降水的形成，尽管其下面有水分存在的可能，但实际上，水分被辐散到其他地区，当地自然降水很少，难以维持植被生长，于是形成了荒漠化地带。

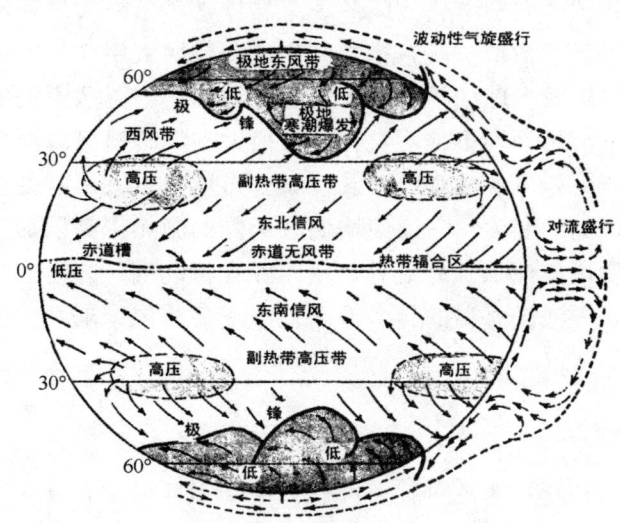

图 4.14 全球大气环流示意图

荒漠之所以主要位于欧亚大陆的亚热带、温带地区，澳大利亚地区，以及南极洲的许多地方和格陵兰北海岸地区，主要是由于大气圈大规模的环流系统无法将水汽输送到这些地区，或者由于这些地区盛行下沉气流，很难形成降水。所以，大气环流是造成荒漠化的关键自然因素；换言之，荒漠化是长期干旱气候的产物。

4.3 海温异常对沙尘暴的影响

沙尘暴的产生和发展受多种因子的制约，大气环流的自身演变是重要的控制因子，而大气环流及其相关的大尺度天气系统的变化又直接或间接受海洋下垫面不同能量与物质输送的影响。很多研究工作充分肯定了海温异常对大气环流及中国气候的影响。叶笃正等（2000）的研究表明，沙尘天气的出现与赤道中东太平洋海温异常有密切关系。另有不少学者也研究了中国沙尘暴的发生与海温的关系（李耀辉等2000，李崇银等2003，严华生等2003）。大气环流的年代际变化必然受到外源强迫，尤其是海洋热状况异常的影响。海洋热状况改变着大气环流及气候的变化，有几个关键海区尤为重要。其一是赤道东太平洋海区；其二是海温最高的赤道西太平洋"暖池区"。当赤道东太平洋海温持续出现较大的正距平（或较强的负距平）时，不仅引起热带大气环流的异常，而且通过大气的遥相关，中高纬度大气环流也将出现明显异常。西太平洋海温异常对大气环流的异常也有重要影响，董敏等（1994）应用全球气候模式就西太平洋暖池区冬季海温异常对冬季大气环流及东亚冬季风的影响问题进行了数值试验，模拟结果表明，西太平洋暖池区海温异常可以导致增温区附近两半球的哈得来环流明显增强，增温区附近的上升运动及副热带地区的下沉运动均更加明显；并且西太平洋暖池区海温异常对副热带高压、西风急流、西风带槽脊强度及位置分布均有重大影响并造成全球高度场、温度场及风场的变化；它还使增温区两侧的副热带高压加强并向极地一侧移动，促使西风急流加强并北移，使东亚大槽北缩，并增大高纬与热带之间的热力差异，暖池区海温的异常升高使东亚冬季风减弱，中国大部分地区增暖。

4.3.1 海温

尚可政等（1998）通过对甘肃河西沙尘暴与赤道中、东太平洋海温的遥相关分析表明，春季河西沙尘暴次数与前两年秋、冬季海温因子负相关最好。这意味着，当某年秋、冬季太平洋中、东部海温偏高（低）时，两年后的春季，河西走廊沙尘暴发生次数偏少（多）。就春季逐月而言，河西沙尘暴次数与前期海温因子之间的相关，3月份和整个春季大致相同；4月份仅与前两年

9月海温因子负相关较好；5月份介于春、夏季之间。

王金艳（2003）根据奇异值分解（singular value decomposition，SVD）的原理和方法，首先对资料进行标准化处理，再进行 SVD。将春季沙尘暴日数作为右场，同期海温作为左场，进行奇异值分解。表 4.15 列出前三对奇异向量的方差贡献和累积方差贡献。由表中可见，前三对奇异向量的方差贡献占总方差的 78.79%，每对奇异向量的相关系数均通过 $\alpha=0.001$ 的显著性水平检验，因此取前三对奇异向量分别对应于北太平洋海温和同期中国沙尘暴的一种空间分布型。研究这三对奇异向量的对应关系，可以较真实地反映春季北太平洋海温场的变化与中国北方春季沙尘暴的对应关系及变化特征。

表 4.15 前三对奇异向量的解释方差

奇异向量	1	2	3
方差贡献	57.40%***	11.66%**	9.73%
累积方差	57.40%	69.06%	78.79%

注：**和***分别为通过蒙特卡罗显著性水平 $\alpha=0.05$ 和 $\alpha=0.01$ 的检验。

图 4.15 为北太平洋海温与同期中国北方沙尘暴奇异值分解得到的第一对奇异向量分布。

由图可见，中国北方春季沙尘暴分布绝大部分为正，正值中心分别在南疆盆地中西部 [喀什（77°09′E，39°28′N），最高 12.2]，甘肃至内蒙古 [呼和浩特（111°41′E，40°49′N），最高 12]，东北的中南部 [三岔河（126°E，44°58′N），最高 13.2]。与这种分布相对应的春季北太平洋海温为西风漂流区（35°—45°N，160°E—160°W）、黑潮区（35°N，140°—150°E；25°—30°N，125°—150°E）和鄂霍次克海海温偏高，西风漂流区海温偏高最为显著。赤道东太平洋区（5°S—5°N，150°—90°W）、Nino－West 区（0°—15°N，130°—150°E）、Nino-1＋2（0°—10°S，90°—80°W）区、夏威夷和加利福尼亚寒流区的海温偏低。也就是说，当西风漂流区和黑潮区温度偏高，而赤道东太平洋海温偏低，即反 ENSO（详见 4.3.2 节）发展到峰值相位时，同期中国北方沙尘暴偏多。

图 4.16 为北太平洋海温与同期中国北方沙尘暴奇异值分解得到的第二对奇异向量分布。与图 4.15 相比，沙尘暴负值区明显增多，即沙尘暴的发生次数低于平均值的区域面积远超过图 4.15，沙尘暴的分布值在新疆西部 [乌鲁木齐（87°37′E，43°47′N），最低 －17.7]，甘肃至内蒙古 [酒泉（98°29′E，39°46′N），最低 －13.1]，东北的北部和南部 [孙吴（127°21′E，49°26′N），

最低-13.3]都为负值；只有青藏高原东南部及其邻近地区临洮［(103°52′E，35°22′N)，最高19.1]为正。与这种分布相对应的春季北太平洋海温为西风漂流区东部和北太平洋中部海温偏低，赤道东太平洋区、Niño-1+2区、Niño-4区东部、加利福尼亚寒流区和北太平洋东北部海温偏高。此型的海温分布与ENSO年十分相似。

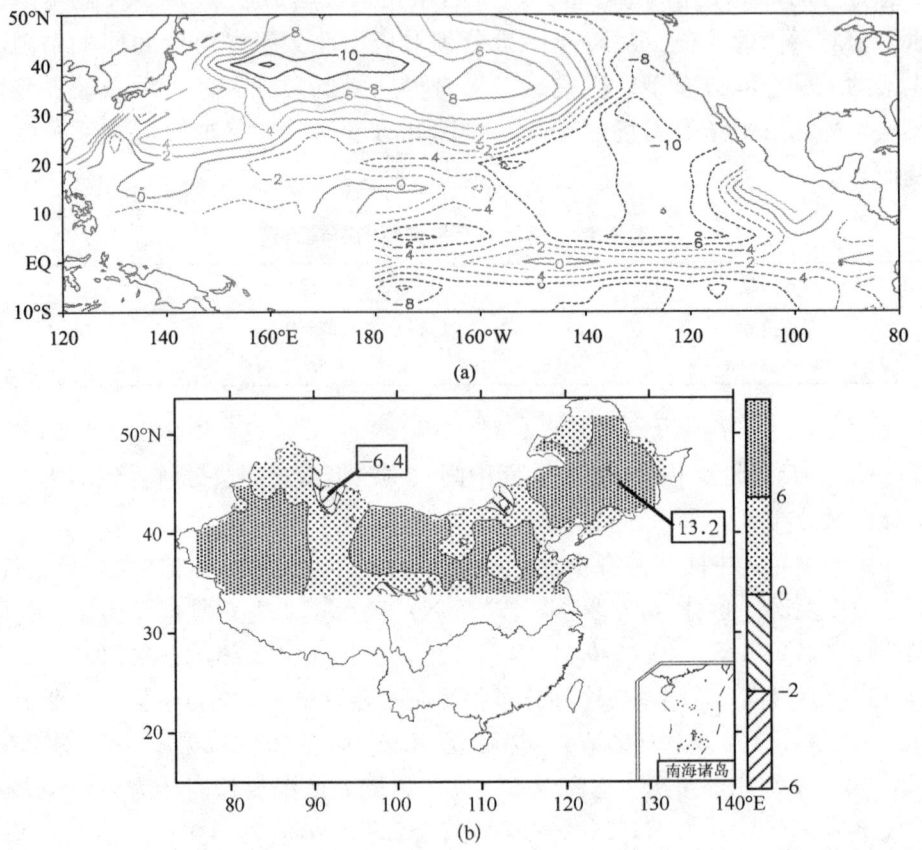

图4.15 春季太平洋海温与同期中国北方沙尘暴奇异值分解的第一对空间分布型
(a) 海面温度(SST)分布型；(b) 中国北方沙尘暴分布型

春季北太平洋海温与同期中国北方沙尘暴奇异值分解的前两对奇异向量主要反映了沙尘暴多发年和少发年的海温分布型。沙尘暴多发年与少发年的海温分布型有很大的差异，比较图4.15a和图4.16a可以看出，沙尘暴多发年与少发年西风漂流区、加利福尼亚寒流区及赤道东太平洋区的海温变化明显相反。即说明中国北方沙尘暴的发生与海温场异常变化有很大的关系。

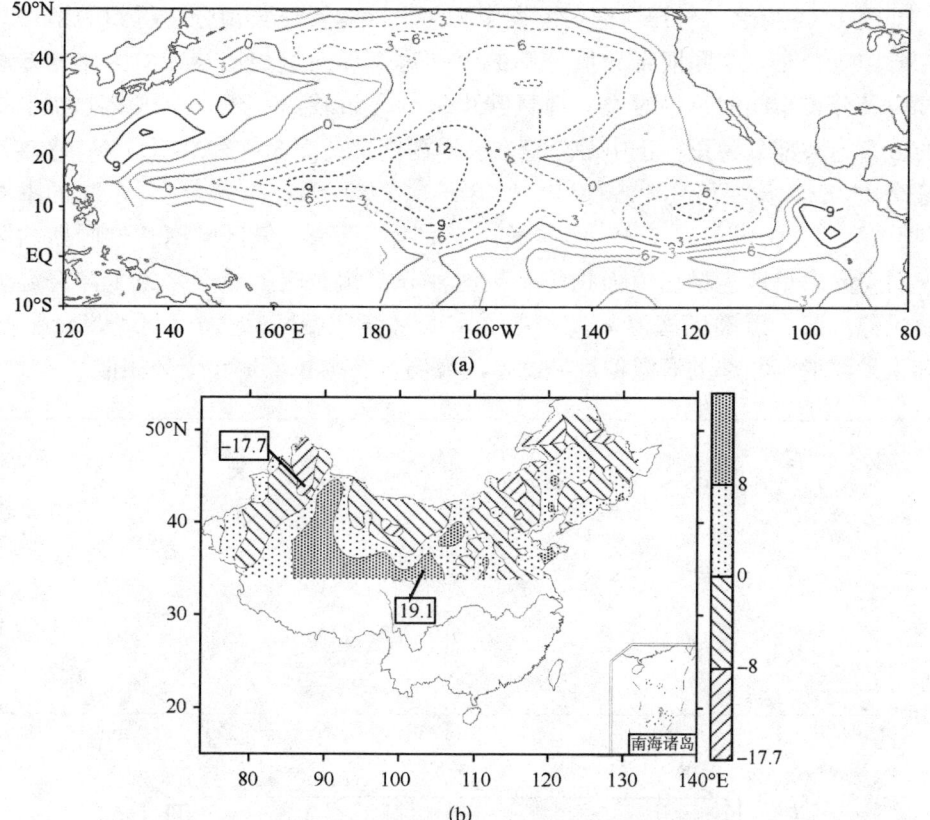

图 4.16 春季太平洋海温与同期中国北方沙尘暴奇异值分解的第二对空间分布型
(a) SST 分布型；(b) 中国北方沙尘暴分布型

春季沙尘暴日数作为右场，前期海温作为左场进行奇异值分解，经过筛选发现，上年春季海温作为左场进行奇异值分解，相关最好。表 4.16 列出了中国北方春季沙尘暴与上年春季海温奇异值分解的前三对奇异向量的方差贡献和累积方差贡献。由此可见，前三对奇异向量的方差贡献占总方差的 70.97%，每对奇异向量的相关系数均通过 $\alpha=0.001$ 的显著性水平检验。

表 4.16 前三对奇异向量的解释方差

奇异向量	1	2	3
方差贡献	45.38%**	17.6%**	7.99%
累积方差	45.38%	62.98%	70.97%

** 为通过蒙特卡罗显著性水平 $\alpha=0.05$ 的检验。

图 4.17 为北太平洋海温与前期中国北方沙尘暴奇异值分解得到的第一对奇异向量分布,与同期奇异值分解的第一对奇异向量相比较。中国北方春季沙尘暴分布与同期第一对奇异向量沙尘暴的分布较为一致,中国北方沙尘暴的分布绝大部分为正,正中心分别在新疆西南部[库车(83°04′E,41°43′N),最高 11.8],黄河河套[绥德(110°13′E,37°30′N),最高 15],东北的中部[哈尔滨(126°46′E,45°45′N),最高 13.5],只是正值区的面积比同期的第一对奇异向量沙尘暴正值面积小。与这种分布相对应的春季北太平洋海温为西风漂流区、黑潮区海温偏高,赤道东太平洋区、Nino-1+2 区、Nino-4 区和太平洋的东北部的海温偏低,此型的海温分布与拉尼娜年十分相似。

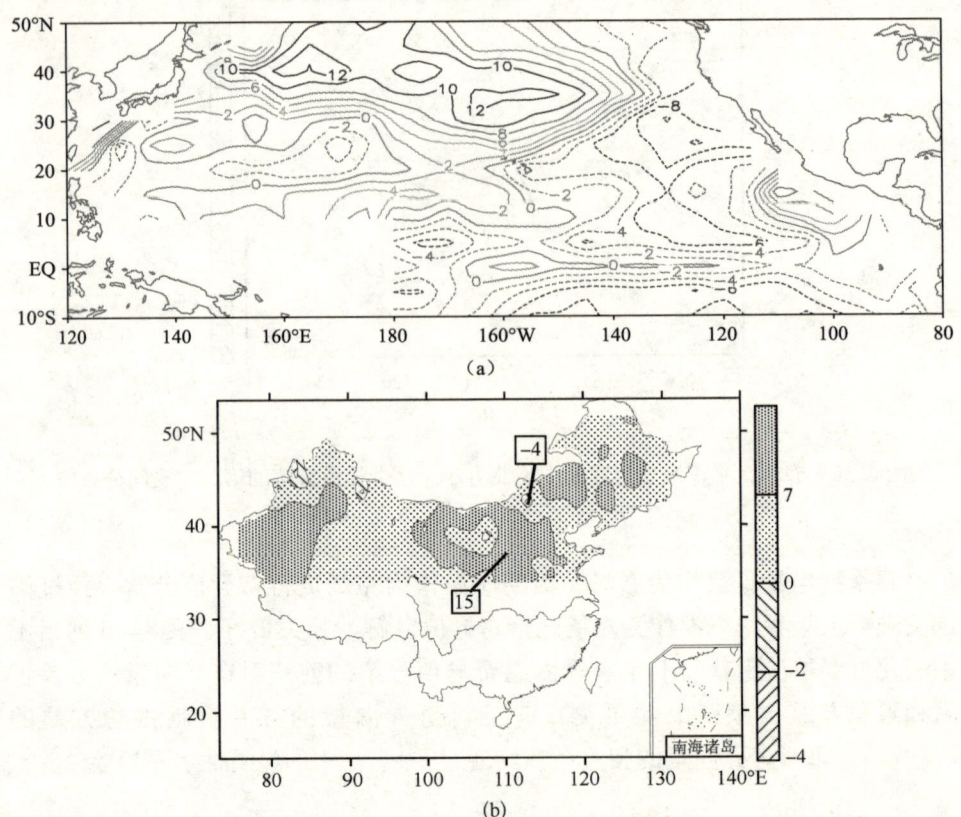

图 4.17 春季太平洋海温与次年春季中国北方沙尘暴奇异值分解的第一对空间分布型
(a) SST 分布型;(b) 中国北方沙尘暴分布型

图 4.18 为北太平洋海温与前期中国北方沙尘暴奇异值分解得到的第二对奇异向量分布。此分解结果与同期分解的第二对结果差异很大,中国北方春季沙尘暴分布如西藏东南部、甘肃和内蒙古的部分地区符号相反。但中国北方大部分地区为负值,这是一致之处,如新疆(除南疆西部)大部分[七角

井（83°04′E，41°43′N），最低-13.2]、青海、甘肃南部[平凉（106°40′E，35°33′N），最低-17.3])和陕西、东北的北部为负。与这种分布相对应的春季北太平洋海温为西风漂流区西部、黑潮区和 Nino-West 区海温偏低，赤道东太平洋、加利福尼亚寒流区和太平洋北部海温偏高，此型的海温分布与厄尔尼诺年相似。

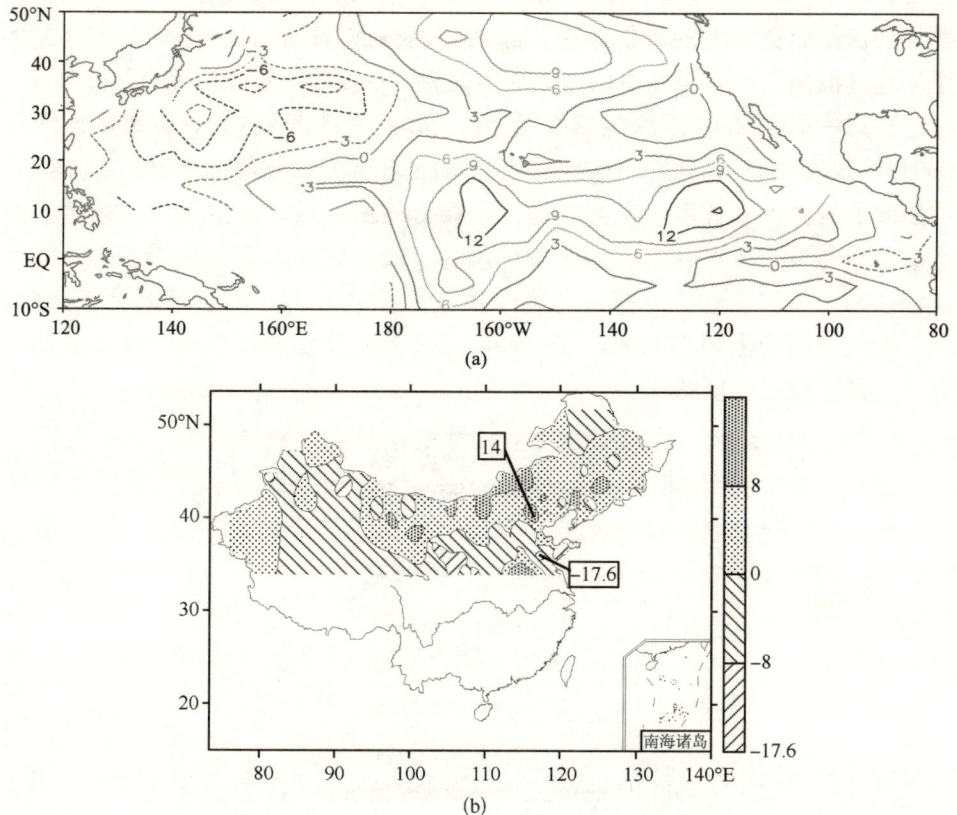

图 4.18　春季太平洋海温与次年春季中国北方沙尘暴奇异值分解的第二对空间分布型
(a) SST 分布型；(b) 中国北方沙尘暴分布型

从上面的分析可看出，同期和前期北太平洋海温场与中国北方春季沙尘暴场的高相关区域是西风漂流区和赤道东太平洋区，中国北方春季沙尘暴对北太平洋海温变化的响应区，主要是新疆至西藏、甘肃至内蒙古和东北地区等地。

郑广芬等（2007）的研究表明，宁夏春季沙尘暴频次与上年 10 月到当年 5 月加利福尼亚海温有显著的负相关，关键区海温冷（暖）异常与宁夏春季沙尘暴日数偏多（少）有较好的时频对应；另外发生在北太平洋的厄尔尼诺事件对宁夏春季沙尘暴有重要影响，当北太平洋海温场偏高（低），宁夏各地沙尘暴日数以偏少（多）为主。加利福尼亚海温通过影响大气环流，进而影响宁夏沙尘暴的发生，冷水年春季（3—5月），欧亚大陆高空系统较强，环流经向度加大，蒙古气旋加深，有利于极地冷空气南下。从风场形势看，冷水年河套至甘肃、内蒙古西部及蒙古国中西部一带高层盛行西北风，而低层多为东南风，这种不稳定形势也为西北沙尘暴的发生发展创造了有利气候条件。另外，冷水年冬春季东亚大槽位置以偏西为主，极涡强度偏强的年份占优势，西风环流指数负距平的年份偏多，经向环流偏强，冷锋活动频繁，大部分冬季平均气温偏低，表明冬季风偏强的年份为主；而暖水年基本相反。

探讨中国西北地区沙尘暴的发生与北太平洋海温的关系（彭公炳等2004），发现当加利福尼亚海温偏低、黑潮及北温带区域海温偏高时，中国黄河以北的内蒙古、甘肃、宁夏等地区，春季气温偏低，沙尘暴活动频繁。沙尘暴指数与黑潮区海温的正相关可理解为，黑潮区海温高对应黑潮强，于是黑潮区与北极温差加大，极涡等大尺度气旋活动加强，空气南北交换加强，大风天气过程发生频率加大，导致沙尘暴增多；反之亦然。具体遥相关的天气、气候学模式见框图4.19。

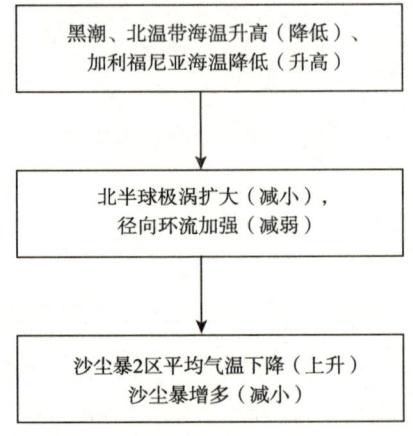

图4.19 北太平洋海温与中国西北地区沙尘暴的遥相关框图

印度洋海温同样对中国西北沙尘暴有影响。刘青春等（2005）选取印度洋（7.5°—42.5°S，22.5°—117.5°E）范围内189个格点1961—2002年的逐月海温资料，对上年3月至当年3—5月的逐月印度洋海温距平作相关普查，发现青海春季沙尘暴与前期3—7月印度洋海温有较好的负相关，而且从春季到夏季，相关区域具有很好的持续性，相关显著区（相关系数临界值为0.3，通过了$\alpha=0.05$显著性水平的检验）均在赤道印度洋附近，相关系数5月份达到最大，中心最大值为-0.48，位于赤道南印度洋。对比分析春季沙尘暴多发年份和少发年份前期 3—5 月、6—8 月印度洋海温距平合成图,发现青海春季沙尘暴偏多(少)年份前期 3—5 月、6—8 月印度洋中北部海温基本为负(正)距平,而且距平中心与高相关中心相对应。秦宁生等(1997)、俞亚勋等(1997)通过统计分析和数值试验研究了印度洋海温对西北区夏秋季、青海高原冬春季降水的影响,发现印度洋海温异常可通过季风气流的强弱影响后期大气环流,进而造成西北地区的秋冬季降水异常。5 月份南半球正值秋末冬初,大气环流季节转换明显,此时异常的海气热容量对后期大气环流将产生深刻的影响。因此,南半球秋冬季印度洋中北部海温长时间偏低(高),一方面造成南半球马斯克林高压减弱(加强),另一方面抑制(增强)了赤道季风槽中的对流活动,使马斯克林高压和季风槽之间形成的南北气压梯度减小(加大),南印度洋越赤道偏南气流减弱(加强),后期西风带偏南(偏北),中国西北地区冷空气活动频繁(减少),青海沙尘暴偏多(少)。

4.3.2 厄尔尼诺和拉尼娜

"厄尔尼诺"一词源于西班牙语,原意为"圣婴"。原指南美的厄瓜多尔、秘鲁北部沿海海域水温异常升高的现象。每年的圣诞节前后,在赤道附近的厄瓜多尔沿海总有一股暖流经过,导致表层海水升温。因该现象出现在圣诞节前后,因此当地渔民称之为"圣婴"。到目前为止,对这一现象的记载已有近百年的历史(最近,美国科学家通过对秘鲁发现的古鱼类化石的研究,提出厄尔尼诺现象距今已有五千年的历史)。然而,当时这种局部发生的现象对全球气候产生的影响,并未被人们充分认识。

20 世纪 80 年代中期以来,"厄尔尼诺"现象发生次数更加频繁,仅 20 世纪 90 年代就发生 4 次,强度也明显增加,并造成了全球气候异常,给人类社会及其经济发展产生了巨大影响,因而引起了各国政府和公众,尤其是气象学家的高度重视。今天,气象学家所指的厄尔尼诺狭义上是指赤道太平洋中东部每隔几年发生一次大范围的海水异常增温现象;而广义上则指在热带中东太平洋海域海水异常增温的同时,海洋和大气环流都发生异常变化的综合现象。

关于厄尔尼诺的形成机制,目前尚未完全搞清楚。有人认为,"引起全球关注的尼尔尼诺现象是大洋海底热水流体运动所致"。也有人提出,厄尔尼诺事件与地球自转的速率变慢有关。但目前多数人认为,其成因机制是地球自转、日月引力和地热活动的综合结果。其中赤道东太平洋大范围海水变暖是风的变化对洋流调节的结果,尤其与东南信风的强弱变化有关,是赤道带东、西太平洋间大范围内海洋、大气物质迁移和互相作用的结果。

在热带太平洋上空常年盛行东北信风和东南信风，在信风的驱动下赤道附近形成了自东向西运动的南北赤道流（风海流），表层暖水向西流，次表层以下的冷海水必然上涌，进而形成了赤道东太平洋表层大面积的冷水区；而西太平洋因暖水的输送，使得水位不断上升，热量不断积蓄并形成暖水区。在正常情况下，西太平洋海平面要比东太平洋海平面高 40 cm；年平均海水温度西太平洋要比东太平洋高 3～6 ℃，从而就形成了东、西太平洋之间海水的温度梯度和水位高低梯度。在表层海温的热力作用下，赤道地区的沃克环流在正常情况下是在西太平洋上空上升，到东太平洋上空下沉，与此相对应，在西太平洋气流上升区凝云致雨，降水丰沛，气候湿润，年降水量在 2000 mm 以上；而处于冷水区的中、东太平洋上空，因盛行下沉气流难以凝云致雨，降水量在 500 mm 以下，常造成干旱。而有些年份信风突然减弱，在东、西太平洋海水面坡度的作用下，赤道逆流加强（即海水逆转），西太平洋变成冷水区，中、东太平洋变为暖水区，这种热带太平洋地区海面温度的逆向变化必然导致沃克环流的逆转；此种大规模大气环流的变化，进而引起厄尔尼诺现象发生，导致气候变化异常。据推算，当中、东太平洋表层水温夏秋季升高 2 ℃，且持续偏高 6 个月以上时，就要发生厄尔尼诺现象。

  一般每次厄尔尼诺现象结束以后，一种反厄尔尼诺的拉尼娜现象则会接踵而至。在西班牙语中厄尔尼诺意为"圣婴"，而"拉尼娜"则意为"圣女"。如前所述，厄尔尼诺是由东太平洋赤道水域表层海水异常升温引起的，而拉尼娜则是由同一海域海水低于正常水温而引起的。为什么"圣婴"离开，"圣女"会随后驾到？其原因大致有二：

——从理论上看，气候变化是交替发生的，厄尔尼诺是气候变化的一个极端，而拉尼娜则是修正这一极端而导致气候失衡的一个自然方式。

——从历史上看，从 20 世纪 50 年代至今，厄尔尼诺共发生 14 次，其中相伴而来的拉尼娜共有 10 次之多。上一世纪最强的一次厄尔尼诺发生于 1997—1998 年，而其后伴随而来的拉尼娜则一直持续到 2001 年。

  表 4.15 给出了沙尘暴少发期和多发期的厄尔尼诺（拉尼娜）事件年，可以看出，沙尘暴多发期拉尼娜事件偏多；20 世纪 80 年代以来厄尔尼诺事件盛行，而拉尼娜事件偏少。这可以很好地解释 20 世纪 80 年代以来中国沙尘暴活动减弱的事实。钱正安等（2004）认为，海温是引起沙尘暴活动变化的遥远的更间接的外强迫因子，而东亚大气环流的年代际变化则是引起中国北方沙尘暴年代际变化的本地区的更直接的原因，其对应关系也更好些。并且进一步提出了海温影响中国沙尘暴活动的图像：若赤道中、东太平洋海温偏暖，

则冬春季东亚大槽偏东偏弱，东亚冬季风弱，沙尘暴活动少；而赤道中、东太平洋海温偏冷时，情况则相反。

表 4.17 沙尘暴少发期和多发期发生的厄尔尼诺（拉尼娜）事件

	沙尘暴多发期（1955—1975 年）	沙尘暴少发期（1980—2000 年）
厄尔尼诺事件	1957，1963，1965，1968—1969，1972	1982—1983，1986—1987，1991—1992，1994，1997—1998
拉尼娜事件	1961，1964，1967，1970，1973，1975	1985，1988，1995，1999

与沙尘暴多发期比较，沙尘暴少发期冬季平均海温在赤道太平洋地区都有不同程度的升高（图 4.20），其中赤道东太平洋的升温最为显著，在南美的厄瓜多尔沿岸海温升高达到了 ℃左右，这可能是 20 世纪 80 年代以来厄尔尼诺事件盛行，而拉尼娜事件偏少的反映。西太平洋暖池地区海温也有所升高，并达到 $\alpha=0.05$ 的显著性水平。值得注意的是，北太平洋的西风漂流区（35°—45°N，160°E—160°W）大部分海区海温出现显著下降，西风漂流区与赤道东太平洋月平均海温的相关系数达－0.5 以上（图 4.21），远超过 $\alpha=0.001$ 的显著性水平。

研究中国北方沙尘暴的变化与 ENSO 的关系（李威 2006）。结果发现，春季南方涛动指数（Southern Oscillation Index，SOI）与滞后 1 年和 2 年的中国北方沙尘暴的相关系数分别为 0.359 和 0.350，通过了 $\alpha=0.05$ 的相关显著性水平检验。夏季 SOI 与滞后 2 年的中国北方沙尘暴的相关系数为 0.381，通过了 $\alpha=0.01$ 的相关显著性水平检验。

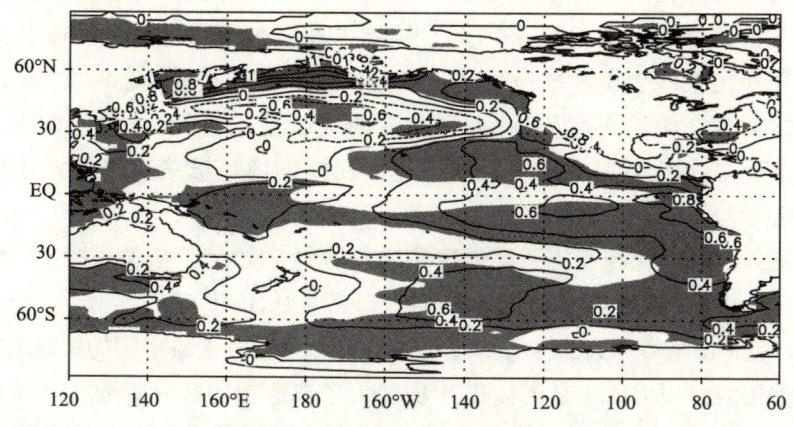

图 4.20 沙尘暴少发期和多发期冬季赤道太平洋海温差值场（单位：℃）
（阴影区通过 $\alpha=0.05$ 的显著性水平检验）

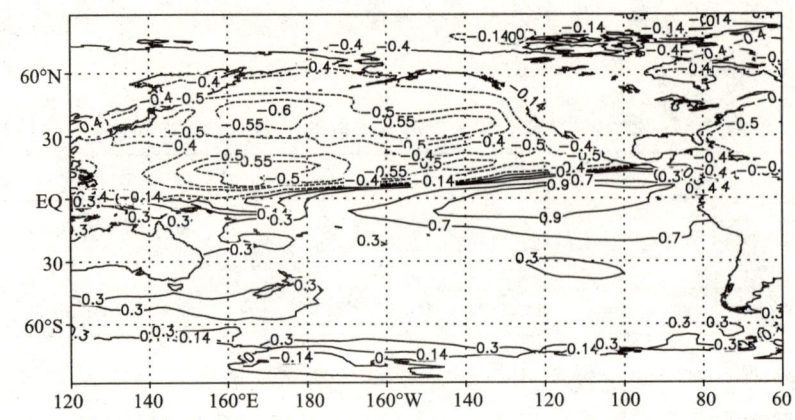

图 4.21　1955 年 1 月至 2000 年 12 月赤道东太平洋（5°S—5°N，150°—90°W）月平均海温与其他海区月平均海温的相关（图中±0.14 对应 $\alpha=0.001$ 的显著性水平）

4.4　人类活动对沙尘暴的影响

除了自然因素外，人类活动也在一定程度上影响了沙尘暴的发生发展。张小曳等（2005）认为，中国的人为沙漠化因素对亚洲沙尘的贡献约为 6%。就世界范围来讲，大规模农垦旱作致使大草原频繁发生沙尘暴，尤以美国中西部大草原和前苏联北哈萨克斯坦草原最引人注目。美国 1934 年 5 月 11 日的特强沙尘暴过程就是最好的例证，其覆盖区长 2.4 万 km，宽 1440 km，高 3000 m，遍及北美洲大陆三分之二的区域，进入大西洋数百千米。北哈萨克斯坦草原面积约为 60 万 km^2，仅在 1954—1964 年间开垦生荒地达 25.3 万 km^2，占该草原总面积的 42.1%。结果，在原来所谓"清风"吹拂的大草原上，每年出现沙尘暴日数达 20 至 30 天以上，一次持续 12 h，6～7 级风速的沙尘暴，仅在距地面高 1 m，长 100 m 的截面上，每小时所搬运的尘土和细沙就达 55 t。沙尘暴所造成的土地沙化，在短期内植被难以恢复，造成垦区一片荒凉景象，形成大面积荒漠化土地。

据统计，沙漠化与经济活动强度和人口数量增加呈正相关。例如，农牧交错带地区人口平均年增长率较高，平均人口密度从 1949 年 10～15 人/km^2 增加到 1980 年的 40～60 人/km^2，高者竟超过 80 人/km^2。人口密度的快速增加，加大了土地资源的压力，于是促使进一步加大了草原放牧和开垦农田的负载。中国北方半干旱草原地带自 20 世纪 50 年代末以来已开垦农田 6667 万 hm^2，但由于风蚀严重，耕地大量撂荒，成为沙尘暴的沙尘源地。过度放牧使得草场严重退化，植被覆盖率降低，加速了沙漠化灾害的蔓延和沙尘暴的肆虐。

家畜践踏土壤和过度放牧影响植物覆盖，进而影响到高效率凝结核的产生。因为碎屑物质含有一种特殊的菌，它显著地起着高效率凝结核的作用。随着植被的退化，效率高的凝结核来源减少，引起对流降雨的可能性减小、效率降低。

由于植被的减少和破坏，加之植被在恢复过程中所需时间、条件等因素的制约，降水量整体呈下降趋势。地表土壤裸露疏松，造成其蓄水能力减弱，植物蒸腾作用也随之减小，这样就造成近地层空气水汽含量减少，使空气变得更为干燥，这是土地荒漠化引起降水量减少的一条重要原因。大面积开荒和过度放牧，通过陆气相互作用而造成降水量减少，使得气候条件进一步恶化，进而又加速沙漠化进程，形成了恶性循环。

人类活动对沙尘暴的影响，归纳起来主要有开荒、超载等几个方面。

4.4.1 开荒

开荒是人类活动引起沙尘暴增多的关键因素，开荒首先造成草地面积减小或退化。内蒙古草原从 1750 年开始，满清政府为增加财政收入，推行了放价召民垦种的政策，在这里大搞毁林烧荒，滥垦过牧，到 1900 年西辽河流域肥沃的草地全部开垦。清代在新疆塔里木盆地开荒 60 万 hm^2。新中国成立后 1958—1973 年期间内蒙古两次开荒热，累计开垦草地面积 210 多万公顷，换来 130 多万公顷的沙漠化土地。在 20 世纪，青海仅 50 年代末就开荒 67 万 hm^2；新疆开垦 345 万 hm^2 草地。其中，五六十年代在塔里木盆地和罗布泊地区大面积开荒引水，致使孔雀河和塔里木河在 20 世纪 70 年代断流，罗布泊彻底干涸。今天的塔克拉玛干和罗布泊已是"天上不飞鸟，地上不长草，黄沙滚滚埋白骨，残垣枯枝露沙头"的景象。1986—1996 年，黑龙江、内蒙古、甘肃、新疆四省(区)，在新开的 194 万 hm^2 土地中，有 95.53 万 hm^2 撂荒。结果，"一年开荒，二年打粮，三年五年变沙梁"。全国草原区 40 多年累计开荒 670 万 hm^2，按开 1 hm^2 荒地会使 3 hm^2 草地沙化的比例计算，全国仅开荒就造成 2010 万 hm^2 草地沙化。耕作破坏了草原植被，松散了土层，裸露松散的沙质土地在干旱的风沙中极易受风蚀，每当春季来临，疏松的细沙土随风而起，成为沙丘的物质来源。过多的开垦缩小了草地面积，增加了草地的牲畜负荷量，又引起草地植被的进一步退化。这种连锁反应使开荒区草地变成了沙地。

风沙活动的结果，一方面使黄土高原的沙尘沉降增多，另一方面，作为沙源地，主要是西北各大沙漠地表的沙物质不断被吹蚀，使地表粗化。因此，西北沙漠地区如果没有继续进行人为破坏，吹蚀沙尘的规律应该是颗粒越来越大，同样的风力情况相对吹蚀量应该逐渐趋于下降，而且由于植被的天然恢复功能也使沙化土地有所缩小。可是，事实恰恰相反。

黄兆华（1997）研究了中国西北地区历史时期的沙尘暴天气发展趋势。他指出，在漫长的地质历史上，沙尘暴天气显示出周期性变化，这主要与地质时期气候变化和地面沙尘物质的消长有关。进入农业文明社会以后，随着人口的急剧增长和土地利用强度的增大，沙尘暴天气又打上了人类活动的烙印。他统计出中国西北地区从公元前3世纪到新中国成立时的2154年中共发生了70次较强级别的沙尘暴天气，趋势是从公元前3世纪到公元12世纪，沙尘暴天气世纪频数少，在0～1之间波动，其中公元4世纪，甘肃、宁夏地区曾达到3次；至公元13世纪后频数开始增加，15世纪达到7次；到18世纪后则迅速增大，19世纪和20世纪上半叶均达到17次，增加趋势十分明显。人类活动对中国沙尘暴发展趋势有着不可忽视的影响。

进入农业文明社会以后，沙尘暴天气的发生与发展逐渐打上了人类活动干扰的烙印，主要是不合理的土地利用，如过度开垦、过度放牧、过度樵采，以及工矿业城市和道路的建设等，毁坏了大面积的森林和草原，植被覆盖率下降，沙质地表裸露，从而使沙尘暴的发生强度和频度有所增加。

(1) 公元13世纪以前的人类活动

中国的农业文明起源于黄河中游一带，先秦（公元前221年）以前，农业活动主要集中在黄河中下游一带，为发展农业生产，部分平原与山区的森林与草原被毁，但因人口较少，这种破坏作用较小。秦至西汉中叶（公元前1世纪），较快的人口增长需要大量的耕地及木柴来满足生活的需要，给环境带来了一定的压力，农业活动开始向西北干旱地区、华北地区发展。出于政治原因，从秦代开始就重视西北边疆的开发，如公元前215年，秦收复河套以南地区，设44县，迁内地数万人屯垦，将草地变为农田（罗桂环等1995）。到了西汉时期，全国人口曾达到5959万，西北地区人口达316万，这时开始了较大规模的屯垦戍边，甘肃的河西地区和内蒙古的河套地区首当其冲，同时塔里木盆地的塔里木河沿线也开始了农牧业的生产开发，原生植被被毁，西北地区的植被覆盖率因此有所下降。但西汉以前人口规模相对较小，人地矛盾并不尖锐，农业活动对环境的冲击作用尚小。

东汉至隋时期（公元25—618年），除西晋出现短暂统一外，中国处于历史上最混乱的年代。北方地区战乱频繁，人口剧减；南方相对稳定，部分人口南迁，缓解了北方人口对土地的压力，破坏的植被有所恢复，环境也有所改善。隋唐至南宋时期，全国人口增长加快，但经济中心南移，人口大规模南迁，北方人口增长相对较缓，如8世纪西北地区人口416万，12世纪人口也只增长到457万（黄兆华1997）。缓慢的人口增长未对土地形成较大的压力，但局部时段，如隋、唐、北宋均在长城以北和河西地区屯田戍边（曲格平等1992），这些地方农业开发加剧，植被的破坏相对较大。

从13世纪以前中国农业生产活动的空间分布、农业开发强度的变化及西北地区人口的增长趋势看，这一时期人类活动对地表植被的破坏作用不大，因地表天然植被覆盖率较高，沙尘暴天气不易发生，其世纪频数小，在0～1之间波动。

(2) 南宋末至公元20世纪

这一时期中国人口的增长可分为两个阶段：

——南宋末至17世纪中叶的人口相对稳定阶段。全国人口基本维持在6000万至7000万左右，但此时北方地区人口增长相对较快，如西北地区16世纪人口达955万，是12世纪人口的2倍。这种较快的人口增长对西北地区的土地造成了较大的压力，大量草原被开垦，森林被砍伐，地表植被覆盖率明显下降。同时，中国北方地区进入现代小冰期，气候逐渐变冷，且干燥少雨，一部分早期开垦的耕地因气候干旱而弃耕，而且在干冷的气候条件下植被难以恢复，从而形成大面积的沙荒地，为沙尘暴的发生提供了较为丰富的物质来源，这一阶段中国沙尘暴天气的世纪频数开始增加。

——17世纪中叶以后人口迅速增长阶段。公元1681年全国人口突破1亿，1762年达2亿，到道光十四年（1834年）达4.01亿（曲格平等1992），18世纪至19世纪人口持续增长，引起对北方和西部的进一步开发，如清初之后的大规模移民屯垦，形成一轮西起新疆、东至内蒙古东部的农业开发高潮。在新疆天山南北麓、河西走廊、鄂尔多斯高原、科尔沁地区，大面积的绿洲、草原被开发，原生植被受到严重破坏。这一时期北方地区仍处于干燥寒冷的现代冰期，干冷气候条件下植被恢复较慢。为了满足人口大量增长的生活需要，又必须大量开垦耕地，导致大面积的北方草原被毁。同时，过度放牧、樵采等使大面积草场退化，固定、半固定沙丘植被覆盖率明显下降。废弃的耕地形成的沙荒地、退化的草场、重新活化的沙丘扩大了北方地区沙漠化土地的面积，为沙尘暴天气的发生提供了丰富的物质来源，沙尘暴天气世纪频数在这一阶段开始迅速增加，如19世纪较强级别的沙尘暴达17次。

(3) 公元20世纪以来人类活动的影响

20世纪以来，人类活动干扰进一步加强，首先是人口快速增长，导致土地开发强度空前增大；另外，战争、灾荒等原因也加剧了中国北方地区生态环境的恶化。就西北地区而言，自民国以来人口持续增长，民国时为1247万，1949年为2360万，1964年为3832万，1982年为6209万，1990年仅陕西、甘肃、宁夏、青海、新疆五省（区）就达7950.5万（曲格平等1992）。内蒙古草原区1947年人口为367万，1990年达2145.7万。北方草原地区迅速增长的人口必然要加大农业开发的规模，如内蒙古伊克昭盟和陕北榆林地区1949年开垦面积已达133.33万 hm^2（朱震达1989）。新中国成立后，又对北部地区实行了几次大规模的农业开发活动，如20世纪50年代至70年代塔里木盆地南北缘的开发，内蒙古自1957年以来2000万 hm^2 草原的开垦，极大地缩小了草原的面积。草原地区迅速增长的人口对畜产品需求急剧上升，加上不合理的经营管理，致使草原超载过牧，引起草场严重退化，单位面积草场的载畜能力下降。如青海省环湖八县，20世纪70年代中期草场平均每公顷产可食鲜草3.04 t，80年代初期为2.05 t，平均下降32.5%。为维持不断增长的畜产品需求，不得不继续增加牲畜头数，草场继续退化，形成恶性循环。人口的增长也需要大量的燃料，而北方干旱、半干旱草原区、荒漠区缺乏矿物燃料，只好砍伐沙区植被，如新疆和田地区绿洲外围的沙漠植被基本已砍伐殆尽。这种大规模的农垦、超载过牧、过度樵采、挖掘药材等活动极大程度地破坏了中国北方地区的地表植被，使草场的生态平衡遭到破坏，沙漠化继续扩展。70年代中国北方沙漠化土地年平均增长1560 km^2，80年代为2100 km^2，90年代达2460 km^2（张力1998），生态环境日益恶化。20世纪以来沙尘暴天气频数的急剧上升，与人类活动干扰的加强和区域生态环境的严重恶化直接对应。

4.4.2 超载

中国西部六省（区）的牲畜数量，由20世纪50年代的2181.3万头（只），发展到90年代的14708.7万头（只），增加了5倍多。而草地面积不但没有增加，反而减少了将近1000万 hm^2。超载使草地产草量比新中国成立初期下降30%～50%，牧草高度平均由45 cm下降到8 cm（表4.18）。

表4.18 内蒙古呼盟干草原草地因超载而退化后的草群结构变化

测定项目	正常草地	轻度退化草地	重度退化草地
草群高度/cm	45	20	8
草群覆盖率/%	70	60	55
草群密度/（株/m^2）	632	345	277
产草量/（kg/hm^2）	3975	1620	1005

4.4.3 其他方面

(1) 乱砍滥伐

青海柴达木盆地每年要烧掉5000万 kg 红柳，毁掉固沙植物200多万 hm²。因过度樵采，三分之一的土地已沙化。全国每年约有 533 万 hm² 草地因搂草根、砍柴而遭破坏。

(2) 滥挖滥搂

挖中草药、搂发菜也破坏草地。草原地区一般都盛产中草药，如甘草、麻黄、知母等。内蒙古伊盟地区每年要收购甘草和麻黄几百万千克，每挖 10 kg 甘草或 50 kg 麻黄要毁坏 0.07 hm² 的草地，仅此一项每年破坏草地 1350 hm²。发菜是一种珍贵的食用菌，盛产于荒漠地区，每当春秋季节成千上万的人在草地上来回搂，对草地的破坏性极大，将本身生态环境就很脆弱的草地搞得千疮百孔。

(3) 滥用水资源

据甘肃、宁夏、青海、新疆四省（区）统计，大水漫灌浪费水资源，造成采水区 1573 万 hm² 土地因缺水而荒漠化。水量的减少又导致草地无水和农田撂荒，树木枯死形成沙漠化。素有"居延大粮"美誉的内蒙古自治区阿拉善盟，因黑河上游大量用水，导致居延海干枯，93 万 hm² 梭梭林枯死，沙化面积年增 10 万 hm²，昔日的额济纳绿洲将变为第二个"罗布泊"。

(4) 滥牧

草地普遍超载，轻则 30%～50%，重则 100%～200%。现在牧区的情况是：草少，牲畜多，个体小，产量低，风沙大。

尚可政等（2006）利用董治宝等（1995，1996）所做的两组风洞实验结果，提出了可以考虑人为因素的土壤风蚀模型。

$$E=\begin{cases} Ae^{-5(\frac{C}{1-C})^{0.87}}V^{0.8+2.2\sqrt{D}} & V>V_t \\ 0 & V\leq V_t \end{cases} \quad (4.5)$$

式中 $A=0.06721-0.33123D+0.9871D^2-0.6869D^3$；$D$ 为地表破坏率，可以表示为

$$D=S+ASS+HAG+0.5TR,$$

其中 S 为流沙面积占地率，ASS 为开垦率，HAG 为樵采率，TR 为践踏率；C 为植被覆盖率；V 为距地面 10 m 处风速；V_t 为距地面 10 m 处起沙风速；风蚀率（E）的单位为 g/(min·m²)；实际风蚀率与方程（4.5）计算出的拟合值之间的相关系数 $R=0.9892$，通过了 $\alpha=0.001$ 的显著性水平检验。由方程（4.5）可以看出，当地表破坏率较小时，风蚀对风速变化的响应也较小，风蚀率大致与风速的一次方成正比。随着地表破坏率的增加，风蚀对风速变化的响应也逐渐加大，当地表破坏率达到 100% 时，风蚀率大致与风速的三次方成正比。放牧、开垦和樵采在降低植被覆盖率的同时，也增大地表破坏率。植被覆盖率的降低和地表破坏率的增大，使得土壤风蚀加剧，造成土壤损失。

它反过来又进一步加速植被覆盖率的降低。经过这样的恶性循环，人为因素通过非线性放大，加速了土壤风蚀过程，增强了沙尘暴过程。

恩格斯《自然辩证法》一文中曾讲述了这样一件事，"美索不达米亚、希腊、小亚细亚以及其他各地的居民，为了想得到耕地把森林都砍完了，但是他们却梦想不到这些地方今天竟因此成为荒芜不毛之地，因为他们把森林砍完之后，水分积聚和储存的中心也不存在了"。中国北方地区的沙漠化过程与大规模的农业开发和过度利用是分不开的。甘肃民勤和东北的沙漠化过程就是明显的两个例子。

个例一：民勤绿洲的开发与沙漠化过程

夹在腾格里沙漠和巴丹吉林两大沙漠之间的民勤盆地是河西地区沙尘天气发生最多的中心区，其生态环境的脆弱性始于地质历史时期，随着陆海结构、纬度地带性、地貌格局的变化而早已孕育形成了。民勤盆地的人类文明可以追溯到四千年前，随着人类对这一地区开发规模的盛衰变化，沙漠化就一直伴随着人们，人们与沙漠化斗争的历史也就没有间断过。

——自然绿洲时期。民勤盆地广布晚更新世晚期的湖积层，说明1万多年前盆地大部分为湖水淹没。进入全新世后湖泊逐渐收缩。这里发现的最古老文化层称沙井文化，是属于青铜时代末期的文化，时间大体相当于中原地区的周代。当时的气候温暖湿润、地理环境为一片"泽薮"。所谓"泽薮"就是大大小小的湖泊，湖泊间有水草丰美的天然草场，为数稀少的古人在这里狩猎和进行原始牧业。中国最早的地理著作《尚书·禹贡》雍州中提到的猪野泽就分布在这里，随着水量减少，泥沙淤塞，逐渐分解为猪野、屠休两泽。这就是说当时的腾格里沙漠为泽薮间有沙阜的，类似现今松嫩沙地，甚至为更湿润的水草丰美地理景观，谈不上沙漠化。

——西汉对民勤盆地西河流域的大规模开垦，沙漠化的开始和发展时期。两千多年前整个中国北方都是匈奴人游牧的场所。汉武帝派霍去病两次出击匈奴，迫使其势力退出整个河西地区，并向这一带移民开垦和命令士卒屯垦戍边以巩固边防。开发的重点是民勤盆地的大西河、小西河两侧及其之间的地域。限于当时的农业技术，还只能开发有地表水引灌之便或地下水埋藏很浅利于开发的下游地区，对武威盆地只能零星地开发沿河及泉水溢出带的小片土地。因而大西河、小西河之间农业型绿洲逐渐形成。而民勤盆地沙漠化的历史也就从此开始了。

移民在开发天然草场初期，基本采用"游农"方式。已经耕松的土地，靠天然撂荒很难恢复植被，土地裸露难于抵挡风的侵蚀，所以弃耕地迅速沙漠化；居住点附近过度放牧、樵采，也导致这些地方出现斑点状沙漠化土地并扩大；加之连年对外战争，兵役、赋税、徭役残酷盘剥，大批农民破产、逃耕；同时，汉王朝又调集大批人力物力在武威盆地兴修水利，灌溉绿洲开始上移。到西汉末年，武威绿洲已具相当规模，上游对水资源的开发利用使下游河水逐渐减少，最后成为季节性河流，湖泊也逐步退缩，尤其春耕季节上、下游一齐争水，下游垦区土地大面积弃耕，沙漠化随着农业的衰退愈加发展。到西汉灭亡时，风沙掩埋了河床、渠道，西河流域不可逆转地沙漠化了。

——唐代垦区向东向南萎缩，土地沙漠化亦随之向东和向南扩展时期。隋初政策宽松，加上唐代中国正逢温暖湿润的气候适宜期，出现了约一个世纪的农业经济繁荣时期。但因繁荣主要在位于"丝绸之路"的武威绿洲，上游用水增多使下游水资源更加不足，致使民勤盆地绿洲范围向东和向南退缩。安史之乱后，藩镇割据河西，突厥势力常威胁这里，连年战争使垦区废弃，唐代的废弃垦区，同样经历了一次强烈沙漠化的过程。

——明、清时期复垦，垦区进一步向南、向东退却，沙漠化步步紧逼。明代为了巩固边防、防御蒙古民族东山再起，内迁山东、山西、河南、陕西等地人民到河西，实行"寓兵于农"的屯田制度。守卫所的士兵携带家属开垦围田。在民勤盆地垦区明显向南退缩，限于盆地南部的镇番城（今民勤县城）、青松堡及苏武山西北一隅。整个石羊河流域的开垦史沿着历史的老套路重演了一遍。随着武威绿洲的复兴，水资源向上转移，田地因无水而弃耕引起沙漠化。明末的战乱、社会动荡，垦区多被废弃，沙漠化又一次强烈发展。

清代全国版图统一后，康熙年间朝廷为充实国库，先后在嘉峪关内外大兴屯田，移甘肃56个州县的贫民2405户到敦煌耕种荒芜土地，将玉门镇附近耕地授给官兵种植，并在关内招募百姓充当屯户，设官督种。至光绪年间，河西走廊的开垦已具相当规模。嘉庆年间（1796—1820年）人口曾达到高峰。在民勤盆地大量移民集中开垦汉唐留下的东部天然草场，资源过度利用超过了历代王朝；道光五年（1825年）民勤的人口曾达到1.845万人，实熟地2.53万hm^2（《镇番县志》），这时的武威绿洲发展规模更大。流域上下的同时发展使石羊河水资源更加紧张，民勤绿洲各河均变为季节河，从猪野泽退缩遗留的青土湖到乾隆年间已是"涝则水草茂盛，屯户籍以刍牧，间有垦作屯田处"了。人口的过快发展，水资源的日趋紧张和其他环境资源的过度利用，使生态环境极度脆弱，沙漠化迅速发展。明天顺三年（1459年）建的青松堡在清顺治二年（1645年）裁去守兵，到了雍正三年（1726年）剩下的78户农民也为风沙威迫迁徙柳林湖，如今青松堡成为流沙中的一片废墟。明代肥田沃土中的边墙到了清代已是"沙淤渺无形迹,旧址尤存者,止土脊耳"。

民国时期,水利事业没有什么进展,农业也处于停滞状态。1929年前后连年灾荒,1930—1941年马步芳匪帮占据河西,民勤成了他们种植鸦片的基地,天灾人祸使整个河西的农业极度衰败,沙漠化也无控制地发展。据1944年的资料,整个河西地区可灌耕地占74.2%,实际灌溉面积只有35.3%,可见农业生产和沙漠化之一斑。另据不完全统计,从19世纪中叶到1958年的百余年间,民勤绿洲因风沙压埋庄园六千多个,农田1.74万 hm^2,"登高远望一片沙,大风一起不见家,朝为庄园夕沙压,流离失所奔天涯",沙区人民唱着这支凄凉的歌流离失所。

——解放后沙漠化的逆转和反复时期。新中国成立后人民政府立即组织沙区群众兴修水利,治理风沙,恢复生产。首先是兴建各级灌溉渠系及配套工程,使人工灌溉渠系替代了半自然水系;1958年6月建成了设计库容1.27亿 m^3 的红崖山水库,成为人工灌溉渠系的水源,使之对地表水能够人工调控;对干、支渠道的衬砌使渠系地表水利用率从新中国成立前的0.2~0.3提高到0.5左右;地表水利用率的提高,使民勤绿洲耕地的保灌面积达到3.67万 hm^2。新中国成立后对农田的基本建设还有平整土地,修筑田埂,改大面积块田为小面积的条田。20世纪60年代末到70年代初耕地面积曾达7万 hm^2(后来因为无水弃耕2.52万 hm^2)。截至1985年底,已有3.95万 hm^2 耕地建成了高标准条田。

新中国成立之初,党和人民政府组织和领导沙区人民展开了大规模的治沙运动。早在1951年就开始采用黏土压沙,然后在沙丘上种籽蒿、沙米等固沙植物,然后又在绿洲内大规模植树造林。中国科学院治沙队科学地总结了群众的经验,在全区推广科学治沙方法,并于1959年设立了民勤县治沙综合试验站。在流动沙丘上插风墙,在绿洲边缘的沙荒地上封沙育草,在风沙沿线营造防护林带,在农田边缘土埋沙丘,铺设黏土沙障,栽植梭梭,在河岸渠边营造护岸护渠林防风带,在村庄周围植树等,经过辛勤的努力,建成了林、灌、草相结合的有效绿洲防护体系。所以,从新中国成立到20世纪80年代初的30年中没有发生过大的沙丘迁移及沙埋庄园事件。

但随着石羊河流域上下游一齐开发,水源地和整个流域的环境平衡失调,灾难又一次降临。首先是水资源匮乏,石羊河流入民勤绿洲的径流量从20世纪50年代的5.88亿 m^3/a,减少到90年代初的2.7亿 m^3/a;为了弥补灌溉水源,从20世纪70年代初开始大规模打井开采地下水,到了70年代中期已每年超采1亿~2亿 m^3 左右,造成地下水位下降;地下水位下降又导致植被退化、衰亡。水资源不足,不得不弃耕土地,沙漠化则卷土重来。

历史是一面镜子，在西部大开发的形势下，向西北地区移民和开垦虽然是一项短期经济发展的措施，但需要加以科学论证，否则历史上河西开垦—撂荒—沙漠化的过程会又一次重演，最终加剧西北荒漠化的进程。

个例二：东北地区的农业开发与荒漠化过程

虽然东北地区具备荒漠化发生的潜在自然因素，但是，如果没有人类活动的参与，在目前的气候条件下该区应为以草原为主的自然环境。然而，不合理的人类活动却导致东北地区的土地荒漠化加速扩展。

中国东部沙地的南界也正是历史上农、牧业的分界。从秦汉历经唐宋至明清，来自北方的游牧经济与来自中原的农业经济之间曾有多次冲突，每次冲突都伴随着对生态环境的破坏和农、牧界限的南北摆动。在游牧民族占据时期，对生态环境的破坏程度是相对较低的，但是在农业占主导地位时，大量农垦活动对植被的破坏程度是相当高的。

大量考古资料已经证实，在东部草原地区，最早的人类活动出现在旧石器时期，但其分布范围极为有限，仅在呼伦贝尔盟和锡林郭勒盟等地有零星分布。大量的早期人类活动出现在全新世气候适宜期（距今8000前至距今6000年前）。数量众多的这一时期细石器文化遗址，广泛分布于东部草原地区。从出土的大量渔具和细石器来看，当时应是水草肥美的草原环境。野外考察表明，这些细石器文化无一例外，均出自全新世适宜期发育的黑土层。

那么，东北地区最早的农业活动是何时何地出现的呢？显然，最早出现农业的区域应该是最接近中原且与汉族往来密切的地区。就东北地区而言，内蒙古的昭乌达盟（今赤峰市）及辽西因其地理优势而成为最早传入农耕文化的地区，也是黑土地最早遭受破坏的地区，现今的浑善达克沙地和科尔沁沙地正是位于上述地区。

在上述两个沙地，最早的农业开发应当是始于约7200年前的兴隆洼文化期。当时是一种农业兼渔猎文化时期，生态环境是一种河流、湖泊众多的草原或森林草原环境。接下来的红山文化期（距今6000年前至距今4500年前），基本上与中原的仰韶文化对应。是一种以农业生产为主，兼营饲养家禽、狩猎和采集的时期。进入青铜器时代，这里存在着夏家店文化（距今4000年前至距今3500年前），考古发现表明，当时是以农业为主兼营畜牧业的时期。

虽然在上述不同时期都有一定的农业成分，但由于当时人口稀少、生产力低下，其农垦的规模是十分有限的，因而对生态环境的破坏程度相对较低，仍是以固定沙丘为主的草原生态环境。

西汉时期，东部草原地区以畜牧业为主。魏晋南北朝时期，少量少数民族过着游牧生活,对土地的破坏程度较低。唐朝虽然汉人大量迁入北方的游牧民族居住区开垦土地,但移民主要发生在鄂尔多斯高原,东部草原地区仍然在游牧民族的控制之下。公元10世纪初,辽王朝建立,总体上仍为牧业占主导的时期,但也开始发展农垦,随后农垦程度提高、范围扩大。及至12世纪的金代,已经开始出现沙化。元、明时期为少数民族活动区,以畜牧业为主,农垦规模大大缩小,植被有所恢复。至清朝初年,东北地区又基本恢复了以草原为主的生态环境。到了清朝末年(光绪年间),实行"开放蒙荒""移民实边",结果使生态环境遭到空前破坏,沙漠化也因此急剧加速。民国时期,来自山东、河北等地的大量汉人"闯关东",在东部草原地区进行空前的农垦。内蒙古仅在民国时期,人口净增加了近400万,其中相当一部分直接来自移民。也正是由于晚清和民国时期的移民和大规模农垦,使东部草原地区在全新世适宜期的几千年里发育的黑土层,在人为破坏和风力吹蚀共同作用下很快被剥蚀殆尽,其下的沙层活化,大量的东北黑土地也从此沦为以固定和半固定沙丘为主的沙地。

如果说晚清和民国时期的过度农垦是历史时期东北地区荒漠化的一个转折点,那么,新中国成立后的几次农垦高潮则上演的是"人造荒漠"中最为空前的一幕,由此将东北的黑土地全面推向了荒漠化的进程。1958—1960年的"大跃进"时期,在当时"向草原进军"的错误思想指导下,大量优良牧场转变为国营农场,其机械化农垦的规模之高、速度之快,使历史时期那种刀耕火种的农垦相形见绌。1966—1976的"文化大革命"时期,在"以粮为纲"的方针指导下,开始了又一轮空前绝后的农垦,不仅当地民众进行垦荒,而且知识青年"上山下乡"也踊跃参与到这一"人造荒漠"的进程之中。后来,知识青年的回忆录能很好地反映农垦对草场的破坏程度。以北京知识青年为例,当时有众多的知识青年在锡林郭勒草原垦荒,在其回忆录中,清楚记载了农垦后的黑土地仅仅几年之后即开始出现沙化,并最终沦为荒漠。新中国成立后的垦荒并不仅仅限于上述两个时期。90年代初,由于国家大幅提高粮食的收购价格,当地领导发现垦荒种地比发展畜牧业获益更为迅速,于是,呼伦贝尔盟等草原地区又开始了新一轮放垦。这些农垦地区的黑土层在两三年的翻耕之后即会吹蚀殆尽,下伏的沙层会很快活化。呼伦贝尔草原的草场已经严重退化,有三条沙带贯穿其中;锡林郭勒草原面临同样的沙化问题,其南侧的浑善达克沙地正在不断向草原入侵。

下垫面性质决定着在同样风力条件下,风沙活动的形成和强度。一般而言,有植被覆盖的地表,风沙活动必然相对减弱。如植被覆盖率在10%～

70%之间不同的地表,其起沙风的临界值则在 6.0~17.0 m/s。近 50 年来,中国北方的土地利用方式和植被覆盖率发生了很大的变化。在广大城乡居民集中分布的地区,城镇用地和农田、菜地增加,自然植被明显减少。在广大农林牧区,则农耕地明显增加,天然灌丛草地明显减少。近年来,人们的某些活动如樵采以及挖发菜、甘草等,肆无忌惮地破坏植被,使原本脆弱的生态环境雪上加霜。在宁夏等地滥挖甘草等中药材的活动使草场沙坑土堆遍地,成为名副其实的沙尘源,一遇大风,黄土沙尘滚滚飞扬,使生态环境遭到严重破坏,加速形成荒漠化土地,导致风沙活动加剧。

4.5 自然因素和人类活动对沙尘暴综合影响的总结

综上所述,自然因素和人类活动对沙尘暴综合影响概括如图 4.22 所示。

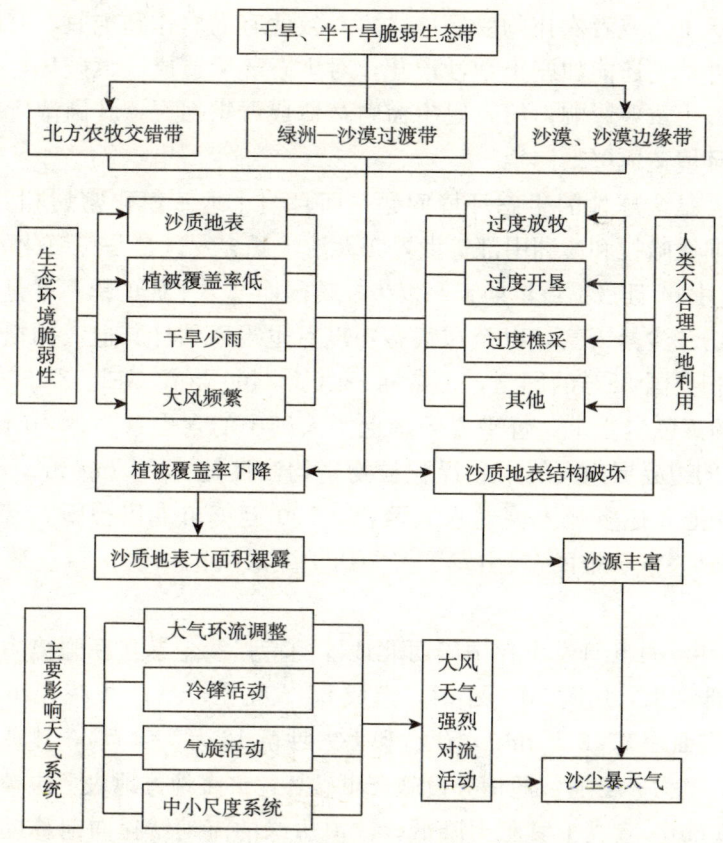

图 4.22 自然因素和人类活动对沙尘暴综合影响的示意框图

第5章 沙尘暴的危害与影响

沙尘暴是一种危害极大的灾害性天气。当其形成之后，会以排山倒海之势向前移动，携带沙粒的强劲气流所经之处，通过沙埋、风蚀沙割、狂风袭击、降温霜冻和污染大气环境等作用方式，使大片农田或受沙埋或遭风蚀刮走沃土，或者农作物受霜冻之害，致使有的农作物绝收，有的大幅度减产。此外，它还能加剧土地沙漠化，对生态环境造成巨大破坏，对交通和供电线路产生重要影响，给人民生命财产造成严重损失；其高浓度的沙尘也会对大气环境造成严重污染。

沙尘暴是全球性的生态环境问题，而且与土地荒漠化密切相关，中亚、北美、北非撒哈拉和澳洲中部等世界四大沙尘暴多发区都是荒漠化的重灾区。1935年4月14日（黑色星期天）发生在美国西部大平原的黑风暴是美国历史上最严重的沙尘暴天气，以至在很多年以后也难以估计其造成的损失。这场黑风暴横扫美国23%的国土，形成东—西长2400 km，南北宽1500 km，高达3 km的黄色尘土带，每平方千米上空大气中的含尘量高达40 t（相当于3 km以下的边界层内大气中悬浮颗粒物平均浓度达13.3 mg/m^3，地面浓度更高），并把3亿多吨土壤卷入大西洋。500万英亩麦田被毁，250万人口外迁而形成"生态难民"，引发了美国历史上最大的一次人口迁移（杨俊平2003）。

1993年5月5日发生在中国西北地区的特强沙尘暴在新疆境内形成，至宁夏东北部结束，历时30多小时，造成85人死亡、31人失踪、264人受伤，农作物受灾面积37.3万hm^2，死亡和丢失牲畜12万头（只），沙埋水渠长达1000 km，电力、交通、通信等设施严重破坏，许多地方地表上层被风蚀厚度达10~30 cm，造成土壤肥力降低，沙漠边缘的流动沙丘向前移动1~8 m，埋压农田和草场，邻近的下风方大气降尘量161~256 t/km^2，造成直接经济损失5.6亿元（夏训诚等1994）。此外，还造成了严重的环境问题。显而易见，沙尘暴已成为西北地区人民的心腹大患，也是制约该地区经济社会发展的重要因素之一。

沙尘暴是恶劣天气现象的突出表现，其根本原因是水土资源的不合理利用，导致大量土地沙化，严重影响我国西部地区资源开发、环境保护和可持续发展。由于近几年强沙尘暴频率有逐年增加的趋势，加之工业建设和土地资源超载局面难以改善，沙尘暴造成的危害也越来越大。

5.1 对农、林业的危害

在靠近沙漠、沙地、戈壁以及风蚀残丘的地区，或处在沙漠的绿洲里，由于沙尘暴的袭击，地面强烈风蚀，同时又在近地面形成强烈的风沙活动，对农田和农作物造成风蚀、割打和沙埋。大风卷起沙尘，埋压作物和牧草，果树的花蕾被吹掉，瓜菜也被毁坏。

5.1.1 风蚀

风蚀作用包括两种情况：一是风力对土地表面物质的吹蚀；二是大风把沙砾吹起来将建筑物、农作物的表面磨去一层，叫磨蚀。风蚀土壤不仅把土壤里细腻的黏土矿物质和有机物质刮跑，而且还把带来的细沙堆积在土壤表层，使原来比较肥沃的土壤变得贫瘠，无法耕种，扩大了沙化的土地。因此，沙尘暴可以作为衡量土地沙化程度的一个重要指标（杨根生 1996）。

土壤风蚀不仅是形成沙漠化的主要过程，而且对土壤结构的破坏十分严重。风蚀会造成土壤中有机质和细粒物质的流失，导致土壤粗化，使土壤肥力降低。据采样分析，在毛乌素沙地和宁夏河东沙区，流沙层中的有机质占0.12%，全氮占0.26%，全磷占0.057%；而被流沙覆盖的土壤层中，有机质占0.28%，全氮占3.0%，全磷占0.073%，要比流沙层高很多。另一方面，被风力搬运的粉沙、细沙落入农田，轻则造成土壤沙化，重则将耕地覆盖，不论是前者或后者，都会改变土壤的理化性质，使之贫瘠化。大风的吹蚀还使土壤水分流失速度加快，改变了土壤水热状况，也会使土壤肥力降低。

沙尘暴所经土地会不同程度地受到风蚀的危害，农作物赖以生存的微薄的表土被刮走后，对农田和草场的土地生产力造成严重破坏，贫瘠的土地将严重影响农作物的产量。每次沙尘暴的尘源区和影响区都会受到不同程度的风蚀危害，风蚀深度一般可达 1~10 cm。据估计，我国每年由沙尘暴产生的土壤细粒物质流失高达 $10^6 \sim 10^7$ t，其中绝大部分粒径在 10 μm 以下，对源区农田和草场的土地生产力造成严重的破坏（王式功等 1999）。据美国土壤保护局统计,美国中西部大平原 1935—1936 和 1974—1975 年,风蚀量为 570 t/hm²,按土壤比重为 2.65 t/m³ 换算,风蚀厚度可达 2.15 cm 左右。

关于在风蚀作用下土壤养分的损失情况,很多人曾做过调查,在毛乌素沙地,每年土壤层被吹失 5~7 cm,每公顷土地损失有机质 7.770 t,氮素 387 kg,磷素 549 kg,小于 0.01 mm 的物理黏粒 39 t;与 20 世纪 60 年代相比,在 80 年代有机质普遍降低了 20%~30%,全氮降低了 25%~46%。在河北坝上地区,如果以每年吹蚀 1 cm 厚的土壤层计算,则每年被吹失的土壤为 5430 万 t,损失有机质 74.14 万 t,氮素 5.9 万 t,磷素 4.08 万 t,钾素 142.7 万 t。在内蒙古乌盟后山地区,每年有 32.6 万 hm² 耕地被吹蚀 1 cm 厚的地表土,有 6.6 万 hm² 耕地被吹失 3 cm 厚的地表土,按此计算,该地区平均每年每公顷耕地损失表土 980.5 t,其中有机质 3835 kg,氮素 309 kg,磷素 607.5 kg。在新疆阿克苏农垦三团农场,1977 年 4 月 14 日发生的大风沙尘天气,使耕地土壤表层被吹失 16 cm,每公顷损失有机质 3950 kg,相当于优质化肥 60750 kg;损失全氮 832.5 kg,相当于尿素 810 kg;损失全磷 3125.5 kg,相当于过磷酸钙 20850 kg。

在沙漠化发展的不同阶段,土壤有机质的损失情况有所差异。在干旱半干旱地区,由于土壤有机质和各种矿物质主要分布于土壤表层,因此,在沙漠化发展初期,土壤肥力的损失最为严重。根据在内蒙古奈曼旗的观测,在沙漠化发展初期,土壤表层 25 cm 以上土层中有机质含量减少最快,平均每年减少 0.114%,相当于每公顷损失 6.6 t 有机质;氮素平均减少 0.008%,全磷减少 0.006%。在沙漠化发展中期,有机质每年平均减少 0.032%,氮素减少 0.006%,全磷减少 0.004%。在沙漠化发展后期,由于土壤中的营养物质已经很少,有机质减少速度大大降低,每年有机质、氮素、全磷分别平均减少 0.019%,0.005%,0.002%(表 5.1)。

表 5.1 内蒙古奈曼旗沙漠化不同阶段土壤肥力损失情况(据朱震达 1999)

沙漠化程度	植被覆盖率	有机质	全氮	全磷
潜在沙漠化	>40%	0.5%~1.0%	0.02%~0.07%	0.02%~0.06%
轻度沙漠化	26%~40%	0.2%~0.5%	0.01%~0.06%	0.01%~0.04%
中度沙漠化	16%~25%	0.1%~0.3%	0.009%~0.02%	0.01%~0.03%
重度沙漠化	6%~15%	0.06%~0.2%	0.005%~0.013%	0.01%~0.02%
极重度沙漠化	0~15%	0.04%~0.08%	0.002%~0.014%	0.008%~0.015%

另据董光荣(2002b)估算,全国每年因风蚀损失土壤有机质、氮素和磷素约 5.59 亿 t,折合化肥约 2.68 亿 t,价值近 170 亿元人民币(表 5.2)。土

壤肥力是在土壤发育过程中慢慢形成的,因此,当土壤肥力在外力作用下损失以后,靠自然恢复需要很长时间。根据在内蒙古奈曼旗的观测,在停止人类干扰以后,沙漠化土地土壤中的有机质平均每年只能增加 0.021%,氮和磷的含量平均每年只能增加约 0.003%~0.004%。据估计,如果要使严重荒漠化土地中的有机质、氮、磷等营养元素恢复到原生土壤状况,即使是在采取人工措施的条件下,也需要几十年、上百年甚至更长的时间。可见,沙尘暴对土地的危害程度是相当严重的,有时甚至是不可恢复的。

表 5.2 我国沙漠化土地肥力损失情况(据董光荣 2002b)

沙漠化土地类型	面积/万 km²	肥力损失/万 t					
		有机质	厩肥	氮素	尿素	磷素	过磷酸钙
潜在沙漠化土地	15.8	2948.28	14711.92	255.01	553.37	205.87	1029.35
正在发展中的沙漠化土地	8.10	788.86	3936.41	45.68	99.13	163.86	819.3
强烈发展中的沙漠化土地	3.48	753.35	3759.22	58.76	127.51	362.62	1813.1
合计	27.38	4490.49	22407.55	367.84	780.01	732.35	3661.75

据 1993 年 5 月 5 日黑风暴灾情调查,景泰新垦区大片沙质耕地,种植甘草,大多数地段风蚀深度达 10 cm,亦有吹出犁底层者(风蚀深度为 15 cm)。按 10 cm 深度算,为美国中西部大平原 1935—1936 和 1974—1975 年总风蚀厚度的 4 倍以上,不仅如此,邻近渠道、田埂、新植林带地、麦田均遭风积沙所埋。张掖地区瓜菜、黄豆、棉花、玉米、辣椒和胡麻受风蚀沙打面积达 3 万 hm²。民勤种植的籽瓜、棉花和小茴香约 1 万 hm² 普遍受害。有些耕地被风沙将表层土带禾苗全部刮走,变成风蚀劣地,有些耕地被风沙完全掩埋,难以耕种。特别是老绿洲林网化不完善的大片开阔沙质耕地,老绿洲向外扩展的新垦沙地,新绿洲开垦沙埂沙堆,沙质土耕地,植被覆盖率不足 30%,而地表又未形成结皮的半固定沙堆和平地草场,沙尘暴所造成的风蚀极其强烈,新绿洲就地风蚀沙割其危害性最大,基本都是毁灭性的。

5.1.2 风沙割打

在土壤被风蚀的过程中,大风刮起来的沙子还会割打庄稼禾苗、树木。这种危害方式多半发生在林网的网格过大或林网不完善的空旷农田,特别是沿林网外边的新开垦农田等沙质土壤地区。有些作物,如瓜类、蔬菜、甜菜、棉花、小茴香等双子叶植物,最不耐风蚀、沙割。在沙尘暴多发的春季,这些作物正处在出苗发叶的时候,地面处于裸露状态,苗幼叶嫩,一旦受害,难以恢复,只能改种其他作物(董光荣 2002b)。

沙尘暴过程中，风沙割打农田禾苗是普遍现象，如1993年5月5日特强沙尘暴过后，中宁县长山头乡、青铜峡市甘城乡新开发区的小麦、豆类和葡萄幼苗大面积被风沙割打，致使大面积作物死亡。惠农县1~2m高的臭椿苗木枝叶全被打掉，迎风面树皮打落，呈现一片白色。

5.1.3 大风袭击

在靠近沙漠、沙地、戈壁滩的地区，强沙尘暴形成后，狂风袭击，卷起沙土，吞蚀农田，埋压农作物和牧草，果树的花蕾全部被吹落，蔬菜毁坏，大风刮走农田沃土的同时，重的还把小麦等农作物的幼苗也刮走。

沙尘暴天气因风力大，强风造成作物和牧草倒伏、损枝折干，更甚者连根拔起。春季风沙天气造成农田被风刮、沙打、沙压，使农田缺苗断垄；夏季风沙致使作物倒伏、茎秆折断；秋季大风使谷物子粒磨损脱落，结果丰产不丰收，农民称"摔子风"，尤其对谷子、糜子、乔麦等危害最明显。

如1993年5月5日特强沙尘暴过后，高台、临泽、张掖三县（市）城郊乡村被大风摧毁塑料大棚，小拱棚，及简易温室面积达654 hm²，仅棚膜的经济损失就达785万元。肃南县祁丰、明花区刮倒农田线路电杆28根，刮断线路数十千米，牲畜栅圈倒塌55间。民勤11万亩籽瓜地膜大部被风吹毁，农用线路和高压电线刮断数十处，全县断电3天。古浪拔根倒伏树木400827株，直径30 cm的树木拦腰折断，农用电线杆刮倒210根，中断线路达58.8 km，损坏变压器38台和电机21台，羊死亡2757只，走失135只，家禽和猪死亡3.0万头（只）。中卫县有467 hm²果树的花果被大风吹落，有27 hm²塑料大棚和地膜被风卷走。青铜峡市树新林场被风刮倒、折断的树木近6000株。

5.1.4 沙埋

沙尘暴的风沙流会造成农田、草场、灌溉水渠、村舍等被大量沙粒掩埋。例如，1993年5月5日特强沙尘暴过后，仅金昌、武威两市和古浪、景泰、中卫三县统计，农业成灾面积达6.37万hm²，大片农田被风蚀沙埋，风蚀深度一般约10 cm，最深处超过50 cm，每亩土地平均风蚀量近70 m³，大量有机质被吹走。发生沙埋的地方，沙埋厚度达20 cm，最大厚度1.5 m。水利建筑损坏近百处，填埋渠道长度55 km，河流、水田水库被风沙填淤严重，降低蓄水能力。1951年，新疆吐鲁番县沙尘暴过境，沙埋耕地1330 hm²（图5.1）。

图 5.1 沙埋对农田的危害

5.2 对畜牧业的危害

　　风沙天气的频繁发生不仅破坏了农田的表层土壤，也同样破坏了草场，导致草场退化，草原沙化加重，草原产草量降低，此种现象也称为风侵剥蚀。如 1993 年 5 月 5 日特强沙尘暴发生后，仅金昌、武威两市和古浪、景泰、中卫三县统计，大片草场被风蚀、沙埋，可利用草场面积减少，死亡丢失羊约 3.2 万只，大家畜死亡和家禽丢失上万只（头）。这场特强沙尘暴给当地农林牧业生产造成的直接经济损失达 1.62 亿元。

5.2.1 对草场的破坏

　　调查研究表明，藏北牧草品种单一，形态结构简单，大风及风沙天气能够破坏牧草的形态结构使牧草遭受机械损伤，品种矮小的牧草甚至会被沙石掩埋，无法进行正常的生长发育，从而影响牧草的品质和产量，严重时可导致局地草荒，加剧草原沙漠化进程，严重破坏脆弱的草原生态系统。如果在牧草返青前出现连续的大风沙尘天气，将大大增加草原的蒸发量，使土壤墒情锐减，使人工草场和天然牧草不能正常返青。

　　据银山等（2002），内蒙古中西部地区已成了中国北方主要的沙尘中心和源地。内蒙古地区多属干旱半干旱气候，生态环境脆弱，由于长期不合理的生产活动，生态环境急剧恶化，水土流失、风蚀沙漠化、盐渍化以及草场退化等问题日趋严峻。据 2000 年植被覆盖率遥感调查，内蒙古自治区高覆盖率草地占草地总面积的比率为 44.8%，中覆盖率草地占 35.1%，低覆盖率草地占 20.1%。其中内蒙古中西部的乌兰察布盟、巴彦淖尔盟、鄂尔多斯市和阿拉善盟的中低覆盖率草地占地比例都超过70%，分别为73.9%，79.4%，76.5%和98.2%，主要以牧业为主的锡林郭勒盟的中低覆盖率草地所占比例也达到45.9%，同时草原地区的沙漠化土地占相当大的比例。由于强烈风力侵蚀，沙尘天气多发区中心和源区生态环境脆弱，草原退化严重，沙漠化土地日益扩大。利用2000年卫星影像进行浑善达克沙地沙漠化土地遥感调查结果显示，流动沙丘、半固定沙丘和固定沙丘分别为596 978.07，1 206 502.50 和1 746 497.16 hm^2，各类沙丘面积比20世纪90年代中初期扩大了近6000万hm^2。

5.2.2 对家畜及其畜产品质量和产量的影响

由于大风天气，家畜不能正常出牧，放牧时间相对缩短，使得家畜吃不饱，影响家畜膘情及母畜流产，进而导致家畜抵抗力下降。再者，大风天气加剧了病原体的传播，各种病原体会污染草场和棚圈，造成传染病流行，最终导致家畜死亡。例如1976年12月9日在西藏自治区北部的安多县出现12级大风，并伴随强沙尘暴，致使房屋倒塌，大批家畜走失死亡。

大风天气使得家畜无法获取充足的养料，势必影响其皮质、膘情。目前我国大部分草场日趋退化，每年退化的速度高达133万hm^2，过度放牧和盲目开荒已使草原地区多次出现"黑风暴"，这种"农田吃草原，风沙吃农田"的恶性循环应该扭转。1947年内蒙古有牧畜仅773.7万头，到1993年，牲畜达到4713万头，其中乌兰察布盟和锡林郭勒盟有牧畜803万头，每只牲畜占有草场面积由8.82 hm^{2}降至2 hm^2，目前内蒙古天然草场载畜量只相当于20世纪50年代的75%，60年代的80%，有的草场由于风蚀沙化已完全丧失生产力，草原牧草平均高度由20世纪70年代的70 cm下降到目前的25 cm。50年来全国有260.3万hm^{2}草地变成流沙地，平均每年减少5.2万hm^2，畜产品产量随牧草产量和质量的降低而降低，内蒙古乌审旗，绵羊平均体重由20世纪50年代的25 kg降至80年代的约15 kg。新疆大风和盐尘对牧业生产也有很大危害，大风过后，草木和农作物的茎秆叶上积满了盐霜土，最厚达5 mm，牲畜吃了拉肚子，造成春季牲畜死亡率高，每年死亡率达8%～10%（王式功等2000）。

5.3 对工业的危害

5.3.1 对输电线路的影响

沙尘暴作为一种灾害性天气，不仅因其强大的风力和浓厚的沙尘造成巨大的危害，而且伴随着沙尘暴过境，常会出现高压打火、输电网络跳闸、通信干扰等现象。这反映出沙尘暴过境时会在导线两端产生高电位。这种高电位轻则影响通信质量，重则使信号中断或造成错误，有时还击穿线路设备，危害人身安全，造成重大事故。1993年5月5日的特强沙尘暴使金昌市金川公司35 kV和6 kV供电线路相继损坏，造成主生产流程、部分辅助单位和集体企业工业停电停产，直接经济损失达8300万元人民币（杨根生等2001）。

中国科学院寒区旱区环境与工程研究所专家经过研究，目前初步查明了扬沙和沙尘暴天气对导线电位的影响，为交通、通信及国防建设中风沙电灾害的防治提供了实验和理论依据。屈建军等（2004b）开展了风沙环境风洞模拟沙尘暴天气条件下沙尘对导线电位的影响研究。实验表明，沙尘暴天气对输电线路的影响主要有四个方面：

——导线电位随风速和输沙量的增大呈指数规律递增态势。

——随着沙粒粒径的增大，电位差极值出现高度上扬的趋势，沙尘暴中导线电位高于扬沙天气。

——沙尘暴伴雨状况下比非伴雨状况下具有更强的电位差。

——导线材料相同时，直径越细，电位差越大；导线直径基本相同时，铝线比铜线具有更强的电位差，当两端加压2~4 kV时，出现尘端放电现象。

5.3.2 对工业生产的影响

对油田生产而言，沙尘暴的危害主要体现在对钻井作业的影响上（项忠南等2001）。当大风携带大量泥沙经过井场时，无论沙尘以何种运动方式前进，都会因其重力下沉及外力阻挡作用，在井场附近沉落，落入泥浆池中的泥沙（沉沙）便对泥浆发生了侵污。在钻井生产过程中，绞车、泥浆泵等必须由柴油机做功产生原动力。柴油机是由压缩空气所产生的高温遇到喷进来的柴油微粒引起燃烧做功的。空气由进气口经滤清器进入汽缸，当发生沙尘暴时，空气中含尘量急剧增加，堵塞滤清器，降低功率。当堵塞严重时，可使柴油机突然熄火，造成停电而影响钻井生产。

固井作业主要是下套管和注水泥。油层套管下井前，必须高度清洁。沙尘暴则可污染和磨蚀套管。当高速旋转运动的沙粒在前进中遇到套管时，产生强大的冲击和摩擦，即磨蚀。无论沙尘是跃移还是悬移，都会对套管产生污染，而磨蚀作用以跃移和悬移为主。污染和磨蚀主要发生在套管的丝扣部分，进而影响到对扣和紧扣，降低抗压强度，严重时可能脱扣，给油井留下后遗症。

另外，沙尘天气对其他工矿企业的生产和产品质量也会产生不同程度的影响。

5.3.3 对精密仪器的损害

沙尘颗粒对精密仪器的影响非常大，如果沙尘进入，仪器就会加大磨损，缩短其使用寿命，甚者很快就不能用了。2006年4月16日，中国气象局首次对沙尘暴过程进行现场直播，参与前线报道的记者用防风镜、防风服把自己进行了"全副武装"，摄制组的摄像机也都套上了特别制作的防风套。与摄像机相比，没有被特别保护的手机就不那么幸运了。拍摄过程中，摄制组成员使用的手机遭遇了一次"集体失灵"。记者们发现手机突然无法正常使用，连开机和关机这样的操作都没法进行了，究其原因是手机中进入的细沙在作怪。

5.4 对通信的影响

沙尘暴作为一种极端天气现象，风吹起的流沙粒子间非线性摩擦起电和风沙尘暴输送中的电效应，早在20世纪40年代就已引起科学家的关注，并将注意力集中在沙尘暴电结构形成的成因解析方面。20世纪90年代以来，国外学者开展了一些实验性研究，从理论上研究了沙粒所受的静电场力，并探讨了风沙电对无线电传输的影响。

早在20世纪五六十年代我国进行西部铁路交通建设时，就发现沙尘暴天气过程中风沙电对通信线路的危害，在电线上产生强电位（对地电位）。邮电科学院测到风沙电位差达到2700 V（在甘肃民勤地区），国外也有报道达几万伏的情况。这样高的电位势可产生"电晕"，看到"火线"；有些高压输送电线周围吸附一层细沙粒；气象站风杯会被风吹起的沙粒打出火花。1993年5月5日河西地区特强沙尘暴时，在武威、民勤及古浪等地均闻雷声，而且还是炸雷。某坦克部队在军事演习中，当坦克快速行驶在宽敞沙土上时，坦克履带扬起浓密的沙尘，使坦克内外的通信受到干扰。这些现象对当今开发大西北，铁路公路和通信等基础设施建设，尤其是西部油气东运的输送管道建设是值得注意的，因裸露在风沙中的金属易被流沙撞击和摩擦产生高电位或打火花，因此，探索风沙电现象对风沙物理研究和沙尘暴天气监测，以及沙漠地区的建设，设施安全等都有重要价值。

随着对卫星及地面无线电系统使用的持续增长，所用频率也越来越高，沙尘暴对无线电波可能产生的影响引起了国内外学者的重视。目前认为沙尘暴对无线电波可能有以下几个方面的影响（黄宁等1998）：

——沙尘粒子的散射和吸收导致信号能量衰减。

——沙尘粒子形状的不规则与粒子空间取向有一定分布规律，从而造成信号的交叉去极化效应。

——沙尘暴对毫米波可能产生折射和绕射以及沙尘粒子纵向分布的不均匀性会引起信号多径传播。

——沙尘在天线上的沉积会导致信号增益衰减、方向图畸变和交叉去极化效应。

5.5 对交通运输的影响

风蚀主要发生在风力较大的戈壁风沙流地区，大风不但风蚀路基，而且对电力、通信等基础设施产生较大破坏，在风口地段甚至吹翻列车，造成重大行车事故。兰新铁路和南疆铁路的"百里风区"和"三十里风口"是著名的风口地段。通常在坡面采取加固措施防止风蚀，在风口段修建挡风墙来减轻大风对行车的影响。2006年春季，我国北方出现18次沙尘暴天气过程，其中强沙尘暴过程达5次，为2000年以来同期最多。4月9—11日北方出现范围最大、强度最强的一次强沙尘暴天气过程，13个省（市、自治区）遭受影响，造成9人死亡；新疆吐鲁番地区遭遇22年来最强的沙尘暴，途经的T70次列车遇特大沙尘暴袭击，列车一侧窗户玻璃全部被毁（图5.2）。4月16日—18日，北方地区又出现一次强沙尘暴天气过程，其中北京16—17日一夜总降尘量达33万t（王学健2007）。

图5.2　2006年4月12日T70次列车在新疆遭沙尘暴左侧窗玻璃全毁
(http://www.sina.com.cn 2006年04月12日01：22 兰州晨报)

2007年2月28日02：05时，乌鲁木齐开往阿克苏的5807次旅客列车行至南疆线珍珠泉至红山渠间42 km外加300 m处，突遇特强沙尘暴，除造成许多车窗玻璃被打破外，还造成11节车厢脱轨，3名旅客死亡，2名重伤，32名轻伤，南疆铁路线被迫中断行车。据本次列车的乘客刘宇亮讲，当时狂风挟裹着乒乓球大小的石子噼里啪啦打在车体上,长长的列车犹如行驶在大海中的小舟摇摇晃晃。突然,一块鸡蛋大的鹅卵石子弹般击中了他乘坐的车厢中部的窗玻璃,"哗啦"一声玻璃渣溅了一地。接着,相邻的车窗玻璃也被石头击碎。三块,四块……许多窗玻璃被打破,车厢里顿时充满了刺鼻的土腥味。乘客们都慌忙用棉被、大衣去堵车窗,然而大风把人吹得趔趔趄趄。没有了玻璃阻挡,灌满了风的车厢体立即会产生指向背风方向一侧的压力梯度,在此梯度力的作用下,使得整个车体向背风方向一侧倾斜。乘客们虽然紧抓栏杆,双脚仍站不稳,有的被甩到了铺位中间,有的在地上打滚。饭盒、茶杯随着摇晃的车体在空中乱飞,行李架上的行李散落了一地。没过多久,更可怕的事情出现了,车体突然脱离了轨道,人的心脏失重般嗖地揪了起来,车厢左壁成了车底在沙石路基上滑行,车体和石块磨擦溅起了串串火星(图 5.3)。

图 5.3　2007 年 2 月 28 日狂风沙尘暴将 5807 次旅客列车吹翻

5.5.1　视程障碍

造成视程障碍的天气现象有很多种,包括雾、轻雾、吹雪、雪暴、烟幕、霾、沙尘暴、扬沙、浮尘等九种,沙尘暴是其中影响能见度的重要天气之一,其影响范围之广、造成灾害之重,是其他天气不能比拟的。沙尘暴发生时,能见度小于 1 km,严重影响人们的视线,列车被迫停止运营或列车脱轨翻车也是常有的事。

沙尘暴对航空运输也有很大影响。沙尘暴发生时,机场不得不关闭,停止飞行。例如,河西地区 1993 年 5 月 5 日特强沙尘暴发生时,兰州上空风沙弥漫,中川机场能见度极差,不得不关闭,各次航班停止飞行,一些正飞临机场上空的班机,由于看不到机场的跑道,无法降落,不得不返航。又如,1973 年 1 月,约旦国家航空公司一架波音 707 型飞机,因在非洲西部、亚洲发生黑风暴时飞行,坠毁在尼日利亚的卡诺机场,176 名乘客和机组人员全部遇难。美国西南部荒漠地区洲际公路,1963—1975 年,因沙尘暴影响发生的交通事故达 32 起。由此可见,沙尘暴对铁路、公路和航空等交通运输的危害是极其严重的,其危害程度超乎人们的想像。

2007年7月5日傍晚，甘肃和内蒙古交界处的阿拉善右旗、额镇一带，突然遭到特强沙尘暴袭击。根据记载，这是当地有史以来最严重的沙尘暴天气。当晚19：50，沙尘暴来势汹汹，仿佛灾难降临。漫天飞舞的黄沙弥漫整个天空，出现了短时间的"白昼"现象，并伴有雷暴、降水天气出现。当地气象部门统计，这次沙尘暴由西向东，能见度在 50 m 以下，风速达 19.1 m/s。

从 2007 年 7 月 27—29 日，甘肃省敦煌市遭遇了一次间断性扬沙、浮尘、沙尘暴天气过程。当地气象部门观测，27 日傍晚 20—21 时，28 日下午 14—17 时，敦煌境内先后出现了扬沙、浮尘天气，原本晴朗的天空突然开始尘土飞扬，干涩的东风夹杂着沙土从空中掠过，到处一片浑黄，整个过程前后两天分别持续 1 和 3 h。29 日凌晨，一场更大规模的强沙尘暴再次袭击敦煌，呼啸的西风卷起了大量沙土使整个敦煌瞬间"沙"气腾腾，空气十分浑浊，最大风速达 16.3 m/s，最小能见度<500 m，整个过程持续将近 1 h。

2007 年 9 月 15 日 15：30，我国首次库姆塔格沙漠联合科考队在该沙漠的北部突遇强沙尘暴，瞬间风速达到 20 m/s，相当于八级大风。沙尘四起，能见度只有 50 m 左右，在野外工作的科考队员只好返回 1 号营地，当天的科考和测量活动被迫中断。

5.5.2 对道路的沙埋危害

沙尘暴以排山倒海的势头向前移动，下层的沙粒在狂风驱动下滚滚向前。遇到障碍物或风力减弱时，沙粒落下来，就会埋压农田、村庄、工矿、铁路、公路、水源等。

（1）对铁路的沙埋危害

近地层沙尘暴遇铁路受阻，即沉积流沙，埋压铁轨。铁路道床积沙后，松散的沙粒随着列车通过时产生的振动，透过道渣孔隙及道床与枕轨间的缝隙向下渗落，逐渐聚集在道床底部，将轨枕及钢轨抬高，称抬道，甚至可抬高数十毫米。由于抬高不一，轨面不平，行车不稳，影响行车安全，导致列车颠簸，甚至使行进的列车脱轨。铁路钢轨两侧积沙达到轨头部分时，列车运行受阻，超过轨面使车辆脱轨掉道，更严重的是造成列车颠覆事故。沙尘暴还会损坏铁路沿线的通信线路，也会影响火车的安全正点行车。道床充填细粉沙后，不易保持干燥，木枕容易腐烂，道床积沙板结，弹性降低，钢轨受力状况恶化，磨耗增加。钢轨及配件长期被积沙掩埋，产生锈斑，在含盐沙层中更严重，会缩短钢轨的使用寿命。由于沙尘暴会损坏钢轨，所以还会增大养护工作量及费用，清沙工作尤为繁重。

黑风暴来临时，能见度非常差，影响人们的视线，火车被迫停止开动；

铁道上的积沙会使行进的列车脱轨、停车或缓慢运行。黑风暴还会毁坏铁路桥梁等建筑，折断电杆，中断通信电路，造成指挥系统失灵，有时还会引起货场火灾，造成额外损失（杨根生1996）。

黑风暴对铁路造成的沙害，在戈壁和沙漠地区更为严重。因为在戈壁和沙漠地区修筑铁路，路基多为粗沙、细沙等沙质填料构成，这些填料都很松散，结持力差，在大风的作用下，容易被风蚀。路基风蚀的部位以上部最为严重，边坡稍轻，坡脚一般没有风蚀，且常有积沙现象。一旦路基上部被风蚀，路基逐渐变窄，行车极不安全。

沙埋铁路常见有三种情况（祈元贞1996）：

——舌状积沙。发生在铁路线横穿沙丘走向，路堑两端有斜交风吹入的风口地带，或路边有灌丛沙堆及防护措施局部破坏等地段，风沙流顺着风向或风口掠过路基时，沉积的流沙堆成前低后高的舌状横跨线路延伸，掩埋道床和钢轨（图5.4）。

图5.4　铁路路面堆成的舌状沙丘

——片状积沙。这种积沙形态是由于沙尘暴过境时，下层风沙流受铁路及地形影响而受阻，沉沙在道床之内造成的积沙较为均匀。流沙堆积于迎风路肩积沙前移埋轨。由于气流的涡旋作用，堑顶和侧沟经常大量堆积流沙，遇狂风，积沙移于道心而形成（图5.5）。

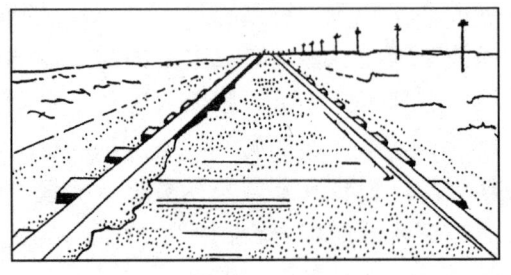

图5.5　铁路道床片状流沙情景

——堆状积沙。铁路通过流动沙丘、半流动沙丘和半固定沙丘地段，由于强风推动沙丘前移造成堆状积沙（图5.6）。

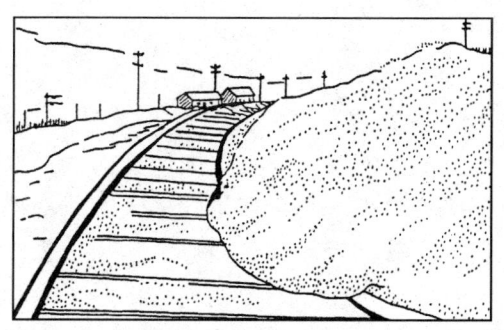

图 5.6　铁路路面堆状积沙情况

（2）对公路的危害

沙尘暴对公路危害的形式同危害铁路是相似的。风蚀路基，破坏路基的稳定性，流沙掩埋公路，中断交通。路面被风沙剥蚀成搓板路，降低汽车寿命，并加大了行驶汽车的耗油量。风沙掩埋沥青路面，大量沙石更易破坏路面，降低路面的使用寿命。高速公路上覆盖大量沙子，行车危险性增大。

根据风沙运动特点及风沙堆积的形态，线路沙埋有片状沙埋和堆状沙埋（Huebert 等 2003）。

——片状沙埋。片状沙埋主要由风沙流沉积形成，是铁路、公路沙埋最普遍的形式，多发生在地形平坦的流动沙地和戈壁风沙流地区。风沙流运动有悬移、跃移和表层蠕移三种基本形式，风沙流的运动主要集中在地表 30 cm 高度内。当风速减小或地表形态变化，风沙流运动受到阻碍，削弱了气流搬运沙粒的能力，沙粒在障碍物附近产生堆积。铁路、公路路基和线路上部结构都对风沙流的运动造成阻碍，因而极易在坡脚和道床内及公路迎风侧路面形成片状积沙。

——堆状沙埋。堆状沙埋主要由活动沙丘的整体移动而形成。沙丘是风沙堆积的产物，根据其活动程度分为活动沙丘、半固定沙丘和固定沙丘三类。活动沙丘的植被覆盖率小于 15%。半固定沙丘的植被覆盖率为 15%～40%。流沙在沙丘表面呈斑点状分布，在大风作用下能形成风沙流运动。固定沙丘的植被覆盖率大于 40%，沙丘表面无明显的流沙，一般情况下不产生风沙流运动。沙丘的移动速度与当地的风力强度和沙丘高度有关，并与输沙量成正比，与沙丘高度成反比，高度较低的沙丘移动较快。在活动沙丘地区，除沙丘移动造成的堆状沙埋外，同时还存在剧烈的风沙流运动。由于沙源丰富，输沙量大，活动沙丘地段的风沙危害最为严重。

5.6 对人民生命财产的危害

沙尘暴像疯狂的恶魔，不仅给发生地区的工农业生产带来严重损失，有时甚至危及人身安全，造成重大事故。1993年5月5日特强沙尘暴发生时，景泰县寺滩乡4位牧民正在河滩上放羊，大风骤起，一位牧羊人被大风卷起后又摔在地上，腿部严重骨折，其余三位牧羊人被风刮得无影无踪。芦阳镇一位小伙子驾驶摩托车行驶，突然被狂风卷入水渠，溺水而死，家中留下了未成年的小孩和八十岁的老母亲。最令人痛心的是，当沙尘暴刮到武威、古浪时，正好是小学生放学的时间，33名活蹦乱跳地走在回家路上的小学生，顷刻间有的被沙尘暴卷入水渠溺死，有的被沙尘呛死。中卫县两名小学生跑到围墙下避风，突然围墙被狂风吹倒，一位小学生被压死，另一位被砸伤。武威市长城乡电线起火，烧毁20户居民的房屋和145个牲畜棚圈，房内全部财产顷刻化为灰烬，240头（只）畜禽被烧得面目全非。

沙尘暴途经绿洲特别是林网化绿洲时，不再有沙源补充，近地面不再有风沙流活动，成为尘暴，在这种情况下，其危害实际上是狂风袭击的结果。大风的破坏力巨大，所到之处狂风怒吼，把大树连根拔起，刮倒墙壁，毁坏房屋，吹翻火车，折断电杆，造成人畜伤亡。

由于森林植被的破坏，而一些人工造林又起不到天然林的生态效应，目前全国的生态环境整体上仍在恶化，其中全国沙漠化面积占国土陆地面积的27.3%，现以每年2460 km^{2}的速度在扩大，每年因荒漠化造成的直接损失达540亿元。荒漠化对生命财产造成的直接威胁已不是耸人听闻。1993年5月5日西北72个县发生的沙尘暴使1200万人受灾，85人死亡，牲畜12万头死亡，37万hm^{2}耕地被毁，其间接经济损失更是难以计算。

我国水土流失面积占国土陆地面积的31.2%，每年流失土壤50亿t。黄土高原总面积46万km^{2}中，水土流失面积竟达43万km^2，每年流失表土约1 cm厚；而通过恢复植被形成1 cm厚的熟土层土壤，至少要200年时间。水资源危机正威胁着我国农业和人民的生存与发展。我国人均水资源排在世界第88位，全国570个城市中有300个是缺水城市，其中108个严重缺水，影响工业产值2000多亿元。自1972年以来，黄河屡屡断流。我国农村有0.6亿人长年饮水困难，每年缺水300亿m^3，年受旱农田2000万hm^2，减产粮食200亿kg。造成这些威胁的原因在于森林植被的破坏。森林植被在防止风沙、控制荒漠化和保持水土方面有不可替代的作用，特别是改善气候与水资源状况的作用至今人们还是重视不够。应该说，对于流域治理，造林比修水库更经济、更保险，效益也更长远。

总之，沙尘暴常常给工农业生产和人民群众的生命财产造成巨大危害和损失。一次强沙尘暴往往造成直接经济损失达数亿元，至于对草原退化、良田被毁、土地荒漠化等生态环境的影响及社会影响，则难以估价。

5.7 对空气质量与人体健康的影响

5.7.1 污染大气环境

沙尘暴发生时狂风裹着大量浮尘沙粒，使空气异常污浊，空气质量非常差，往往达到重度污染。空气呛鼻迷眼，呼吸道和眼病增多，心搏加快，心情沉闷，工作效率低下。沙尘暴过后，虽然情况好转，但大量沙尘随风输送到下游地区，仍造成长时间大范围的空气污染。

在沙尘暴源地和影响区，大气中可吸入颗粒物增加，大气污染加剧。以1993年5月5日特强沙尘暴为例，甘肃省金昌市的室外空气中TSP浓度达到1016 mg/m^3，室内为80 mg/m^3，超过当时国家TSP瞬时浓度标准的40倍；2000年3—4月，北京地区受沙尘暴的影响，空气污染指数达到4级以上的有10天，同时影响到我国东部许多城市。3月24—30日，包括南京、杭州等18个城市的日污染指数超过4级；而且，源自我国西北的沙尘，经长距离搬运，对周边国家造成危害，已经引起日本、韩国、美国等国家的关注。

1993年5月5日，受特强沙尘暴东移的影响，兰州天色突变，风尘弥漫，四野一片昏黄，工厂车间、机关办公室都亮起了灯光，屋里屋外空气呛人，还散发着土腥味。沙尘飘散还对空气和水源造成污染，传染疾病。尤其是冶金工业所排尾矿粉尘含量可占到尾矿砂总量的55.28%（甘肃金昌市金川公司炼镍后尾矿），矿沙尘埃里面含有铜、镍、锰、铝等金属元素，发生黑风暴时，将造成高浓度的矿砂污染，对人体、牲畜、植物等会产生公害。粉尘落在植物茎叶上，遮盖叶面，影响植物的光合和呼吸作用；牲畜吃了带有粉尘的牧草会发生肚胀、腹泻等胃肠病症；粉尘也能引起人群的眼病和呼吸道感染（杨根生等2001，屈建军等2004b）。

2000—2002年度银川市环境质量报告显示，2000年，银川市出现过28次沙尘天气过程，其中沙尘暴5次，沙尘天数共31天，空气中TSP最大浓度达4.758 mg/m^3，是国家二级标准的15.86倍。2001年，银川市出现沙尘暴5次，沙尘天数共38天，TSP最大浓度7.291 mg/m^3，是国家二级标准的24.3倍；2002年，该市出现沙尘暴1次，沙尘天数共22天，空气中TSP最大浓度 4.307 mg/m³,是国家二级标准的 14.36 倍(韩秀云 2003)。

2001 年 4 月 6—9 日,特强沙尘暴天气过程对兰州市等相关城市颗粒物污染产生了严重的影响。从甘肃省兰州市大气自动监测系统监测的结果(图 5.7)可看出,当特强沙尘暴于 8 日 15:30(北京时间)到达兰州时,PM_{10} 浓度急剧增加,约 15 分钟内增加了 6 倍多,约 1 个小时后达最大值 8 mg/m³,是沙尘暴到达前浓度的 8 倍多,重污染持续了 10 多个小时后才逐渐恢复正常。此污染事件对当地居民的身体健康产生了重要影响。

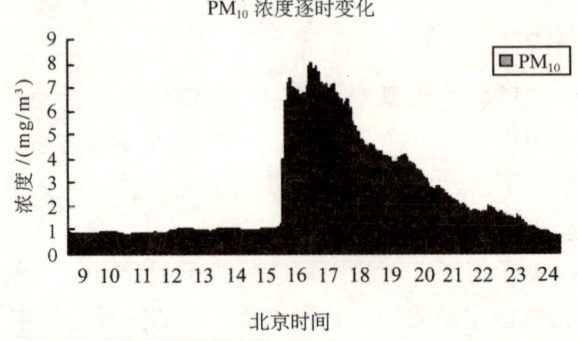

图 5.7　2001 年 4 月 8 日兰州市 PM_{10} 浓度的逐时变化

2001 年 4 月 7 日,齐齐哈尔市城区出现了历史上罕见的沙尘暴天气。对此次沙尘暴事件过程中总悬浮颗粒物(TSP)含量的分析结果表明,沙尘暴于 2001 年 4 月 7 日凌晨开始在本市出现,中午达到高峰,以后逐渐减弱(如图 5.8)。

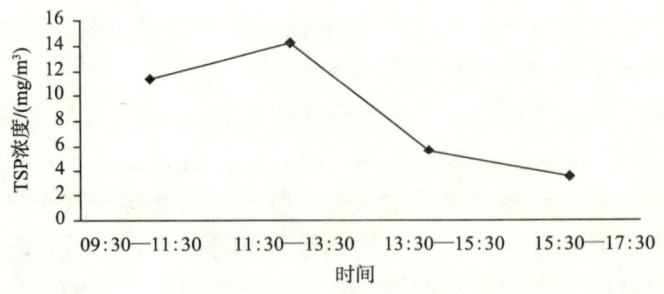

图 5.8　2001 年 4 月 7 日齐齐哈尔市 TSP 浓度变化

在东北鞍山市 2001 年所发生的 4 次沙尘天气中持续时间最长、污染最严重的也是 4 月 6—8 日的特强沙尘暴天气。4 月 6 日 20 时开始影响鞍山市,4 月 8 日 12 时后沙尘暴天气逐渐减弱,其间,PM_{10} 与 TSP 的浓度变化,及其 PM_{10} 与 TSP 的比值在不同阶段也有明显的差异,如表 5.3 所示。从表中可以明显看出，沙尘暴发生时，PM_{10} 与 TSP 浓度均明显增大，在 7 日 9 时，PM_{10} 与 TSP 浓度均达到最高值，分别是 5.545 和 14.621 mg/m³；但是，此时 PM_{10} 浓度在 TSP 浓度中所占百分比为 37.92%，为此期间的最小值；到 8 日 23 时，两者均恢复到正常值时，PM_{10} 所占比例为 43.02%，大于 37.92%。这说明沙尘暴过境时，会导致本地颗粒物浓度和可吸入颗粒物浓度均大幅度增加，但大粒径的 TSP 浓度增加较快，当两者浓度达到最大值时，PM_{10} 占 TSP 的百分比含量却明显减小，这说明沙尘暴天气带来的是以大粒径的颗粒污染物为主。

表 5.3 鞍山市 4 月 6—8 日沙尘暴过程中 PM_{10} 与 TSP 浓度及其比值

时间	6日20时	7日9时	7日20时	8日6时	8日14时	8日23时
PM_{10}浓度/（mg/m³）	0.211	5.545	1.35	4.688	0.736	0.185
TSP浓度/（mg/m³）	0.476	14.621	3.114	10.782	1.693	0.43
PM_{10}浓度/TSP浓度	44.44%	37.92%	43.35%	43.48%	43.47%	43.02%

在 2001 年 4 月 6—9 日这次特强沙尘暴天气过程中，就整个中国北方地区而言，20 个环境保护重点城市的 PM_{10} 监测结果（表 5.4）表明，沙尘暴出现前（5 日），中国北方城市空气污染均较轻，所有城市仅处于轻度污染或良好状况，但从 6 日沙尘暴出现开始，发生中度和重度污染的城市明显增多，至 8 日沙尘暴达到最强时，出现重度颗粒物污染的城市也最多，占 30%；7 日和 9 日次之，分别均占 25%。10 日后污染状况才逐渐好转。

据联合国环境署（UNEP）2002 年 4 月的调查显示，距离沙尘暴发生地 1000 km 的首尔，大气中的沙尘含量达到 2.07 mg/m³，已达到危及居民健康程度的 2 倍。

表 5.4 2001 年 4 月 5—10 日特强沙尘暴期间中国北方 20 个环境保护重点城市的 PM_{10} 不同等级污染的百分比统计

日期	5	6	7	8	9	10
严重污染	0	10%	25%	30%	25%	5%
中度污染	0	5%	0	5%	5%	15%
轻度污染	70%	25%	50%	40%	40%	50%
良	30%	60%	25%	20%	20%	30%
优	0	0	0	5%	10%	0

5.7.2 危害居民和牲畜健康

沙尘暴发生后，在源地和影响区，大气中的可吸入颗粒物增加，大气污染加剧。沙尘暴中的尘埃颗粒会危害人体健康，特别是小粒径细颗粒物对人体的危害更大。粒径在 2.5 μm 以下的颗粒，可以穿过肺部入口的过滤机制，将病毒直接带入肺部组织，或在肺部内表面形成一层膜，影响肺的正常工作。沙尘暴通过污染所经之处的大气环境，从而对人体健康造成危害。

沙尘暴对人体健康的影响在很大程度上与其携带的细颗粒物有密切关系（孟紫强等 2003）。据测定，艾比湖南部绿洲空气中的粉尘颗粒，直径在 5 μm 以下的占 65.12%，在 10 μm 以下的占 79.07%，其中直径在 5 μm 以下的粉尘可通过呼吸直接进入人体肺部和肺泡组织，造成尘肺和肺气肿。另外，空气粉尘中钠盐含量很高，人体过量吸收钠盐则是高血压、心血管病多发的重要因素。

尽管关于沙尘暴颗粒物与健康的研究报告还不多，然而国内外有关空气中的颗粒物（其中一般也含有沙尘颗粒物）污染对居民健康影响的报道却有很多。研究发现，空气中颗粒物污染可引起急性或慢性支气管炎、哮喘、肺炎、甚至肺癌等呼吸道和心血管疾病，尤其对易感人群（老人和儿童）危害更大。最近的流行病学研究表明，居民日患病率和日死亡率与室外空气中颗粒物污染有关。对 1987—1994 年间美国 20 个大城市的人口日死亡率与室外大气细颗粒物污染的关系的研究结果表明，死亡率的增加与大气颗粒物（PM_{10}）污染有关，而与 SO_2，NO_2，O_3，CO 等关系不明显。PM_{10} 每增加 10 $\mu g/m^3$，总死亡率可增加 0.51%，心血管和呼吸系统疾病死亡率增加 0.68%，所以大气细颗粒物污染的监控防治应当加强。相关研究指出，美国当前大气颗粒物污染水平不仅与短期的而且与长期的心血管、呼吸系统疾病和死亡率有关，心血管病死亡率高的国家（如美国）应重视空气颗粒物污染。研究还指出，PM_{10} 在急性污染的情况下可明显增加死亡率（如 1952 年发生的伦敦烟雾事件），在正常情况下，即使颗粒物在大气质量标准之下也与死亡率有关。PM_{10} 浓度在 100 $\mu g/m^3$ 24 小时急性暴露时，一般人群的相对危险度（RRs）约 1.05~1.10，而在老年人、病人等敏感人群 RRs 将更高。研究指出，PM_{10} 的健康效应还与其化学成分有关，强调细颗粒物，特别是超细颗粒物成分、SO_4^{2-}、酸性的健康效应还与其化学成分有关。有人认为大气颗粒物污染与哮喘的发生有关，其他污染物如何与颗粒物联合作用尚待研究。另有研究指出，基于流行病学研究，推测对于细颗粒物诱发肺炎的全身性反应，包括细胞因子的释放和心律功能的变化，可能是肺心病与颗粒物污染关联病理机制之一。

老年人、儿童、患有肺心病、流感、哮喘的病人对于短期急性颗粒物污染暴露很敏感，可引起死亡率、发病率或疾病加重率增加。其他方面的敏感人群可能会引起轻微健康效应，例如呼吸综合症、肺功能降低及其他生理改变的可能性增加。慢性暴露研究指出，长期反复暴露细颗粒物产生的积累效应具有相当广泛的敏感性，导致高污染环境中的居民平均寿命减少。荷兰学者研究指出，具有慢性呼吸综合征的儿童比正常儿童对 PM_{10} 的健康效应更为敏感，医学治疗也不能降低这种敏感性。英国学者研究指出，空气中超细颗粒物污染可引起肺泡发炎，介质释放，对敏感的个体还可引起肺疾患剧增，血凝增加，使心血管疾病增多。最近的流行病学研究发现，日发病率和日死亡率与室外空气颗粒物污染有关。另有学者提出颗粒污染物的生物活性金属成分与它的许多急性和迟发性损害作用有关。整体动物研究表明，大鼠只吸入钒（V）不能引起心搏和体温的改变，只吸入镍（Ni）可引起心搏缓慢，而钒和镍同时吸入可引起比单独吸入镍更大的心搏和体温的改变。作者认为，颗粒物所含的不同金属之间可能存在着协同关系。

沙尘暴可将其细颗粒物长途传输数千千米而进入人口密集的城镇和大都市，污染环境，同时在颗粒物形成和传输途中，尘埃中含有许多有毒矿物质，发生了大量的化学和生物学污染，对大气环境和人体健康产生极大危害，对人体的耳、鼻、喉、眼、皮肤、呼吸道、心血管系统等都有很大的危害，皮肤、眼、鼻和肺是最先接触尘沙的部位，受害最为严重，主要是刺激症状和过敏反应，而肺部表现则更为严重和广泛（李君等 2004）。

（1）刺激症状

人在未加防御而遭遇高密度沙尘时，首先会引起各种刺激症状，如流鼻涕、流泪、咳嗽、咯痰等，以及气短、乏力、发热、盗汗等全身症状。这些多为短期症状，是人体清除异物的自我保护方式，一般损害不会持续存在。不过，有时反应也会很严重，特别是首次或突然大量接触高密度沙尘时，可表现为突发气促、胸痛、胸闷、头痛、头晕等，原有哮喘、慢性肺病、心脏病等患者会更明显。

（2）沙尘暴对肺部的影响

研究显示，在亚洲地区沙尘暴源地，50%以上的粒径分布在 30～10 μm 范围内，但经远距离输送后，则演变成尘暴或浮尘，粒径在 10 μm 以下的颗粒占 55% 以上，可吸入颗粒物由于吸附性强，可携带重金属、硫酸盐、有机物、病毒等进入人体呼吸道和肺部，主要沉积在气管和支气管，$PM_{2.5}$ 可达肺泡，危害更为严重。进入肺部的颗粒物可导致支气管通气功能下降、肺泡的换气功能丧失，并进一步引起多方面的危害。王宝鉴等（2001）对兰州市某医院呼吸道疾病与沙尘天气的分析表明，沙尘暴发生站次与呼吸道疾病发病人数之间呈显著正相关（$r=0.767$），它对呼吸道疾病起激化作用，与气管炎、细支气管炎及肺炎等呼吸道疾病之间也有一定的关系。

近年来，世界上许多沙漠及邻近地区的国家不断有居民患风沙尘肺（人们由于长期生活在风沙环境中所致的以具有尘肺特征的呼吸系统疾病为主的全身性疾病,称为风沙尘肺)的报道(李保全 2002,徐秀珍等 1997),发病的病因与其长期生活在扬沙、浮尘环境密切相关,其临床表现有咳嗽、咳痰、乏力、胸痛、气喘、桶状胸、呼吸功能下降;进一步发展可产生肺气肿、肺心病、肺结核等合并症;风沙尘肺是一种人畜共患病,也是一种沙尘暴天气多发区的地方性疾病。国外从 1952 年先后报道了以色列、利比亚、沙特、印度等地有关风沙尘肺的病例。澳大利亚研究显示,由于土壤被风蚀而引起的沙尘暴是导致该国 200 万人哮喘的元凶。国内关于风沙尘肺的报道较晚,且主要集中在甘肃和新疆,新疆自治区防疫站 1997 年对 176 名无接触工业粉尘的赶羊工进行调查,发现有风沙尘肺病人 6 例;对南疆和田地区部分世居居民进行调查,从 224 人中检查诊断出风沙尘肺 20 例;甘肃安西地区对 1058 人拍摄了 X 射线胸片,诊断风沙尘肺 99 例;甘肃省人民医院徐秀珍于 1990 年对沙漠地区居民 395 人的风沙尘肺调查中,在排除其他病因后,检出风沙尘肺 24 例。世界上许多沙漠地区的牲畜和动物易患气喘合并肺炎,引起动物大量死亡,经调查研究发现沙漠动物肺部易感染并且有尘肺样改变。甘肃省农业大学 1987 年对河西走廊地区的马类动物气喘病进行了研究,证实马类动物的气喘病是由有机尘和无机尘所致的混合性尘肺。1995 年上海医科大学的专家对塔里木盆地的风沙尘肺进行了流行病学调查,对 116 名石油职工和 120 名世居居民进行了 X 射线片检查,排除石油工人中属职业因素有尘肺 2 名外,发现世居居民中尘肺 I 期病人 6 名,并且进行了沙漠尘对鼠肺的急性毒性实验研究,发现沙漠尘主要引起巨噬细胞为主的非特异反应。由以上初步调查研究可见,沙漠及其邻近地区的沙尘污染已引起当地人群和牲畜中风沙尘肺的发生。

(3)沙尘暴对皮肤及其他影响

沙尘暴多发季节,天气较干燥,加上扬尘,皮肤表层的水分极易丢失,造成皮肤粗糙,降落在皮肤上的尘埃进入毛孔后易发生皮脂腺和汗腺堵塞,若去除不及时,可能会引起痤疮,过敏体质的人还容易发生过敏性皮炎及皮疹。沙尘落入眼内,会引起结膜炎等。

此外,大量的沙尘颗粒弥漫在空气中,还会散射和吸收阳光,降低紫外线的强度,从而降低紫外线杀菌和抗佝偻病的作用。因此,在颗粒物污染严重的地区儿童佝偻病的发生率增加,扁桃腺炎、感冒等通过空气传播的疾病发病率也较高。强沙尘暴还会直接引起人员伤亡。沙尘暴传输过程中大量携带微生物,有很强的传播作用。研究认为,沙尘暴是潜在的过敏性和非过敏性系疾病的激发因素。目前,沙尘暴细颗粒物对呼吸系统疾病及流行病影响的研究尚处在局部、小规模的初步研究水平,有关沙尘暴与心血管系统疾病的流行病学研究及毒理学作用的研究报告较少。

　　沙尘暴所产生的大量沙尘输送还对大规模传染性疾患的传播起到推波助澜、助纣为虐的作用。最生动的例证就是口蹄疫在英国的登陆，谁能料到非洲北部沙漠里的口蹄疫病毒，会在一周内浩浩荡荡地跨越大西洋，稳稳当当地落在英国的牛栏里，并在半月内横扫欧洲，致使数百万头牛被宰杀、焚烧、掩埋。原来，非洲因气候干旱经常发生牛群瘟疫。土著牧民们习惯了这种情况，每发现有患病的牛，他们便会上去一刀，结束它的生命。殷红的鲜血和病牛的遗骸一并被遗弃在茫茫沙漠上，在烈日的曝晒下，它们很快就会腐烂变质。日复一日，沙漠中积聚了一层又一层极易发生恶变的毒菌，口蹄疫就是它的衍生物之一。当沙尘暴发生时，便卷起成千上万吨附着有口蹄疫毒菌的细小尘埃呼啸而去，8天之后，当伦敦市民在清晨醒来的时候，发现他们的家闯进来许多的客人——书桌和地板布满一层细细的红尘。仅仅又过了3天，政府和媒体相继宣告：英国暴发口蹄疫！超过400万头牲畜提前挨刀命丧黄泉，两千家农场被军队和防疫部门确定为传染区，严密封锁，英国政府动用了全国的力量，才避免了口蹄疫蔓延开来。

　　客观地说，沙尘暴虽作恶多端，但它终究还只是帮凶，元凶则是人类自己制造的有毒物质。在空气的尘埃中现在已经培养出了100多种细菌、病菌和真菌。大约有133种细菌是能感染动植物和人类的病原菌。其中有能感染耳朵和皮肤的假单胞菌，有能导致甘蔗腐烂、土豆干腐和香蕉叶生斑的微生物，还有一种对海洋中珊瑚有致命威胁的真菌。20世纪70年代以来，加勒比海珊瑚骤减，可能和非洲沙尘带来的另一种无名病原菌有关。科学家注意到，非洲沙尘在加勒比海地区沉积多的年份，也正是本地区珊瑚礁大量死亡的年份。在一茶匙的尘埃中能携带几百万甚至几亿个微生物。就连成群的蚱蜢都能在尘云穿越大西洋的过程中存活下来。

5.8　抑制降水的酸化

　　近年频发的沙尘暴给人们的生活带来不小的影响，它不但危害我国的环境质量，而且波及韩国、日本等东亚地区。但科学家的研究表明，沙尘暴也并非一无是处，它所携带的大量沙尘可以起到抑制我国北方和韩日两国酸雨的作用。中国科学院大气物理研究所的科学家通过研究认为，来自亚洲内陆地区的沙尘含有碱性物质，可以中和大气中的酸性物质，减少酸雨的形成。专家运用数值模式，量化了沙尘输送对东亚酸雨分布的影响，结果表明，沙尘暴及其土壤粒子的中和作用可使中国北方和韩日两国的降水酸性减小。

数值模拟以及实际观测的结果表明，沙尘的传输对酸雨分布具有很大影响。这是由于沙尘沉降通量随传输距离的增加而呈指数衰减，并且其沉降通量的空间格局还取决于沙尘越境时的降水空间格局。即沙尘沉降通量越大，其中和酸雨的能力也越大。这就解释了为什么中国北方的二氧化硫（SO_2）排放并不少于南方，但北方却少有酸雨发生的原因。同时，碱性的沙尘粒子沉降到地面还会改变土壤的酸碱度及营养供给，对农作物及其他植物产生影响。

5.9 对海洋环境的影响

与所有自然现象一样，沙尘暴也有它有益的一面，也能施善他乡。沙尘暴形成的气溶胶在高空做全球循环，这使沙尘能够进行数千甚至上万千米的大迁移。谁能想到科罗拉多高原的肥沃土壤有一半来自莫哈维沙漠？有谁能想到加勒比和夏威夷群岛上的表层土壤来自中亚，其中主要来自中国的沙漠？又有谁想到，是撒哈拉的富含养分的尘土滋润了南美洲亚马孙河流域，使它由草场变成了富饶的热带雨林？再者，尘埃中还含有大量的铁，有助于海洋中浮游生物的生长，这促进了大量鱼类的繁殖。

人类活动排放出的二氧化碳气体在全球碳循环中所起的作用已成为科学界关注的主要问题，这实际上直接关系到全球气候变化这一重大问题。海洋的生物过程实际上是通过海洋表层浮游植物和浮游微生物的生长繁殖过程中发生的光合作用而将大量二氧化碳消耗，这些光合作用生成的生物物质从海洋浅层水中沉入深层水体中或者从海水的浅层释放出来，即"生物泵"过程（Honjo 等 1996）。由于通过光合作用被固定下来的碳大约是人类所释放的碳量的 4~6 倍，因此它的起伏变化对气候变化的响应也成为科学界关注的热点。所以，海洋表层生物基础生产力水平的高低间接地对全球气候变化产生影响。表层浮游性植物和微生物所需的营养通常来自海水的涌升作用（这种作用将深层的营养物质带入浅层海水）、沿岸流的营养物质输送，以及大气的输送（如沙尘物质的远距离输送）。然而，由于观测条件的限制以及缺少连续性海洋表层观测数据，长期以来，很少有研究直接关注连续性沙尘天气对海洋生态系统的影响。

相关研究表明，陆源沙尘物质的远距离输送不仅对当地造成环境影响，同时对下游地区的环境也造成了危害，甚至对海洋环境变化产生一定的影响；参与地球化学循环的磷元素每年大约有 1000 t 以上是来自撒哈拉沙漠的沙尘物质输送；来自亚洲源区的大气沙尘物质，约有一半最后被输送到遥远的太平洋，并为大洋表层提供可溶解于表层海水的生物营养元素铁，从而引起某些海区生产力的大幅度上升。近期的模拟研究结果表明：进入海洋的大气沙尘气溶胶微粒每年大约有 450 Tg，其中有 43% 进入大西洋，25% 进入印度洋，还有 15% 进入太平洋（Jickells 等 2005）。这些远距离传输而来的陆源物质成分及其沉降量是影响海洋浮游性植物微生物变化的因素之一。这是因为沙尘物质本身既为海洋微生物生长提供营养物质，同时亦作为各种人为污染元素（如 NO_x）的载体，将大量陆源及人为污染元素传输到海洋上空通过干、湿沉降过程降落到海洋表层（Meskhidze 等 2005），海洋表层营养物质（如 Si，N，P，Fe 等）得到增加，海水富营养化，刺激了海洋表层的基础生产力，引起海洋生物的异常繁殖（Meskhidze 等 2005，Yuan 等 2006）。已有证据显示，海洋初级生产力和亚洲沙尘天气的发生日数存在着显著的相关性（Yuan 等 2006）。大量繁殖的海洋生物可以改变海洋对大气 CO_2 的吸收，从而影响全球物质循环中的碳收支，所以沙尘物质对海洋表层基础生产力的影响也间接地对全球气候变化起到重要的作用。

第6章 沙尘暴的观测、预报和预警

沙尘暴的频发不仅对我国的生存环境造成危害，而且也影响到下风方向的广大区域，成为全球范围重要的环境问题之一，是国内外十分关注的研究课题。准确地进行沙尘暴的预报和预警是我国防灾减灾和生态环境保护与可持续发展的迫切需求，也将在国家遏制和减缓沙尘暴灾害的决策中发挥重要的作用。

6.1 沙尘暴的观测

沙尘暴主要发生在干旱荒漠地区，长期以来，中国的沙尘暴观测主要依赖于常规气象站的定时观测，以能见度、大风和沙尘暴天气现象来记载。由于沙尘暴频发地区往往人烟稀少，常规气象观测站设置的空间分布密度不够，不能很好地反映此种天气现象。因此，近年来，中国气象局建立了主要覆盖中国北方的沙尘暴地面观测网以及基于卫星遥感监测的沙尘暴信息网，它们与常规气象观测站一起，组成了多要素多尺度不同时空分辨率的沙尘暴综合观测信息网。

6.1.1 中国气象局沙尘暴地面观测网

(1) 基于能见度和天气现象的沙尘暴观测网

该观测网包括中国 2456 个气象观测站和世界气象组织（World Meteorological Organization，WMO）交换气象站点（图 6.1），覆盖中国及其周边国家。对气压、温度、降水量等多种气象要素和沙尘暴等多种天气现象进行连续观测。观测规范遵循 WMO 有关陆地测站地面天气观测报告电码规定，观测时有浮尘，天气观测报告电码编码为 06；观测时有扬沙，天气观测报告电码编码为 07；观测时有沙尘暴，天气观测报告电码编码为 09，根据其强度变化也可以编码为 30-32；观测时若有强沙尘暴，天气观测报告电码编码为 33-35。世界各国的沙尘暴观测数据通过世界气象组织全球通信系统（Globe Telecommunication System，GTS）实时进行数据交换。

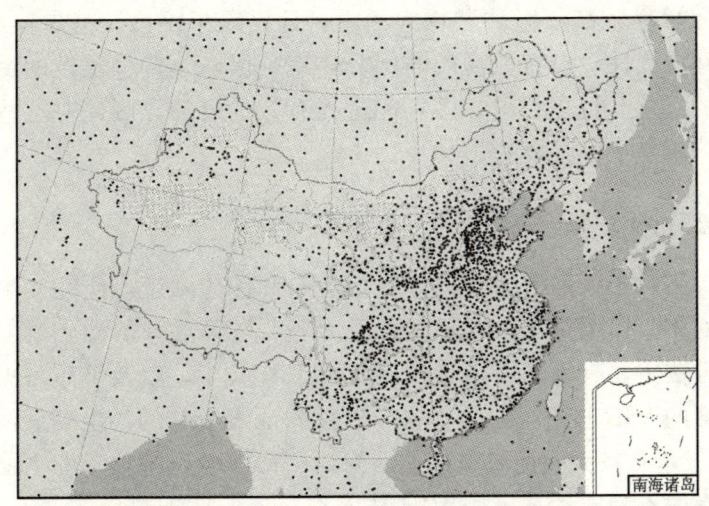

图 6.1　中国气象局基于能见度与天气现象的沙尘暴观测网（张小曳等 2006）

（2）主要基于 PM_{10} 的沙尘暴监测网

该网（图 6.2）有 30 个监测站，覆盖中国北方主要沙尘暴源区和近源区，观测和监测的主要内容包括：器测水平能见度、每分钟的 PM_{10} 实时监测、气溶胶吸收和散射系数、24 h 平均的滤膜样品及土壤含水量等。为沙尘暴的定量分析获得了宝贵的信息。

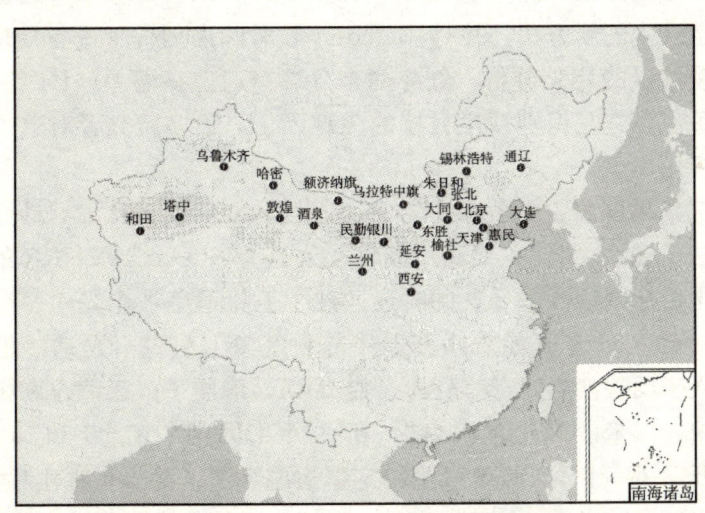

图 6.2　中国气象局主要基于 PM_{10} 的沙尘暴监测网（张小曳等 2006）

上述监测方法和手段各有特点,基于能见度与天气现象的沙尘暴观测网,站点密度大,覆盖范围广,但观测到的沙尘暴天气现象仅为定性,在沙尘暴源区站点较少;主要基于 PM_{10} 的沙尘暴观测网确能定量地观测到沙尘暴强度,时间分辨率较高,但站点较为稀少,且仅限于国内;卫星监测范围大,且具有空间连续性,也有较高的时间分辨率,但基于各种假设的反演计算总会有一定的误差,且在云覆盖区不能进行有效的反演。因此对这些观测结果进行综合分析是十分必要的。

6.1.2 沙尘暴遥感监测

卫星遥感对于大范围监测沙尘区域分布和沙尘强度,研究沙尘气溶胶与区域气候的相互作用是比较理想的手段之一。较为成熟的沙尘暴卫星遥感监测技术和方法主要有,采用热红外观测的 TIR 技术,以及采用可见光和近红外遥感监测的 VIR 技术。总体而言,对裸露地表上空的沙尘暴反演,TIR 技术比 VIR 技术有较大的优势。这是因为,VIR 沙尘反演技术的主要误差来自地表反射率的不确定性,采用 VIR 技术在高反照率下垫面条件下存在困难,如沙漠、裸地,而在海洋和陆地植被区可获取有效沙尘气溶胶信息。而 TIR 技术的主要误差来自地表温度、地表发射率和大气温度廓线的不确定性,这几个参数均为空间分布的慢变函数,对 TIR 技术定量遥感沙尘暴的影响相对较小。

欧洲科学家采用红外亮温衰减作为反映沙尘强度的间接定量参数,建立了采用气象卫星的红外探测通道(Meteosat 的 $10.5\sim12.5\ \mu m$ 通道)遥感监测陆地上空沙尘的新方法,并对 Meteosat 长时间序列资料进行处理,处理结果用于沙漠气候的相关分析。红外两个分裂窗通道亮温差(BT11-BT12)在沙尘区是负值,它是识别沙尘目标的关键因子,很多研究者对这一特征进行了阐述和应用。

中国气象局国家卫星气象中心从 20 世纪 90 年代开始发展沙尘暴卫星遥感监测方法。在 90 年代主要利用极轨气象卫星 NOAA/AVHRR 的多通道数据进行沙尘目标判识沙尘暴,同时还开展了卫星遥感沙尘光学厚度和载沙量初步研究。自 2001 年开始着手开展用静止气象卫星进行自动沙尘暴监测研究,并引入了反映沙尘定量信息的参数 IDDI,形成了风云静止和极轨气象卫星业务算法。以米散射理论为基础,利用 MODIS 的 8.5,11 和 12 μm 通道红外观测,开发了一套 MODIS 沙尘暴定量遥感算法,除提供沙尘检测产品外,还获取沙尘气溶胶光学厚度产品、沙尘粒子有效半径产品和沙尘总量产品。

除了已经发展较为充分的红外沙尘暴遥感监测算法外,一些新的沙尘暴卫星遥感监测数据源（紫外观测、多角度偏振观测和激光雷达观测），有助于获取更加全面的沙尘暴特征参数（如沙尘输送高度、垂直分布、微物理参数、路径、范围以及通量等信息）。

有关研究利用雨云 7 号卫星上的臭氧总量测绘分光计（total ozone mapping spectrometer，TOMS）紫外探测通道计算陆地和海上的气溶胶指数，包括沙漠上空的沙尘气溶胶，是基于地表在紫外波段反射率较低的特征，而且陆地和海洋几乎是常数。基于紫外观测的地表反射率低这一特征，近些年气溶胶的紫外遥感监测技术得到发展，并被应用于沙尘气溶胶长距离输送机制研究。例如，TOMS 气溶胶指数产品被应用于揭示亚洲沙尘向北美洲的输送过程。基于 TOMS 气溶胶指数同样的原理，美国环境监测卫星/臭氧监测仪（AURA/OMI）数据的沙尘气溶胶指数产品，也被用于监测沙尘气溶胶输送过程中的空间分布状况。

POLDER 是一个偏振光观测的星载对地探测器，对地气系统反射太阳辐射的方向和偏振度进行全球观测。到目前为止，继日本 ADEOS-1 和 ADEOS-2 卫星之后，A-Train 系列卫星 PARASOL 卫星也搭载了 POLDER 仪器。利用 POLDER-1 多角度偏振资料可以估计冬末春初时期东亚沙漠地区沙尘气溶胶的光学特性。Laurent 等（2005）用 POLDER-1 双向反射比分布函数（bi-directional reflectance distribution function，BRDF）获得的地面粗糙度资料给出了中国和蒙古沙漠戈壁地区不同的侵蚀风速域值，将其与地面风速场、土壤湿度和雪盖结合模拟了东亚地区 1997—1999 年的沙尘发生频率。多角度偏振观测的独特优势，将为更好地了解云和气溶胶对气候的影响发挥作用。

在中国，针对 POLDER 卫星观测资料，相关学者做了有关地基天光偏振观测、POLDER 卫星数据整理与分析和矢量辐射传输模式等工作，提出了一种利用偏振信息同时反演地表、气溶胶参数的新方法。此后，韩志刚（1999）利用 POLDER-1/ADEOS-I 偏振通道资料，对位于中国内蒙古和蒙古国的两个草原测点进行了气溶胶反演试验。这些理论研究和成果都表明，利用 POLDER 偏振信息遥感沙尘气溶胶具有独特的潜力和优势。

星载激光雷达具有测量区域广、精度高且激光能量损耗小等诸多优点，是未来激光雷达的发展趋势之一，对于大气垂直结构信息测量具有极高的应用价值。2006 年 4 月 28 日，美国国家航空航天局（National Aeronautics and Space Administration，NASA）发射了 CALIPSO 科学试验卫星，主要荷载是正交极化云—气溶胶激光雷达（CALIOP）。CALIOP 有三个通道，一个通道测量 1064 nm 的后向散射强度，另外两个通道测量 532 nm 后向散射信号的正交极化部分，具有对气溶胶和云的垂直结构进行观测的强大能力。因此，它对沙尘气溶胶的垂直分布也具有很强的观测能力,国内外科学家都在努力开发这种内在潜力,探索反演沙尘气溶胶垂直分布的新方法,监测沙尘气溶胶的输送路径和输送高度,深化对沙尘输送规律的认识。

国内外沙尘暴卫星监测的光学遥感基本原理算法相对比较成熟,但是这些算法的全球适用性、不同遥感器监测的一致性以及包括晚间的全天候沙尘卫星监测可能性等需要进一步深入研究,而且多个遥感器的沙尘暴监测科学算法综合集成与业务系统建设还有很多工作要做。另外沙尘遥感监测业务产品的定量验证、输出产品的质量控制等还需要进一步完善。

激光雷达、紫外和多角度偏振三类新型遥感器扩展了沙尘气溶胶遥感能力,针对这些新型遥感器开展沙尘遥感监测新方法的研究,将为沙尘暴监测提供更加准确全面的卫星遥感信息。

6.2 沙尘暴的预报和预警

6.2.1 沙尘暴的预报和预警技术

中国目前沙尘暴天气预报主要分为短期预报和短期气候预测两类。

(1) 沙尘暴天气短期预报

沙尘暴天气短期预报指的是对未来1～3天沙尘暴强度等级的预报。预报范围包括区域预报和城市预报。

沙尘暴天气短期预报方法主要分为三类:天气学方法、统计学方法和数值模式预报方法。

——沙尘暴天气学预报方法。沙尘暴天气学预报方法主要根据天气学和天气分析预报原理,利用常规沙尘暴监测网络、卫星遥感信息、多种加密观测的实测数据及地面、高空天气图工具,分析大气环流演变特征和规律,跟踪地面气旋和锋面的生消演变,结合数值预报产品,预报未来1～3天沙尘暴发生的可能性、强度及其影响范围。其预报、预警结果较为定性且很大程度上依赖预报员的经验。

——沙尘暴统计学预报方法。沙尘暴统计学预报方法主要根据统计学原理和方法,对沙尘暴多年发生的长序列资料进行统计学分析研究,结合多种气象要素和数值预报产品,进行解释应用,建立诊断方法和预报模型,对未来1～3天沙尘暴发生的可能性、强度及其影响范围作出预报。

——沙尘暴数值预报方法。随着气溶胶和气象数值预报理论研究的进展以及巨型计算机技术的迅猛发展,数值预报技术已成为定点定量进行沙尘暴预报的重要手段。

目前，在沙尘暴的定量预报过程中仍存在许多重要的尚未解决的科学问题。最为关键的是沙尘的释放方案。关于沙尘释放的模拟，现在有很多种方案，这些方案通常是在一些野外风蚀起尘观测、实验室风洞实验研究和风沙物理学理论支持下提出的半经验模型，它们包括 Gillette 等（1988）方案、Shao 等（2003）的粉尘释放模型和沙尘释放方案（Dust Production Model，DPM）。不同的沙尘释放方案所需的物理参数不同，考虑的物理机制也不尽相同。Zhao 等（2006）将 DPM 和 Shao 等（2003）的方案进行了比较，发现了决定 Shao 等（2003）起沙方案的土壤之间的弹性压力以及叶面指数等微物理力学参数不确定性很大，是造成该方案存在较大误差的主要原因。我国专家也对边界层非常定下沉气流和阵风的起沙以及扬沙机理进行了系统的研究。Uno 等（2005）在有八个研究组参加的沙尘模式比较计划（Dust Model Intercomparison Program，DMIP）中发现，区域尺度沙尘模式的性能相差很大，模拟结果也存在很大的不确定性，特别是各种模式在沙尘地表通量、干湿沉降方面差异巨大。该差异是由于不同模式中所使用的沙尘模式（概念和起沙机制）和大气模式（气象模式和传输方案）中相关的过程和参数化有所不同造成的。

孙建华（2004）也将 Shao 等（2003）发展的粉尘释放模块与美国国家大气研究中心（National Center for Atmospheric Research，NCAR）的中尺度气象预报模式 MM5 进行耦合，以中国区域的地理信息系统（Geographical Information System，GIS）数据为基础，建立了一个沙尘暴起沙和输送过程的预报系统。对 2002 年 3—4 月发生在中国北方地区的三次较强沙尘暴天气过程进行了模拟。结果表明，模拟的沙尘浓度与地面天气现象及卫星云图的沙尘天气范围比较一致，预测系统对沙尘天气的起沙和输送过程有较好的模拟能力。

宋振鑫（2004）将 Shao 等（2003）发展的集成风蚀预报模式移植到国家气象中心，开展了 2002 年春季东北亚沙尘暴的连续实时预测。试验结果显示，模式能够模拟沙尘暴的主要特征。他还初步将模拟结果与卫星观测、雷达观测、地面资料等进行了对比，对沙尘源、起沙过程以及尘降、传输规律进行了改进和试验，取得了一定的结果。赵琳娜（2002）利用改进的陆面模式，将 Shao 等（2003）的起沙方案耦合到中尺度模式 MM5 中，对 2006 年的沙尘暴过程进行了模拟分析。

Zhang 等（2003a）和 Gong 等（2003）以 DPM 为基础，通过使用中国的沙漠和沙漠化分布数据、中国的土壤质地数据、中国的实测粒度数据等，形成了适用于亚洲沙尘的释放参数化方案，利用 DPM 沙尘释放模块模拟了直径小于 40 μm 的亚洲粉尘释放通量，并将其嵌套到北方气溶胶区域气候模型（Northern Aerosol Regional Climate Model，NARCM）之中，模拟了 2001，2002 两年春季亚洲沙尘的释放、输送过程，并将模拟结果与大规模的地基观测资料和卫星资料进行了比较。模拟结果捕捉到了主要的沙尘暴事件并合理地模拟了沙尘源区和下风向地区的沙尘浓度。他们还通过对过去 43 年亚洲粉尘释放通量的模拟研究，发现亚洲沙尘暴十个主要源区的分布，其中非中国源区对沙尘暴的贡献约为 40%。蒙古源区，以塔克拉玛干沙漠为中心的中国西部沙漠源区，以及以巴丹吉林沙漠为中心的中国西北部沙漠高粉尘源区贡献了亚洲粉尘释放总量的约 70%，它们可视为亚洲沙尘暴三个贡献量最大的源区。

Zhou 等（2007）发展建立了亚洲沙尘暴数值预报系统（Chinese Unified Atmospheric Chemistry Environment-Dust，CUACE/Dust），该系统将 DPM 起沙方案在线耦合到中尺度模式中，并对沙尘气溶胶的平流和湍流输送方案进行了改进。另有学者开发了沙尘暴数值同化方案，为 CUACE/Dust 提供较准确的初值。CUACE/Dust 对 2004—2007 年春季发生在东北亚的沙尘暴过程的预报结果与地面能见度和天气现象以及卫星反演等沙尘观测信息对比显示，该系统对 80% 以上的沙尘暴过程的发生和结束都做出了较准确的预报。PM_{10} 定量比较显示，预报浓度分布合理；与激光雷达监测的信息对比分析也显示，该系统预报的沙尘气溶胶垂直分布合理。该系统已经可以较准确地描述亚洲沙尘浓度的空间分布（图 6.3），并且通过了中国气象局的业务化评估，成为中国气象局的业务数值预报模式，使中国成为国际上第一个开展沙尘暴数值预报实时运行的国家。

CUACE/Dust 将直径小于 40 μm 的沙尘气溶胶粒子按粒级分为多档，第 i 档粒子的质量预报方程如方程（6.1）所示：

$$\frac{\partial x_{ij}}{\partial t} = \frac{\partial x_{ij}}{\partial t}\bigg|_{动力项} + \frac{\partial x_{ij}}{\partial t}\bigg|_{地面项} + \frac{\partial x_{ij}}{\partial t}\bigg|_{清洁空气项} + \frac{\partial x_{ij}}{\partial t}\bigg|_{干空气项} +$$

$$\frac{\partial x_{ij}}{\partial t}\bigg|_{云内项} + \frac{\partial x_{ij}}{\partial t}\bigg|_{云下项} \tag{6.1}$$

该方程详细描述了沙尘气溶胶在大气中的各种微物理过程和大尺度输送过程。沙尘气溶胶在大气中的微物理过程有干、湿沉降过程。干沉降是指气溶胶粒子的重力沉降过程，沉降率与气溶胶粒子的大小和密度、下垫面状况以及气象条件有关。湿沉降和云有关，包括云内清除和云下清除。云内清除主要包括云滴活化、气溶胶、云和雨滴粒子之间的相互作用以及一些云化学过程造成的沙尘清除；云下清除指的是云层以下到地面之间的降水造成的沙尘清除过程（Gong 等 2003），也称雨刷（rainout），下落的雨滴或雪片捕捉气溶胶粒子主要是靠布朗运动、湍流切变、扩散泳移、热泳移或者电吸引等物理作用，以及不同大小的沙尘粒子相互碰撞改变粒子大小的积聚作用。沙尘气溶胶在大气中的稀释扩散过程包括大尺度输送过程，该过程主要是大气的平流输送、湍流扩散和对流扩散，这些过程与沙尘的粒度、大气的风场密切相关。

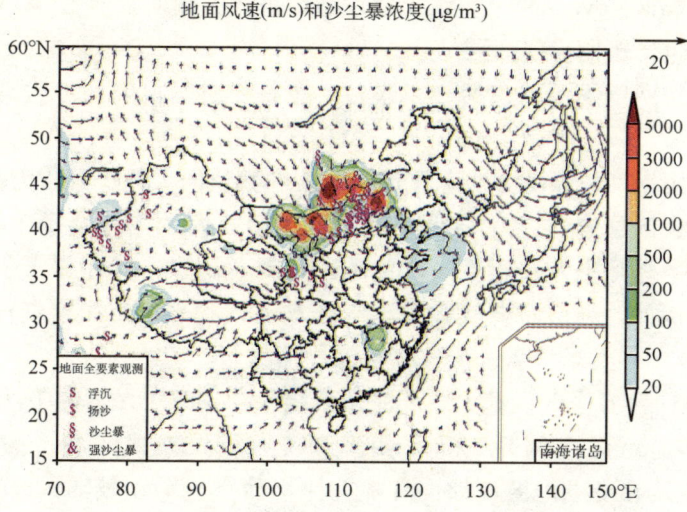

图 6.3　CUACE/Dust 预报的沙尘暴地面浓度和观测叠加图
（紫色符号为台站观测的沙尘暴天气现象）

　　CUACE/Dust 起沙模块是以沙尘释放模型为基础的。该模型理论基础比较合理，实验检验比较充分，它以土壤结构、土壤类型以及分布状况为基础，同时还考虑了地面粗糙度、土壤含水量和近地面大气运动的影响，给出了比较接近实际状态的垂直沙通量。中国气象局中国气象科学研究院大气成分中心通过使用中国的沙漠和沙漠化分布数据、中国的土壤质地数据、中国的沙尘释放后的实测粒度数据等，调试该起沙方案，形成了适用于亚洲沙尘释放的起沙方案。

　　为了提高模式的预报准确率，CUACE/Dust 还开发了沙尘暴资料同化系统。该同化系统利用变分同化技术，已经将中国的风云-2C 卫星反演的沙尘暴强度和水平分布信息红外差分沙尘指数（Infrared Difference Dust Index，ID-DI）以及地面监测的能见度和天气现象实时同化到数值预报中，为模式提供较准确的初值。

　　CUACE/Dust 每年春季运行，可较准确地预报未来 1～3 天亚洲区域沙尘浓度的空间分布和变化过程，其产品包括：区域沙尘浓度和 88 个重点城市的沙尘浓度，每日定时提供预报产品。主要服务方式：

——网站发布。每天在中国气象局中国气象科学研究院大气成分中心的网站 www.cawas.cma.gov.cn 上发布未来 2~3 天的沙尘暴预报，包括预报意见、近地面沙尘浓度的动画彩图，以及城市沙尘暴等级预报等内容。此外，在中国气象局的政府网站（www.cma.gov.cn）、世界天气研究计划（World Weather Research Programme，WWRP）—国际沙尘暴研究计划网站（www.sds.cma.gov.cn）上，每天也发布预报意见和动画彩图。

（2）沙尘暴短期气候预测

沙尘暴短期气候预测包括对未来月、季、年时间尺度的沙尘暴发生趋势的预测。

沙尘暴短期气候预测方法以统计学方法和数值模式预报方法为主。

中国气象局国家气候中心研究建立了短期气候预测综合动力模式系统，可以进行北半球月季大气环流气候预测以及对中国春季沙尘暴天气作出气候趋势预测。例如，利用短期气候预测综合动力模式系统，国家气候中心曾制作发布了 2007 年春季沙尘暴天气气候趋势预测：

——2007 年春季气候和大气环流预测结果：2007 年春季中国黄河流域及其以北大部地区温度偏高，降水偏多。动力气候模式预测，2007 年春季 500 hPa 高度场在亚欧地区以纬向环流为主，冷空气活动较弱，850 hPa 低层风场预测显示，蒙古气旋位置偏西。以上预测结果有利于春季中国北方沙尘暴偏少。

——沙尘暴天气日数预测结果：预计 2007 年春季中国北方沙尘暴天气过程数有 11~15 次，较常年同期（19.2 次）偏少，比 2006 年同期（18 次）也偏少。各区（华北、西北、新疆）沙尘暴天气日数较常年同期偏少，比 2006 年同期也偏少，但不排除在较强冷空气配合下出现强沙尘暴的可能性。其中华北区域（北京、河北、山西、内蒙古）平均的沙尘暴天气日数可能为 10~14 d，比常年同期（16 d）偏少，但华北北部的部分地区沙尘暴天气日数可能较常年同期略多；西北区域（陕西、甘肃、青海、宁夏）平均的沙尘暴天气日数可能为 20~25 d，比常年同期（34 d）偏少；新疆区域平均的沙尘暴天气日数可能为 30~35 d，比常年同期（49 d）偏少。

2007 年沙尘暴多发季节过后，经与实况对比，该年度的大气环流预测和沙尘暴天气日数预测结果均与实况比较一致，说明预测结果是可信的。

6.2.2 沙尘暴的预警信号及其含义

沙尘暴预警信号分三级，分别以黄色、橙色、红色表示。

（1）沙尘暴黄色预警信号

图标：标准：12 h 内可能出现沙尘暴天气（能见度小于 1000 m），或者已经出现沙尘暴天气并可能持续。

防御指南：

——政府及相关部门按照职责做好防沙尘暴工作；

——关好门窗，加固围板、棚架、广告牌等易被风吹动的搭建物，妥善安置易受大风影响的室外物品，遮盖建筑物资，做好精密仪器的密封工作；

——注意携带口罩、纱巾等防尘用品，以免沙尘对眼睛和呼吸道造成损伤；

——呼吸道疾病患者、对风沙较敏感人员不要到室外活动。

（2）沙尘暴橙色预警信号

图标：标准：6 h 内可能出现强沙尘暴天气（能见度小于 500 m），或者已经出现强沙尘暴天气并可能持续。

防御指南：

——政府及相关部门按照职责做好防强沙尘暴应急工作；

——停止露天活动和高空、水上等户外危险作业；

——机场、铁路、高速公路等单位做好交通安全的防护措施，驾驶人员注意沙尘暴变化，小心驾驶；

——行人注意尽量少骑自行车，户外人员应当戴好口罩、纱巾等防尘用品，注意交通安全。

（3）沙尘暴红色预警信号

图标：标准：6 h 内可能出现特强沙尘暴天气（能见度小于 50 m），或者已经出现特强沙尘暴天气并可能持续。

防御指南：

——政府及相关部门按照职责做好防特强沙尘暴应急抢险工作；

——相关人员应当留在防风、防尘的地方，不要在户外活动；

——学校、幼儿园推迟上学或者放学，直至特强沙尘暴结束；

——飞机暂停起降，火车暂停运行，高速公路暂时封闭。

6.2.3 沙尘暴预警信息发布及服务

中国气象局中央气象台综合考虑天气实况、数值预报产品（含沙尘模式预报产品），加工制作出沙尘天气预报及服务产品，通过电视、广播、网络等媒体向公众提供沙尘暴预报服务。

第7章 沙尘暴及其灾害的防治

大风、不稳定的大气层结和地面上的沙尘物质是形成沙尘暴的三个基本条件(方宗义等1997)。人类对于遏制大风或大气不稳定层结状态方面,迄今还是无能为力的。至于地表沙尘物质,除了人类活动产生的人工堆积物,如各种矿山矿场的挖产物外,沙漠、戈壁和裸露的荒漠化土地等都是主要的沙尘源。因此,沙尘暴灾害的防治,应主要从治理生态环境入手。在广袤沙漠等沙尘源的周边地带,可采用林业、农业、生物工程等技术措施,包括人工栽培植物固沙、飞播植物固沙等改善植被状况、营造防护农田林网,以逐步抑制流动沙丘,改造沙丘植被状况,以最大程度地遏制沙尘暴发生的沙尘源,达到减弱沙尘暴强度、减轻沙尘暴灾害之目的。虽然我们现在还没有能力完全控制沙尘暴,但是,只要我们深入研究,搞清其成因和发生发展的客观规律,恰当地运用现代科学技术及广大科技工作者和劳动人民丰富的抵御和防治沙尘暴的宝贵实践经验,减轻沙尘暴特别是黑风暴所造成的损失是完全有可能的(王式功等2000)。因此,应当坚持以防为主、治理与防御并重的原则。就防御沙尘暴的长远对策而言,应从根本上改善生态环境状况,提高自然生态系统抗灾和防灾的能力,显然,这必须下大气力来改变我国北方地区的沙漠、荒漠和半荒漠下垫面现状以及脆弱的生态环境,严禁乱砍滥伐,乱采滥挖和乱垦滥牧,保持人与自然和谐相处,方可达到遏制沙尘暴发生发展、最大限度减少沙尘暴危害的目的。

7.1 沙尘暴防治对策

近年来,各有关部门已经开展或正在着手开展有关土地沙漠化防治研究,生态变化监测和大气化学成分变化监测,西北干旱、半干旱气候变化和监测与预测研究,干旱地区灾害性天气研究,干旱地区防风固沙技术研究等多方面的科研工作，提出了中国沙尘暴和沙漠化防治的战略、方针和基本原则（董光荣 2002a，王涛 2003a）以及很多有价值的防治对策（颜宏 1993）。基于对北方沙漠化土地的现状及其发展趋势的认识（王涛 2001a，2001b），提出将北方沙漠化土地进行分区防治的思路。把沙漠化治理与农村经济发展、劳动力产业转移有机结合起来，提出了沙漠化防治的生态经济模式，包括以沙漠化地区资源高效利用为主要内容的技术创新和技术传播、以沙漠化治理为主要内容的沙漠生态恢复、以农业工业化为主要内容的产业经济发展三个有机结合的组成部分。同时，针对我国当前沙漠化典型地区，进行了针对性比较强的深入研究，如内陆河流域的生态经济耦合发展模式、典型沙漠绿洲地区的特色产业发展战略，以及农牧交错区基于农户的生态经济发展模式。另外，根据我国沙漠化治理的实际，提出了沙漠化治理的产权制度、激励制度、投资制度、水资源管理制度等制度安排。并且依据沙漠化发生、发展的客观规律，为不同地区的沙漠化治理和社会、经济、生态环境可持续发展提供了基本模式（王涛 2003b，2004b，2005；陈广庭 2004；王涛等 2004，2005；石敏俊 2005），此模式包括下列几方面：

(1) 沙尘暴和沙漠化防治的战略

把握西部大开发的有利时机，以全面建设小康社会为目标，协调沙尘暴多发地区自然资源环境与人类活动的关系，建立既能防治沙化又能保障可持续发展的生态、社会和经济体系（王涛 2004a，2004b）。

(2) 沙尘暴和沙漠化防治的指导方针

保护优先，重点治理，合理利用，协调发展（王涛等 2006）。

(3) 沙尘暴和沙漠化防治的基本原则（王涛等 2001）。

——以防为主，防治并举，突出重点，先易后难；

——因地制宜、扬长避短、统筹规划、综合治理；

——沙尘暴和沙漠化防治与脱贫致富相结合；

——宣传教育、政策引导与农民自愿相结合。

7.1.1 决策层面上应考虑的几个问题

(1) 提高认识，改变观念

充分认识干旱地区生态系统的脆弱性，是合理利用和积极保护好这一地区国土资源的基本点。干旱半干旱地区气候干燥，降水量少，植被覆盖稀疏，生物生产效率低，土地容易出现退化，植被恢复难度大，这些都和湿润地区的情况很不一样。沙漠化土地和沙漠戈壁又与干旱牧区、农区的情况不一样，存在着大量沙源，如果已有的沙生植被受到破坏，就会有更多的沙丘活化移动。基于这样的状况,在干旱地区的经济发展和生态环境保护中,我们一定要逐步形成保护植被第一的共识,牢固树立植被建设是干旱地区最大的基本建设的战略思想。哪里有绿洲,哪里才会有生命。因此,我们的一切工作都要遵循自然规律,因地制宜,恰当安排,在可持续发展战略观念指导下寻求经济繁荣、人民幸福之坦途。观念的更新最关键的是要摒弃单纯的经济观点,把经济发展和以植被建设为中心的生态保护结合起来,统筹考虑。沙生植物资源(如灌木)虽然不是林业发展的对象,灌木丛也不是牧业发展的如意场地,但它是抗沙治沙的先锋,开发利用要慎重决策。在加快发展工矿、交通等各项事业的同时,也要将原有植被毁坏最小化和新植被增加最大化优先考虑。

(2) 科学安排,协调发展

干旱区经济社会的发展只能建立在干旱区的自然条件和资源能够承受的基础上。只有采取符合本区域特点的发展战略,才有望协调好人口、资源与环境问题,使脆弱的生态系统在持续发展过程中不断得到改善而不是崩溃。

——适量的人口承载量。长期以来有一种流行说法,认为干旱地区人口稀少,发展潜力大。这种认识是不全面的,它掩盖了这一地区自然条件的劣质性,忽视了可生存空间的有限性及其人口承载限度,对脆弱生态系统来说潜伏着相当大的危险性。干旱地区的国土面积确实很大,但包含着许多难以利用的部分,如沙漠、戈壁、高山寒漠、裸露石山、永久性积雪和冰川等;又有众多的山系,即便黄土高原农耕条件较好的地区,由于开发历史悠久,加上人为破坏,也早已成了全国水土流失最为严重的地区,人口承载能力不断下降。当有限的生存空间承担过量的人口压力时,土地、资源的耗竭性利用和破坏性生产也就更难避免了。种种迹象表明,干旱地区人口发展潜力已经不大了,甚至有些地方可能早就不堪重负。如新疆总面积超过 166 万 km^2,占全国陆地总面积的六分之一,但可供居民生存的绿洲只有 5.87 万 km^2,占全疆土地面积的 3.56%,绿洲人口密度为 242.9 人/km^2,远高于全国平均水平 116.7 人/km^2;再者,该地区 300 多万公顷耕地中低产田约占四分之三;5700 多万公顷天然草场中一半以上是质量差的荒漠草场。因此,保护干旱区脆弱生态系统要特别强调人口的适度发展问题,要贯彻执行好国家的计划生育政策,严格控制出生率,要确保人口增长与当地承载能力相协调。

——合理的资源开发利用与经济发展。干旱地区丰富的矿产资源在全国经济发展中具有战略地位,其开发利用要和改善当地生态环境结合起来,和促进地区经济繁荣、社会进步结合起来,而不能只取不予。建议在工矿区建设发展上制定特殊规定,没有配套性生态保护或补偿措施走在前面就不允许开工，不能因开矿建厂而使原有植被减少是最低要求，以逐步做到开发到哪里，种草种树和环境保护工作就做到哪里。工矿企事业单位还要发挥自身优势，为当地农村经济发展贡献力量，帮助农民脱贫致富，改善生产生活条件。西北地区的农业生产应该是大农业结构，因地制宜多目标多元化发展，特别要把草业经济体系的建立、旱作农业技术的开发推广和集约经营提高单产等放在十分重要的位置，坚决制止盲目开发、粗放经营，万万不可忽视生态环境保护，绝不能以牺牲环境为代价来发展经济，要始终坚持科学发展观。

——积极的科技教育。干旱地区在科学研究、技术开发、人才培养、职业教育等方面要纳入省情区情、自然资源的演替变化、合理开发利用、保护培育、生态环境改善等内容，逐步唤醒当地人民的忧患意识，健全生态伦理，提高经济与环境协调发展、人与自然友好共存的人文意识。

（3）统筹规划，合理利用水资源

水资源利用不当是干旱地区内陆河沿岸及下游地段绿洲沙漠化的主要原因。据对甘肃省胡杨资源状况的研究，由于截流断水、乱砍滥伐，疏勒河水系、黑河水系、石羊河水系的胡杨林已渐呈衰败之势。安西县境内原来有一处20多平方千米的胡杨林绿色长城，由于疏勒河上游双塔堡水库的修建，这里的地下水位下降，树木因供水不足而枯死。石羊河上中游地区高强度土地资源开发，耗水量增加，使流入下游的水量减少，造成地下水位下降，导致民勤县绿洲一带人工防风固沙林有 3000 hm^2 死亡，5800 hm^2 生长退化，部分本已逆转的沙漠化土地又开始了沙漠化。此外，农业用水的浪费也很严重，还造成土地严重盐渍化。新疆全境平均毛灌溉定额为 15000 m^3/hm^2，最高可超过 30000 m^3/hm^2，而喷灌试验每公顷只需 3000 多立方米即可。这些事例都说明，水资源的合理利用在沙漠化防治上可以起到举足轻重的作用。同时，如何让有限的水资源发挥更大的生态经济效益，也是大有潜力可挖的，重视水资源的规划管理是防沙治沙、改善脆弱生态系统、遏制沙尘暴发生必须要走好的一步。水资源的规划应当以流域为单位，上中下游统筹安排，地表水和地下水一起管理，经济利用和生态环境的需要结合考虑，使生产发展、生态恢复各得其所，不能以牺牲大环境来保全小环境。同时要立足于节水农业，推广节水灌溉技术、建设节水灌溉系统。工业也要立足于节水，严防水质污染，从而使有限的水资源在更广阔的地域上发挥更大的生态调节、植被滋养和经济利用的功效。

（4）协调生态环境保护与经济建设的关系，实现可持续发展

在生态环境保护中，纯粹性保护行为，如划建自然保护区、封山育林育草等只占很小比重，大量保护目标是通过经济活动实现的，即在经济发展过

程中保护生态环境，大量的生态建设更是如此。经济发展离不开环境保护，环境保护也不能游离于经济发展之外，二者必须很好地结合，西北地区脆弱生态系统的保护也是这样。于是就要引入技术经济概念，以解决国土资源开发利用的"合理度"、保护的"合理度"、资源配置的"合理度"等问题，从而使区域经济发展、环境保护达到经济效益、社会效益、生态效益的高度统一和最大化。长期以来，我们反复强调合理利用自然资源，但究竟怎样才算合理利用，怎样才能达到合理利用，还缺乏一些能够掌握的标准；保护过度会影响经济发展，保护不及又会损毁自然生态，我们讲科学保护，但何为科学何为不科学，也没有一些衡量的尺度，况且不可能套用一种模式。技术经济可有助于解决这些问题。因此，西北地区在极其脆弱的生态条件下，既要发展经济，又要开发矿产资源，还要保护生态环境，就必须充分注意技术经济的研究及其成果利用，以减少各种不经济性和盲目性。这也是依靠科学、依靠技术进步、推进生态与经济协调发展的需要，是系统地解决好环境与经济问题的重要途径。

（5）预防新的生态破坏

与生态区域退化后进行治理相比较，预防新的生态环境破坏将事半功倍，应当是第一要务；否则，等到破坏了、退化了、沙漠化了再去治理，则事倍功半，加之我们的人力财力所限，我们将会长期治不胜治，同时有些是不可逆转的破坏退化，会成为永远的遗憾。预防新的生态环境破坏，要求按生态学理论和环境保护的自身规律对国土资源进行功能区划，不但要充分地进行经济开发，而且要考虑到自然规律，满足生态保护和防风固沙的要求；要大力发展生态经济，使生产布局和产业结构尽可能适合地域特点，保护性开发利用各种资源并以先进适用技术作为经济增长的支撑点，而不是土地利用规模的无休止扩大；对于传统生产模式应当从环境保护与经济发展协调一致的目标出发进行系统评估，有不符合要求的就加以改进，特别是对生态敏感地带的经济活动如开荒造田、草原超载过牧、露天开矿、水资源开采，甚至于乱搂发菜、乱挖药材等问题，都要给予足够的重视和认真的指导；对于新的自然资源开发建设项目如农业区域综合开发、荒地开垦、森林采伐、水利工程、交通工程、矿产资源的勘探开发、以及各种新开发区的建立等，都应当严格执行建设项目环境保护管理规定，把好预防生态环境破坏这一关。这些方面现实任务很大，过去做得又很不够，引发了许多新的生态环境问题，教训就在眼前，我们要制定预防工作计划，狠抓落实，力争将新的生态环境破坏的行为消灭在萌芽之中。

与此同时，干旱地区要加快城市化发展和外向型经济的进程，寻求多样化多层次发展，减轻农村经济和农村人口的压力；改善经济结构，大力发展二、三产业，减缓土地资源重负；改革农村能源利用方式和习惯，发展矿物能、沼气能、风能、电能等，特别要注意以丰富的天然气资源造福于当地农牧民，引导扶持老百姓面向现代文明，从而减少当地人民群众生活所用能源对植被的依赖和破坏。

为了实现以上目标，还需要做好下列几方面的工作：

——研究制定干旱地区脆弱生态系统保护规划，提出阶段性区域性目标，明确重点地区和重点工作。

——加强法制建设，对执行情况要定期进行检查，发现问题及时解决，切实做到有法必依，执法必严，违法必究，提高现有法律法规的实际效力。

——加强建设项目环境保护管理，特别对其资源开发利用的合理性和采取措施预防新的生态破坏问题，要给予足够的重视。生态影响比较大的自然资源开发建设活动无一例外都应当进行环境影响评价，按照论证结果行事，监督、检查要贯穿项目的全过程。这方面的工作目前十分薄弱，环保部门要主动抓，资源主管部门和建设单位要给予支持和配合，尽快使之制度化、规范化。

——加强自然保护区建设，一方面对已经划建的保护区要加强管理，类似于阿尔金山自然保护区多年来采金不止的情况应当坚决纠正；另一方面根据实际可能要划建一些新的自然保护区。从地理特点看，西北地区自然保护区占国土面积的比例可以比其他地方高一些，这是有条件做到的，而且对稳定和改善这一地区生态环境质量非常有利的事情。

——推广生态农业模式技术，提高农业集约经营水平，指导农民在生产发展中经营管护好自己赖以扩大再生产的资源基础，克服对农业自然资源的各种掠夺、浪费和污染。

——加强对乡镇企业和各种经济开发区的环境管理，一是做好规划，使乡镇企业的发展也做到布局合理，不破坏生态资源；二是技术起点要高，产业产品要有选择性，防止污染转嫁。

——进行农村现代化建设试点，包括村镇建设规划、产业布局及其结构的合理化、生态经济发展、新能源使用、社区教育技术培训与普及、环境建设与改善等，努力在经济、社会、生态协调发展和农民经济收入不断增长、生活水平不断提高上探索新思路、新途径、新经验，以供各地参考借鉴。

——制定和实施风沙灾害防治战略，国家、省（市、自治区）、地（市）、县（旗）、乡等各个层次对风沙灾害防治都要有相应部署，并给予倾斜；机关、部队、工矿企业等各行各业要与所在地区同呼吸共命运，结合各自业务责无旁贷地承担力所能及的风沙灾害防治任务。

——加强退化生态区域的恢复治理，包括治沙造林、水土保持、工矿区废弃的恢复治理、草场改良等，国家、地方在政策和资金投入上要有一些新的举措，特别要利用好市场机制，如制定退化生态区域恢复整治社会投资治策、成片转让出租退化土地的开发经营权等。

——提高科技支撑能力，包括扩充、新建科研机构，壮大科技队伍，加强生态环境监测、预测以及数据资料的搜集能力，编印相关技术手册，建立科技推广队伍等。

(6) 增加经费投入

为了贯彻中央提出的人与自然和谐共存的发展方针，进一步提高对生态环境建设的艰巨性和长期性的认识，不仅需要控制今后水土资源的开发，而且还需适当退还一部分过去不合理开发的水土资源。西北地区的水土资源主要为农牧业所消耗，过度的不合理的水土资源开发，是造成生态环境恶化的主要原因。为了改变这种状况，最主要的是调整农业结构，转变农业生产的增长方式，将低投入、低产出、高资源消耗的传统农业转换到高投入、高产出、低资源消耗的现代农业的轨道。这是一项十分艰巨的历史性任务，需要大规模的资金、技术和智力的投入。必须看到，为了保护和修复生态环境，不仅要进行生态环境建设和合理配置水资源，而且还要从破坏生态环境的源头上解决问题，加强农牧业的基础建设，搞好生态移民。近年来，随着我国经济的发展，综合国力的加强，国家大幅度增加了林业和水利方面的投资，这对于改善西北地区的生态环境、遏制沙尘暴的发生发展都是十分必要的，也已取得了显著效益。今后，仍需坚持不懈地增加农牧业方面的投资，方能达到预期的目标。

除此之外，还应做好以下几方面的工作：

——实施西部大开发战略，加强生态环境建设。在近期内，合理利用干旱半干旱地区国土资源，停止破坏性生产，保护一切可以保护的沙生植被，稳固防沙治沙前沿阵地，控制住沙漠化土地扩展势头。从长期看，应不断扩大沙漠绿洲，建设高效生态防护体系，治理沙漠化土地，恢复其良好生态功能，使西北地区生态系统的脆弱状况得到显著改善，从总体上提高自然生态防灾抗灾减灾能力。植树种草，增加植被与节制放牧相结合，使生态逐步得到恢复和优化改革耕作制度，保水蓄墒，提高产量，减少干土浮尘，保护环境。

——统一组织、统一计划、分工协作，加强与开展对沙尘暴形成的机理、分布特征、监测、预测和减灾对策的多学科综合分析研究。通过研究，进一步加深对沙尘暴天气的认识；通过研究成果的应用，提高防御能力，以减轻沙尘暴天气的危害。

——建立沙尘暴天气监测和预警联防系统网。建立健全灾害性天气联防网和联防制度，沟通、加强上下游之间的联系，在灾害性天气来临之前，使下游地区有所准备。

——利用现代科学技术，人工影响天气，解决西北地区严重缺水问题。

——加强法制建设，提高现有法律法规的执行效率，特别是认真执行《沙漠化防治法》。研究制订西北地区脆弱生态系统保护规划、防治战略等，长期地、持之以恒地保护西北的生态环境，使荒漠化土地不再进一步恶化。

——要加强对人民群众进行防灾抗灾的宣传教育，增强其自我保护能力。让人人都知道收到预警信号后该怎么办，做到家喻户晓，中小学教材中也可以将其列入有关内容。通过大力普及防灾知识，提高群众防灾意识，调动群众造林治沙和保护植被的主动性，增强在沙尘暴天气过程中的自我防御能力。

7.1.2 国内外沙尘暴防治对策与案例

（1）北京地区沙尘暴治理对策（宋迎昌 2002）

——国际合作。北京沙尘暴往往不是北京的"地方产品"，而多数是从外地输送来的，在很大程度上是区域乃至全球气候变化和生态退化的恶果。因此，北京和我国北方地区同样是全球气候变化的受害者。北京沙尘暴的恶果由我国北方地区和北京承担是不公平的。因此，第一应广泛宣传北京沙尘暴和全球气候变化的相关关系；第二应加强国际合作，减少温室气体排放；第三寻求国际援助，以此来改善防治北京沙尘暴的外部环境。

——成立组织。建议国家应尽快成立全国沙尘暴防治委员会，由国务院直接领导，中央各大相关部委（包括国家发展和改革委员会、农业部、水利部、国土资源部、财政部、国家税务总局、建设部、教育部、劳动和社会保障部、民政部、交通部等）、沙源地区政府（包括新疆、甘肃、内蒙古、宁夏和陕北、晋西北、河北坝上、辽西地区等）和受沙尘暴影响的地区政府〔包括北京、天津、河北、山东、辽宁、吉林、黑龙江、陕西、山西、河南等省（市）〕参与，形成统一组织、统一规划、统一行动、统一监督、成本分担、利益共享的新机制。

——落实经费。除了中央财政拨款进行生态建设工程外，还可以开辟其他渠道筹集沙源治理资金：①接受国际环保组织和友好国家的捐款；②接受国内外热心环保人士的个人捐款；③面向全国发行生态建设彩票，切出一块用于沙源治理、草场恢复和生态移民；④防治沙尘暴受益地区，如北京、天津、河北、山东、辽宁、吉林、黑龙江、陕西、山西、河南等省（市）通过利益补偿机制向沙源地区的财政转移。

——创新体制。当前，国家对沙源地区的生态建设资金开支范畴限制很严，仅允许退耕还林还草、小流域治理、禁牧、宜林荒山绿化等生态建设工程以及与之相关的管理支出。这是一种"小沙源治理观"，其局限性显而易见，它迫使我们只能把沙源治理的着眼点放在"治沙"上，而对"退人"，或者说"对引起沙化的关键因素——人——的战略撤退"无能为力。因此，树立"大沙源治理观"，将城镇基础设施建设和教育投入列入生态建设资金开支范畴显得尤为重要，为此必须更新观念和创新制度。

——合理控制农牧民数量。按照人地关系协调原则，科学测算沙源地区土地人口承载力，以此为依据，确定农牧民数量。多余的农牧民应实现生态移民，并从政策和资金上予以保障。

——免除国税。国家对沙源地区应有明确的功能定位，即生态保护第一，经济发展第二。针对沙源地区普遍存在开发过度状况，国家应对沙源地区实行休养生息政策，免除了国税，为沙源地区招商引资，发展工商业，给生态移民提供就业机会等创造了有利条件。

——因地制宜。在切实加强现有林草植被保护和管理的基础上，北京及周边地区防沙治沙工程本着因地制宜、因害设防、宜乔则乔、宜灌则灌、宜草则草的原则和生物、工程措施相结合的方式进行建设，以实现区域生态环境的良性循环。建设内容分为造林营林、草地治理、水利配套设施建设和小流域综合治理三个方面。建设区东—西横跨近 700 km，南—北纵跨约 600 km；海拔从东南部的不足 50 m 向西北方向急剧升高，至阴山山脉，升至 2000 m 以上，然后向北又呈递降趋势，至二连浩特尚不足 1000 m，悬殊的地貌类型形成不同的气候、土壤、植被地带。为了合理布局工程建设内容，将建设区域划分为四个类型区：①北部干旱草原沙化治理区，位于北京上风向的西部和西北部，包括内蒙古锡林郭勒盟、乌兰察布盟、包头市等辖区 7 个旗（县、市）；②浑善达克沙地治理区，位于北京上风向的北部，包括内蒙古锡林郭勒盟和赤峰市辖区的 17 个旗（县、市、区）；③农牧交错地带沙化土地治理区，主要是指内蒙古乌盟阴山南北、山西雁北及河北坝上西部地区，具体包括内蒙古乌盟、山西大同、朔州、河北张家口市等辖区的 24 个旗（县）；④燕山丘陵山地水源保护区，主要是指河北张家口坝下及其以东的山地丘陵区，具体包括北京、天津、张家口地区南部和承德地区共 27 个县，是官厅、密云和潘家口三大水库的水源地。

——对口支援。北京正在向国际化大都市迈进，但是，沙尘暴是跨区域的生态环境问题，北京难以独善其身，必须与沙源地区政府和人民一道共同治理，以求得共同发展，对口支援是必不可少的。可供选择的手段有：①干部交流。北京和沙源地区地方政府可以定期交流干部，以扶持沙源地区经济发展和生态环境建设。②教育支持。北京既可扩大对沙源地区大学生招收的比例和名额，也可以促使北京中小学与沙源地区中小学结成伙伴关系，以提高沙源地区的教育质量。③劳务合作。在同等条件下，北京可优先接纳沙源地区的劳务输入，以体现对沙源地区人们就业的支持。

(2) 美国沙尘暴的治理措施和经验（巫忠泽 2006）

——立法保护干旱地区原始生态，控制沙尘源。20 世纪初，美国政府对草场利用未加控制，造成西部草场严重退化。当时牧民的观念是"抢在别人前面让牲口吃饱草"。到 20 世纪 30 年代，70%～90% 的草地被破坏，生态环境严重恶化。为此，美国颁布《自然资源保护法》。鼓励保护植被，私人土地植被的保护主要靠财产税来控制，如原来用于放牧的草地遭到破坏后，财产税要增加 10 倍以上。除税收约束外，政府对牧民实行补贴以保护草场。补贴的项目包括强化技术补贴：一方面政府提供资金给牧民改善草场，另一方面对从事目的在于保持土壤种植、耕作活动的农民给予一定补贴。政府还采用了放牧许可证制度，对草场的利用进行调控。许可证规定了草场的使用范围和期限，并对违者进行处罚。根据相关环境保护法律，沙漠土地拥有者和屋主在其周围人为制造沙尘或不采取措施控制沙尘源，每天罚款 500 美元。如拒不执行，每天增罚 200 美元。对在沙漠中施工的承包单位负责人和员工在开工前至少上 4 个小时的环境课，要求他们一边施工一边用水消尘。如果达不到要求 将勒令其停工或给予罚款。美国的荒漠化防治法制手段的主要特点是以保护为原则，措施以封育、退耕、保护植被为主，特点是配套完善有关法律、条规、政策，有法必依，执法必严，人人遵法、守法。任何破坏植被、乱砍、滥伐、无序放牧等情况均被视为违法。除了联邦政府的法律法规外，各州也有自己的条令法规。美国的土地管理、资源开发管理、农牧业发展等已经完全是在一个法制健全的环境下运作的，从政府到下设部门以及到普通老百姓，人人依法行事。敢与法律开玩笑的人，最终会受到法律严厉的惩处。

——调整农牧业结构，提高科技水平，改进农耕技术。调整农业种植结构，采取不同成熟期和不同播种期作物间作、套种和作物留茬，大力推行免耕法，并使用特殊的农机具浅耕土地，有效防治了沙尘暴。可以说，美国在 20 世纪 30 年代沙尘暴中汲取的教训就是要制定土壤保护战略，如耕作法、禁耕法、减少夏季休耕和秸秆还田等，这些政策使美国最终受益。改革农机具，开发大型节水灌溉技术和设备，以实现"小面积合理开发，大面积严格保护"。目前，约55％的全美农业灌溉土地采用了节水灌溉。缩减在土地退化区域的牲畜数量，把牧区和耕地复育为草原和森林，在耕地外围栽种防风林，减少风的侵蚀。

——退耕还林还草，限制毁林，扩大林草覆盖率。治理沙尘暴，联邦政府推行退耕还林，在外围建立防风林带，减少风力对土地的侵蚀和沙尘暴发生的次数。从人工植树种草，转为旱地原生态保护，旱区生态恢复与重建。政府鼓励农户退耕休牧、返草返林。在不到5年的时间内，返林面积达1500万 hm^2，约占全国耕地总数的10％，全美土壤侵蚀面积约减少了40％。

——充分利用干旱地区自然资源。美国通过对干旱土地资源，沙漠地区光热、风能进行的高效开发利用，对荒漠草场的合理轮牧与人工改良，在解决荒漠化地区土地保护难题的同时，保障了其土地利用的高效性。

——有效的早期预警机制和沙尘暴控制措施。除通过地面生物措施外，美国政府还采取早期预警措施和物理、化学等手段尽力预防沙尘天气危害，阻断沙尘路径或减弱沙尘流。一是将天气预报和地面治理结合起来。每次强风到来之前，气象部门提前48 h准确预报强风的行走路径，然后在其经过的地区对裸露的耕地进行喷灌，使之湿润结实，切断风沙源。二是采取物理、化学措施固定地表沙尘。如把植物纤维、旧报纸纸浆与黏性物质搅拌在一起，与绿色染料混合喷洒在沙尘表面，既固定了沙尘，又可美化环境。或将黏性的沙尘固化剂喷在沙漠上，其渗透可达1 cm，且表层不怕压，不起灰，可以走人、行车，非常结实，喷洒一次可锁沙尘1～2年，且成本较低。

借鉴美国的做法和经验，结合我国干旱、半干旱、亚湿润干旱地区的荒漠化防治和荒漠化土地开发利用的实际，我们可以从中得到如下启示。

——从观念上看，美国视荒漠为一种宝贵的自然资源。通过配套管理政策、科研和技术体系，并实行高额投入，促进荒漠地区各种资源的有效利用，形成了高产出高效益的荒漠农业、林业、牧业以及旅游休闲、国家公园、保护区等。在此前提下通过生产、旅游创造各种就业机会来补充资源不足，同时又从经济上反哺自身，实现了国家各类产品需求平衡和荒漠生态的良性循环。他们的一切开发行为都是建立在高科技、高投入的基础上，而这正是我国荒漠开发方面的弱势所在。

——从法律手段上看，美国是法制化程度发达的国家，沙尘暴防治及荒漠化治理有着一整套完善的法律制度，并有明确的授权（如许可证制度）、激励（如补贴）和惩罚措施（如税收、罚款等手段）。我国的相关法律制度还相当粗放，尤其是在制度设计上，要对生态、自然资源、环境保护的立法进行统筹考虑，切忌相互脱节、重复和交叉。

——要将防治荒漠化和脱贫致富有机地结合起来。美国土地私有，不需要特别地通过土地产权改革来调动人们的积极性，只要通过法律和政策引导人们注重生态和环境保护即可。美国对鼓励在荒漠化土地上开展生产（利用一小部分的土地进行高效生产，实现大部分土地的有效保护）方面，政府通过保护自然生态，限制人类农牧业活动范围、通过科技投入提高农牧业生产效率等措施，使自然生态得到最有效、最经济的自然恢复和保护，达到生态治理的目的，这对我国具有借鉴意义。

——继续加大投入和优惠政策。根据目前中国的国情、沙情，坚持以政府投入为主导的原则，发挥"种子"资金的作用，集中做好重点地区、生态脆弱地区的荒漠化防治工作，起到重点治理和试点示范的双重作用，积极吸引社会各界的资金和力量投入到荒漠化防治中，并让人们充分认识到其重要性，而自觉加强对生态环境的保护，减少边治理边破坏的现象。

——继续加强植树种草等生物措施，继续巩固和加强在荒漠化地区的退耕还林（还草）、退牧还草力度，进一步扩大中国的林地面积和绿化覆盖率，防治土地荒漠化，建设生态农业，以防风固沙，使疏松的沙土得以固定，并减少或切断沙尘暴的沙尘源，并改善生态环境。

——要提高节水意识，加强旱地水资源的有效管理，提高水资源的利用率和利用效率。

——要充分开发利用荒漠化地区的风能、光能资源，为荒漠化防治和荒漠地区开发提供可靠的能源保障。

——加强对荒漠化地区的监测与预警，及时有效地为公众服务。

7.2 沙尘暴防治技术

几十年来我国在荒漠化防治实践中取得了 100 多项成熟技术和治理模式，对我国防沙治沙工程建设起到了巨大的推动作用，在国内外产生了积极的影响，引起了广泛的关注（贺大良 1993，徐峰 1994，杨恒贵等 1994，李君等 2004），为荒漠化防治奠定了坚实的基础。

7.2.1 工程固沙

工程固沙技术是指利用柴草、黏土、树枝、板条、卵石及其他材料，在沙面上设置沙障或覆盖沙面，或采用各种阻沙、导风措施，将上风向来沙阻挡在远离防护区的地段，或将风沙流导向防护区的下风向等技术措施。工程防治措施具有收效快的特点，因此通常适用于流沙危害严重的交通线、重要工矿基地等地区，并常与植物治沙措施相配合。

(1) 一般工程防治措施

一般工程防治措施主要有四种：

——采用各种材料将流沙表面全部覆盖，使沙质地面与风的作用完全隔绝，广泛使用的材料有作物秸秆（图7.1）、砂砾石、黏土等。

图7.1　植物秸秆方格固沙

——在流沙上设置机械沙障，以降低地表风速，削弱风沙活动。目前多采用半隐蔽式草方格沙障及砾石沙障、黏土沙障等。其中草方格沙障在我国北方各沙区应用最广，是固定流沙、稳定沙面最经济有效的工程固沙措施。草方格沙障不仅能起到固沙作用，而且可以保护栽植播种的固沙植物免受风蚀和沙埋，同时还可改善沙地水分状况，有利于植物的成活和生长。

——采用各种阻沙、导风措施，将上风向来沙阻挡在远离防护区的地段，或将风沙流疏导至保护区的下风向区域，以防止积沙。通常采用阻沙栅栏、阻沙网、挡沙墙、下导风板和羽毛排导风板等设施。阻沙措施一般用于沙源丰富地区和戈壁风沙流盛行地区，作为保护机械固沙带和植物固沙带的外围屏障。四十多年来，包兰铁路中卫段畅通无阻的事实及塔里木盆地沙漠公路的安全运营，表明我国的工程固沙技术是相当成熟过硬的，对遏制局地沙尘暴的发生发展，防护沙漠地带铁路、公路，保证交通运输的正常运营起到了良好的作用。

——化学固沙是在流动沙地上通过喷洒化学胶结物质，使其在沙地表面形成一层有一定强度的防护壳，隔开气流对沙面的直接作用，提高沙面抗风蚀性能，达到固定流沙的目的。化学固沙收效快，但成本高，一般多用于风沙危害能造成重大经济损失的地区，如机场、铁路、公路等。化学固沙常与植物固沙相配合，作为植物固沙的辅助性和过渡性措施。常用的材料有沥清乳液、高树脂石油和一些高分子聚合物，其中以沥清乳液应用最广。化学固沙技术在塔里木沙漠公路防沙中使用面积达 2 万 m^2，发挥了巨大的作用。

(2) 铁路防沙工程

铁道运输线穿越各种自然带，生态条件复杂，受沙尘暴灾害的袭击更为严重，防治更困难。建立人工生态平衡体系的制约因素很多，更有人力无法抗衡的自然因素或灾祸。我们所能做到的是遵循自然规律，科学选择沙区铁路的位置和走向，因地制宜地建造经济有效的最佳铁路风沙灾害防护体系。即在建设初期就应严格遵循自然规律，依据铁路防护标准、铁路沿线生态条件和风沙移动规律，来确定防护措施。

经过多年的试验认为，建立铁路防护体系的有关设计要求为（牛生杰等2000）：

——年平均降水量 160 mm 以上的半荒漠地区，在机械措施固沙的基础上，能建成无灌溉生物固沙防护体系。

——年平均降水量 100～160 mm，处于半荒漠到荒漠过渡地带，围栏营造自然植被覆盖，使其形成半固定沙地，并以机械沙障辅助，取得固沙效益。

——年平均降水量 80～100 mm 的荒漠地区，沙地潜水位埋深 5 m 以内，可营造深根沙生植被；埋深 3 m 以内，沙生植被有良好生长条件，固沙效果显著；埋深 5 m 以下，生态条件差，沙丘植物覆盖率很低，必须采取机械固沙为主的工程与生物相结合的固沙措施。

——年平均降水量 80 mm 以下的荒漠地区，必须在有灌溉条件下营造防护林，或潜水位埋藏浅有利条件的，也可采取无灌溉生物固沙措施。

沙区铁路防护设计的主要内容有：

——调查沙地地貌、水文地质概况、风沙流起因和运动规律、生态条件等。

——确定防护形式、完成整体防护设计。

——制定实施方案，明确筑路过程和交付运营后分别完成的项目和期限，保证防护体系建设的完整性和连续性。

筑路期间（交付运营以前）完成的主要项目包括工程防护措施、灌溉水系网、林地及生产基地建设等。

平原沙地年平均降水量 200 mm 以下的半荒漠、荒漠地带防治风沙流的最有效措施是在有灌溉条件下建成以生物固沙为主体的防护体系。基本上由阻截流沙、防风林网、路基本体防护三部分组成：

——阻截流沙带。阻截流沙带位于防护体系迎风侧的前沿，阻截流沙带的主要作用是阻截气流搬运的绝大部分沙粒堆积在带内，切断危害铁路的沙源，保护防护体系充分发挥整体防护效应。

——防风林网。防风林网的作用是完成对风沙流的最后阻截，减少气体中悬浮的沙尘含量，削减气流动能，使风速减弱到有害值以下。

——路基本体防护。风沙土路堤边坡、路堑边坡及隔离带有风沙土裸露均需用水泥板或卵石平辅隔离防护。

主风侧防护宽度＝阻截流沙带＋阻沙防风带＋空间带＋阻沙防风带＋隔离带＝
65 m＋13 m＋30 m＋15 m＋15 m＝138 m，

次风侧防护宽度＝育草积沙带宽＋阻沙防风带＋隔离带＝
30 m＋15 m＋15 m＝60 m，

防护体系总宽＝主风侧防护宽＋次风侧防护宽＋路基本体宽＝
138 m＋60 m＋10 m＝208 m。

风沙流经过防风阻沙带后，气体携带沙量99%以上被阻截。进入铁路上空气体仅有不到1%沙尘量的尘埃悬浮，待风静后下沉。据沙坡头沙丘稳定结皮地段实测，平均每年沙面沉降沙尘厚度为1.6 mm。河西铁路道床中修清筛周期按7年计算，累计沉降沙尘厚度11.2 mm，只侵占道床孔隙量的9%。对道床中修周期影响很小。在防风林带保护下，沉降沙尘量很少。

在无水引灌或沙丘连绵的荒漠中无法引水造林固沙地区，只有建造无灌溉防护体系。由前沿阻截流沙带、草障植物固沙带、铁路本体防护三部分组成（图7.2）。

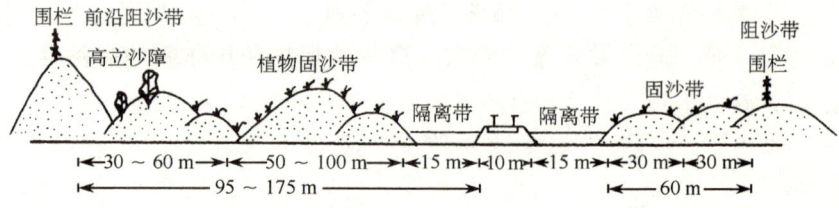

图7.2 无灌溉条件下铁路风沙流防护体系

前沿阻截流沙带，是要设2～4道直立式1 m高的机械沙障，第一道沙障透风度为50%左右；最后一道沙障设为疏透结构，透风度为30%，透风系数为0.5左右；中间沙障结构介于前后沙障之间。障间距为障高度的10～15倍，即10～15 m。设障数的确定原则是：最后一道障后15 m处的方格草沙障固沙带不得有风蚀或积沙覆盖出现。风沙堆积带发展到有危及固沙带时，及时设障固定，形成以沙阻沙的阻沙堤。

草障植物固沙带如地处半荒漠地带的沙坡头，采用1 m×1 m草方格固定沙丘，种植固沙植物，建成以植物固沙为主、沙障辅助的防护体系。年平均降水量100 mm以下的荒漠地带，如清水三合采用1 m×1 m草方格为主，培育适量植物固定流动沙丘取得成功经验。年平均降水量60 mm以下的玉门段地窝铺戈壁也用草方格固定沙丘，因地势平坦，风速大，一两年后草方格严重吹蚀，沙丘重新流动，最后采用黏土卵石全面覆盖隔离防护。草障植物固沙带，阻截流沙带结构设置合理，阻截流沙量达 90%～95%，固沙带宽度可为 50～100 m。

铁路本体防护是指步堤边坡和路堑边坡及两侧平台有易被风蚀的风沙土裸露，均做水泥块或卵石铺砌隔离防护。

毛防护体系总宽度：

主风侧防护宽度＝前沿阻截流沙带宽＋草障植物固沙带宽＋隔离带＝
　　　　30～60 m＋50～100 m＋15 m＝95～175 m。

次风侧防护宽度 75 m，

防护体系总宽度＝主风侧防护宽＋路基本体＋次风侧防护宽＝
　　　　95～175 m＋10 m＋75 m＝180～260 m。

防护效应分析：来自防护体系外含沙量饱和状态的风沙流首先遇到通风结构沙障，障前 1～3 m 处相对风速降至 90%，出现积沙。穿越沙障孔隙时相对风速达 100% 以上，沙障前后 1 m 范围内不积沙。障后 5H～10H（H 为障高）范围出现最低值 50% 左右，沙粒大量下沉堆积。10H 后风速回升将要出现风蚀趋势时，遇到第 2 道沙障，障后 5H～10H 出现第 2 个积沙带。10H 后气体含沙量达 5% 以上时，可设第 3 道沙障，直至气体含沙量降到 5% 以下。一般机械沙障设 2～4 道，植物沙障设 2 道。

阻截流沙带切断危害铁路的沙源，有效地保护防护体系的完整性，在防护体系中占有很重要的地位。必须保证阻截流沙带应有的效应。

气流进入固沙带后，风速有回升，达到起动风速以上时，出现风蚀，但在 1 m×1 m 草方格作用下，近地表高程 20 cm 以下风速减弱。沙表面形成定型的曲面后不再有积蚀。外露麦草逐年朽蚀，沙生植被逐年长起，沙表面逐渐结皮，抗风蚀能力提高，稳定的固沙带形成。

铁路防沙工程举例：

——包兰线沙坡头段"五带一体"治沙防护体系。包兰线是我国第一条沙漠铁路。本着因地制宜、就地取材、因害设防、综合治理的原则，布设固沙防火带、灌溉造林带、草障植物带、前沿阻沙带和封沙育草带（中国科学院兰州沙漠研究所沙坡头沙漠研究站，1980—1988）"五带一体"铁路治沙防护体系（图 7.3）。为了阻挡沙丘前移侵袭线路，首先必须稳定表层流沙，采用"沙障固沙"，以当地丰富的麦草资源为材料，设置 1 m×1 m 草方格沙障，草方格内栽植植物，形成"草障植物带"。"草障植物带"为沙障、植物固沙结合带。该段线路部分地段距黄河仅 100 m，具备引黄提灌造林治沙的条件，因此，形成了引水灌溉条件下的"灌溉造林带"，该带为稳定可靠的永久性铁路固沙防护带。由于带前及带内积沙，进一步建立了"前沿阻沙带"和"封沙育草带"，使多带组合的防护体系得以形成。此外，为了防止行驶中的蒸汽机车漏碴引起火灾，在线路与灌溉造林带之间又建立了"固沙防火带"。封沙育草带没有确定的宽度规定，在前沿阻沙带的外缘一定宽度范围内设置。总之，"五带一体"治沙防护体系，各带均因需而设，互相结合，是一个互为依存的整体。这种防护体系适用于铁路穿越或紧靠大面积流动沙丘地区，但具体到每个带设置与否，以及设置的宽度则应区别情况而定。灌溉造林带必须有水利条件，或能就近引水，或能打井提灌，否则无法设置。固沙防火带是为适应包兰线行驶蒸汽机车的特点而产生的，如果行驶的机型是内燃或电力，就没有必要设置。每个宽度主要由其功能性和经济性确定。草障植物带是体系中最重要的固沙带，其宽度应结合历年平均起沙风速的频率来确定，使固沙带末端风速减弱到起沙风速以下时的宽度即为最小宽度，考虑一定的安全度，再适当增加 30%～50%。对于前沿阻沙带，因为主要是一道高立式栅栏，为达到有效阻挡风沙流并尽快形成高大人工沙堤的目的，栅栏应设在沙丘迎风坡三分之二以上至沙丘脊线部位，其后的草方格一般有 30～50 m 即可，主要由投资能力决定。

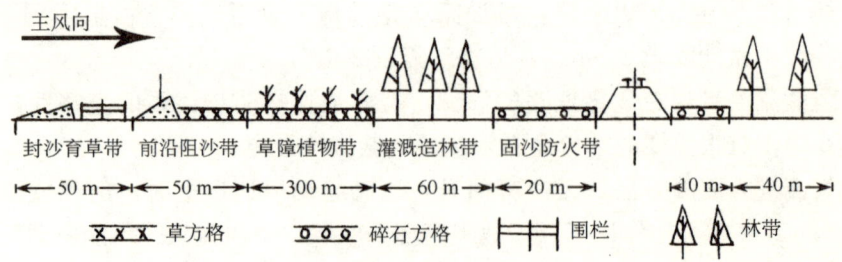

图 7.3 包兰线沙坡头段"五带一体"防护体系

——兰新线玉门段"四带一体"防护体系。戈壁风沙流对铁路的危害不同于沙漠流沙地区。戈壁风沙无明显集中沙源，对这种"无边无际"的风沙流，多条林带是最有效的屏障（徐峰 1994）。由于附近有可供引水的昌马干渠，这就为营造防沙林带提供了基本条件。为了使林带在营造初期免受戈壁风沙流侵袭，使防沙林带外缘的积沙问题得到解决，在林带的外缘设置防沙堤与截沙沟，并在防沙堤上扎设栅栏组成前沿阻沙带，在林带与阻沙带之间是空留带和灌草带（图 7.4）。"四带一体"防护体系的特征是以灌溉林带为主体，其余各带远近配置、高低结合，阻固兼备以取得防风固沙的良好效益。林带的数量和宽度，应按主、次风向及沙源确定。沙源丰富的主风向一侧，一般设 2~3 条林带；次风侧一般只设 1 条或者不设林带。林带宽度一般为 20~50 m，带间距离 50 m，林带距线路中心距离 30~40 m。该防沙体系适用于通过戈壁荒漠线路受风沙流侵袭并有可能引水或利用地下水灌溉的地段。

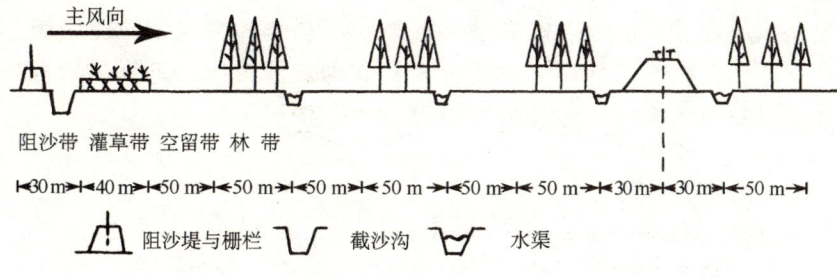

图 7.4　兰新线玉门段"四带一体"防护体系

——青藏线阻固结合的纯工程防沙体系。阻固结合的纯工程防沙体系的特征是：以阻为主，先阻后固，阻埋兼顾，不断增加积沙高度，利用沙丘愈高移动愈慢的规律控制流沙，达到以沙阻沙的效果（图 7.5）。这种防沙体系适用于无灌溉条件的地区进行铁路防护。防沙成败的关键在于阻沙带的设置，阻沙带的宽度在迎风侧为 100~350 m，背风侧 30~80 m，以输沙量决定。阻沙带的结构形式多样，在青藏线伏沙梁地段采用 8~12 道竹片栅栏，栅栏高 1 m，长 2 m，透风度 45%，间距为栅栏高度的 25~30 倍，平面形式为折线型；也可以建立片石包坡阻沙堤与竹片栅栏阻沙堤，以及芦苇栅栏、覆膜沙袋阻沙堤和盐坡挡沙堤等。应该注意的是，当一期阻沙带被沙埋后，要在原位置的积沙堤上再设阻沙带，反复多次增加积沙高度以形成高大的人工阻沙堤，达到以沙阻沙的效果。固沙带则可由碎石方格、盐块方格、麦草或芦苇方格组成，其宽度迎风侧 80~300 m，背风侧 30~50 m。

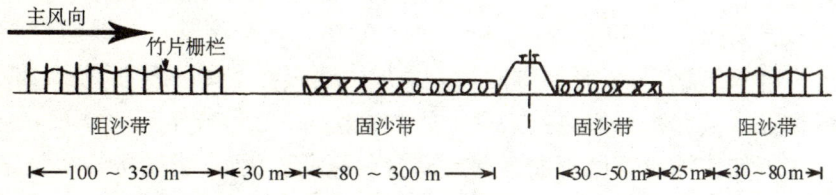

图 7.5　青藏线柯柯—格尔木段阻固结合的纯工程防沙体系

——干武线石峡子段无灌溉条件植物防沙体系。干武线石峡子段采取先在流动沙丘上设置草方格，然后在草方格内栽植植物，并加以封禁，最后达到防治沙害、保证线路畅通的目的（图 7.6）。这种防沙措施的主要特征是，在降水量很小的流动沙区，通过工程固沙措施，在无灌溉条件下，实现植物固沙。该防沙措施的适用条件是：年平均降水量不少于 160 mm 的地区，降水较均匀，少大雨和暴雨；不小于 0 ℃的有效积温在 3000 ℃·d 以上；线路两侧一定范围（一般主风侧 300 m，次风侧 100 m）的流动沙丘上设置草方格来固定流沙。同时，为了获得最佳的造林结果，应采用容器育苗法、ABT 生根粉及保水剂处理方法，以提高沙生植物的出苗率和生长量，还应优选适合当地栽植的沙生植物，并做好林带配置、立地条件选择，充分利用各种造林先进技术，使造林成活率稳定在 70%以上，保存率达 50%以上。

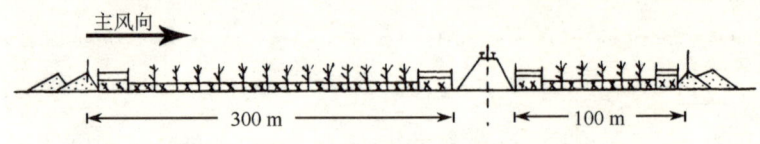

图 7.6 干武线石峡子段无灌溉条件下植物防沙体系

(3) 沙漠公路防沙治沙工程技术

公路穿越流动沙丘地区，沙丘前移直接埋道。公路路基为路堑，如有风沙流过楞坡上必然沉积流沙，并且愈积愈多，也会埋道。公路路基为零断面，若两侧为戈壁、风蚀地、半固定沙地或大面积风蚀性旱地，一进入冬、春风季，风沙流过境频繁，从路面一扫而过，不会在路面上积沙。但是，公路两侧如有宽 10～20 m 的灌木草丛或行道树，风沙流过境，则可在这里沉积愈来愈多的流沙，从而在路边形成沙垄，成为埋道的就地沙源。因此，风沙活动频繁的地区公路工程及防沙治沙，必须考虑风沙移动规律，并因地制宜采取对策，否则靠人工清沙投工投劳太大，公路防沙治沙可借助于铁路沙害整治的经验和技术。

位于塔里木盆地中心的塔克拉玛干沙漠是世界上第二大流动沙漠，流动沙丘占据 85%。塔里木盆地中心属极端干旱气候区，年平均降水量 35.5 mm，年平均蒸发量高达 3200～3600 mm，风大沙多，植被稀疏，沙漠腹地相对高度 50～70 m 的复合型沙丘延绵起伏。盆地中蕴藏着丰富的石油资源，仅在塔中四号构造区就探明石油地质储量 1 亿 t 以上，并已形成年产 200 万 t 油气的规模。为了加快沙漠腹地石油资源的勘探和开发步伐，"塔里木沙漠公路工程技术研究"被列为"八五"国家重点科技攻关项目，修筑了全长 522 km，穿越 416 km 流沙的沙漠公路，沙漠公路防沙治沙是此项工程中必须解决的技术难关，也是保证沙漠公路畅通的一项长期任务（图 7.7）。

根据塔里木盆地的自然条件和沙漠公路沿线风沙运动规律，制定了"避重就轻、因害设防、重害重防、轻害轻防"的原则，采用"阻、固、输、导"等措施，形成了一整套防沙治沙技术。四年时间在沙漠公路建立了"以机械固沙为主，辅以生物固沙、化学固沙试验"的公路固沙体系 248 km 和机场、井场防治工程，累计设置阻沙栅栏 890 km，草方格沙障 5352 万 m^2，化学固沙试验面积 2 万 m^2，还进行了植物固沙试验、沙漠腹地绿化工程和蔬菜栽培等。主要技术措施如下：

图 7.7　沙漠公路两旁的植物固沙工程

——沙漠公路选线和路面设计。考虑到公路沙害中以沙丘前移危害最大，公路要尽量避开沙丘背风坡，选择丘间低地或大沙山迎风坡下部；在路面设计上，把路基横断面设计成流线形或弧形断面，让风沙流顺利通过路堤，产生输导效果，避免路面积沙。

——公路防沙体系的合理宽度与设置。根据路段的沙害强度，防沙体系本身的种类、结构，防沙工程规定的使用年限和采用材料的寿命等综合考虑，经试验研究，尼龙网阻沙带、芦苇草方格固沙带的防护宽度为 90~98 m，具体路段的防沙带宽度应视沙害的程度和方向而异；防沙体系由前沿阻沙带（高立式栅栏和尼龙网栅栏）、中间草方格固沙带和公路两侧化学固沙带三个部分配置而成。

——固沙材料的选择。已经试验推广了覆膜防沙带压沙脊防止沙丘前移、压碾芦苇方格替代麦草方格和一年生草本植物固沙、L-P 固沙剂、复合材料固沙、尼龙网栅栏阻沙等六种固沙技术和材料，均收到良好的效果。

——极端干旱区的固沙植物引种和绿化、蔬菜栽培。在缺乏水源的情况下，利用沙漠降水量虽少但非常集中的特点，在降雨过程后适时播种耐旱耐盐一年生草本植物固沙，扩大了常用的植物固沙种类，同时在肖塘建立了沙漠植物园，成功引种沙生植物和盐生植物 37 种，采用咸水灌溉，均获成功，展现了生物固沙、改变沙漠腹地环境面貌的美好前景。

由于节省了道路清沙费，沙漠公路防沙工程每年可以产生直接经济效益 2280 万元，5 年投入产出比高达 1∶20 以上，经济效益十分可观。南北贯通塔克拉玛干沙漠的公路防护体系把大沙漠分隔为二，在一定程度上有利于控制流沙的蔓延。

防沙治沙工程增大了地表粗糙度，改善了局地微气候条件和地表状况，有利于草木植物种子的保存和繁育，如工程带内的芦苇、河西菊比外部流沙地繁茂，植被覆盖率在局部地区可达20％，使极端干旱的"死亡之海"公路沿线出现了生机盎然的景象，生态环境得到一定程度的改善。

7.2.2 生物固沙

浩瀚的沙漠戈壁有它变化和运动的过程，人们不能忽视它的存在，由于风沙的肆虐，林草繁茂的沃土成为不毛之地，文明古城被沙漠吞没。近代沙漠有继续扩展和土地严重沙化的趋势，已引起国务院和各级政府的高度重视。河西地区从20世纪60年代开始了沙漠治理和营造防护林，80年代国家把治沙和防护林建设纳入国民经济发展计划。已建固沙林保存面积13.2万 hm^2，防护林带总长1200万 km，控制流沙面积18.3万 hm^2，治理风沙口454处，保护和封育天然沙生植被近33.3万 hm^2。部分地方"沙逼人退"的现象基本得到缓解，1400多个村庄免除了流沙埋压的威胁，同时在沙漠戈壁边缘的沙化土地有规划地引水垦荒，营造防护林和治沙，阻止了流沙的蔓延和荒漠化的加速扩展。

1993年5月5日强沙尘暴过后，当时的国家林业部沙尘暴科学考察组以及中国科学院兰州沙漠研究所到现场调查发现，凡是保护林体系比较完整的绿洲，天然植被和人工植被覆盖率为30％左右，且地表有结皮的草场，有防护林带或灌木—草木植被带保护的铁路干线及支线，基本上没有受到这次沙尘暴的危害。

植物固沙是控制和固定流沙最根本且经济有效的措施。它不仅能长久固定流沙，遏制风沙活动，而且还能够为沙区提供燃料和饲料，同时又可以恢复和改善生态环境。经过几十年的不懈探索，我国在植物防沙治沙技术方面已经取得了长足的进展，如干旱、半干旱地区人工造林技术，从树种选择、配置到营林技术等问题都已基本解决。又如，适合于干旱、半干旱地区的径流造林技术，适合于半湿润半干旱地区的两行一带式林带配置技术，以及适合于干旱极端干旱区的窄带多带式绿洲防护林网技术等都是应用广泛、效果明显的植物固沙技术措施。飞播造林种草技术是广泛应用于半湿润干旱地区的一种重要的人工造林种草技术。目前我国在飞播造林种草方面已积累了丰富的经验，初步形成了一个比较完整的技术体系。"八五"期间，我国沙区飞播造林种草面积达31.3万 hm^2，取得了良好的效益。封沙育林育草技术是我国广泛应用的在人工辅助下恢复天然植被的一项主要技术措施，"八五"期间全国防沙治沙工程封沙育林育草面积 121.6 万 hm^2，取得了非常好的效果。甘肃省敦煌县荒漠区经过封育，植被恢复很快，生态环境明显好转，原先由于生态环境恶化，被迫迁往他乡的群众又重新迁回原址。实践表明，我国植物固沙技术已经相当成熟，应当大力推广，应用于我国防治荒漠化工程建设，发挥其应有的防风固沙效益。

　　河西的防护林体系建设，始终围绕南保"青龙"（保护和扩大祁连山水源涵养林）、北治"黄龙"（营造固沙植被和大型阻沙林带）和中建"绿龙"（绿洲窄林带小网格林网化）的总体部署，实践证明这的确是正确的，取得了显著成效。

　　河西东缘至陕西、山西及内蒙古地区今后防护林体系建设，遵循因害设防的原则，以防护绿洲需要为限度，重建、新建固沙植被和加宽阻沙林带，加速新、老绿洲窄林带小网格护田林建设。退耕还林还草，以生态农业、牧业为重点，加快生态环境的改善和建设。对于一般不灌溉的阻沙林带甚至固沙植被必要时可每年进行一次补给性灌水。人工固沙工程，考虑到辅助人工植被所设置的草方格，不耐沙尘暴袭击，同时多者四五年腐朽失效，还是以铺设黏土沙障为好，一是维持时间长，二是经雨水冲刷可在沙面形成土结壳，即使植被覆盖率不够，也不致遭受风蚀。河西走廊绿洲防风固沙体系（图7.8）就很有代表性。

　　华北地区，在城乡结合部加紧绿化，建立绿色生态屏障，对各县区及张家口市区周边城建扩展区和建筑工地就地的起沙采取严格控制措施，以有效降低沙尘强度。张家口的土地荒漠化和风沙活动直接影响到北京的环境保护和水源质量，由于张家口位于北京上游，是冬、春季西北风进入北京的主要风道，坝上四县又是荒漠化最严重的地区，其海拔高度为 1400~1600 m，是北京海拔高度的 50 倍左右；坝下地区五大沙滩是离北京最近的沙源，如南马场沙滩的"天溪"，其海拔高度比北京市区要高出 500 m 左右，距天安门直线距离只有 70 km。所以无论是坝上还是坝下离京的周边地区，都因其地势高、植被差、土地干燥疏松而成为对北京危害直接和影响最明显的沙源地。据统计，仅坝下五大沙滩每年就向北京输沙近百万吨，因此这些地方理应成为治理的重点区域。尽早尽快建成首都圈的绿色生态屏障是当务之急。

　　防护林网在宏观上根据风向和地域带状布置，在微观上适应于小地貌。丘间低地栽沙枣，缓沙坡及平坦沙地栽花棒、沙拐枣、梭梭、胡杨，轻盐碱地栽种沙枣、胡杨、红柳，盐碱地植红柳，乔灌木树种灵活配置，小区域成片，大范围成带。将流动、半固定沙丘包围在林内，真正实现"前挡后拉"。在人工林的防护下，借助于人工林喷灌的抚育措施，林下天然植被逐步恢复，自然地构成乔、灌、草的立体结构。

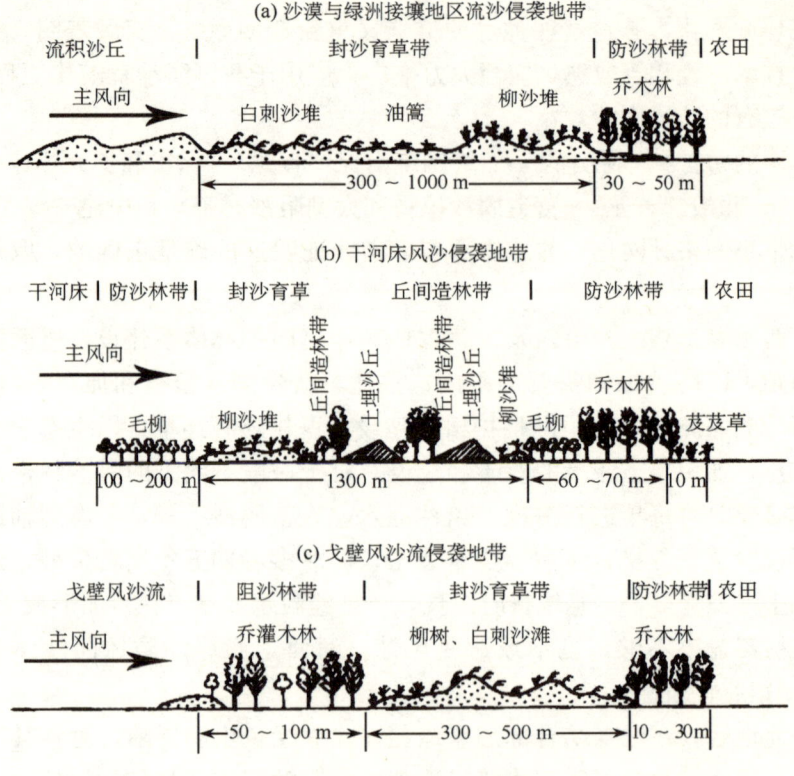

图 7.8　河西走廊绿洲防风固沙体系

在人工林管理措施中，喷灌的效果最为突出。试验结果表明，冬灌可使林木成活率提高 15%～50%，对沙枣成活率的影响尤为明显。试验还发现，冬灌可使树木提前 3～5 天萌发，并可促进枝稍生长。冬灌后，沙表冻结，就地固沙。这种措施既能直接解决植物需水问题，又能达到在冬季草枯叶落之际固沙、压沙的目的，是其他治沙方法无法取代的。

根据杨恒贵等（1994）的试验，封沙育林育草可增加植被覆盖率和生物量，降低风速，阻截流沙。封育后，植被覆盖率、生物量逐年增加，1987 年覆盖率达 37.3%，生物量达 411 g/m^2（表 7.1）。对照区天然植被覆盖率和生物量出现下降趋势，一方面是因为封育后草场面积减少，载畜量相对增加，另一方面是观测期间年降水量递减所致（1984 年降水量为 123 mm，1985 和 1986 两年分别为 91 mm 和 48 mm）。封育区地表（10 cm）风速相对 2 m 高风速下降了 50.7%，而对照区仅为 34.2%；封育区地表粗糙度明显增大，输沙量远小于对照区（表 7.2）。

表 7.1 封育对植被覆盖率和生物量的影响

调查年份	植被覆盖率/%			生物量/(g/m²)		
	封育区	对照区	封后增加	封育区	对照区	封后增加
1984	20.0	15.0	5.0	300	250	50
1985	33.4	13.7	18.4	377	243	127
1986	37.9	10.2	22.9	404	193	154
1987	37.3	8.7	22.3	411	155	161

表 7.2 围栏封育防风固沙效果

地段	200 cm 风速	10 cm 风速	$\dfrac{V_{200}-V_{10}}{V_{200}}$	地表粗糙度	输沙量
封育区	7.3	3.6	50.7	0.780	0.009 8
对照区	7.6	5.0	34.2	0.137	0.038 2

7.2.3 水资源的调控

水分变化，引起地面沙尘物质含水率的变化；含水率的变化，又影响地面干燥程度；干燥程度又与风蚀密切相关，从而影响沙尘暴的发生发展。其原因是土壤中有水分存在时，水分子与土壤颗粒之间的拉张力增加了颗粒间的内聚力，导致土壤抗风能力增加，具体表现在土壤含水率越大，土壤颗粒的起动风速越大，土壤抵抗风蚀的能力越强（表 7.3）。

表 7.3 不同风速下风蚀率与土壤含水量的关系

土壤含水率/%	不同风速条件下的风蚀率/(g/min)			
	10 m/s	15 m/s	20 m/s	25 m/s
2.67	73.04	761.96	1582.23	2480.00
4.14	66.19	210.86	881.32	1568.69
5.20	24.72	145.82	239.42	390.59
5.69	12.94	81.86	172.26	280.42
6.20	0.10	52.03	107.03	244.04
7.13	0.00	27.79	53.53	158.47
7.87	0.00	10.45	47.06	133.92
8.18	0.00	8.76	42.65	90.26
9.52	0.00	5.01	22.83	50.06

就风沙土而言，在土壤风蚀随含水率变化的过程中，随着含水率的增大，风蚀率缓慢地减小。当含水率增大到一定程度时，较小的土壤水分增量会引起土壤风蚀率较大幅度的减少。而后风蚀率随含水率的增加而减少的过程又

趋平缓。因此有研究认为，沙土含水量2%是转折点，当含水量低于2%时，抗风蚀能力变化较大；当含水量高于2%时，抗风蚀能力变化趋于稳定。当沙土含水量达到饱和持水量4.73%时，抗风蚀极限风速稳定在14 m/s左右，即可抗御6～7级大风。

因此，我国北方地区水资源匮乏、地表土壤干燥疏松是导致沙漠化及沙尘灾害频繁的重要原因之一。应根据上中下游统筹兼顾的原则，应地表水、地下水利用统一管理，合理分配用水的比例，实施以水为中心灌溉绿洲的区域性总体布局和合理的结构调整。建立高效、稳定的流域人工生态系统。

水资源匮乏是荒漠化地区土地综合整治与开发的主要制约因素之一。引进和开发节水技术，发展灌溉农业是我国荒漠化防治的重要措施。近年来，我国节水技术发展很快，在进行节水技术研究和开发的同时，也引进了许多国外的先进技术，取得了成功的经验，主要包括以下技术措施：

——渠道防渗。渠道输水是我国农田灌溉的主要输水方式，但传统的土渠输水渗漏损失大，约占引水量的50%～60%，一些土质较差的渠道渗漏损失高达70%以上。渠道防渗一直是我国发展农业高效用水的主要技术难题。据测定，浆砌块石防渗较土渠减少渗漏损失50%～60%；混凝土防渗较土渠减少渗漏损失60%～70%；塑料薄膜防渗较土渠减少渗漏损失70%～80%。

——低压管道输水。低压管道输水是指利用低压管道代替土渠将水直接输送到田间灌溉作物，以减少水在输送过程中的渗漏和蒸发损失。低压管道输水可使渠系水利用系数提高到0.9以上，减少占地2%～3%，并提高灌溉速度。一般地区采用渠道或管道输水技术可减少用水量20%～30%，增产10%～20%。

——喷灌。与传统的地面灌溉技术相比，喷灌一般可减少灌溉定额30%～50%，增产20%～30%。在荒漠化地区，喷灌适合于大田作物，提高喷灌的自动化程度和在夜间灌溉，可以提高喷灌的应用范围。

——微灌。微灌包括滴灌、微喷灌、渗灌和涌泉灌等，与传统的地面灌溉相比，可以减少灌溉定额50%～70%，增产20%至30%以上。目前我国主要将微灌应用在经济作物的灌溉上。

——田间节水。在平田整地的基础上，实行畦田灌溉、波涌灌以及小畦灌溉技术。田间节水成本低，群众易掌握，节水效果显著，一般可减少灌溉定额20%～30%。

上述节水技术，特别是近年来已在我国广泛应用的喷灌、微灌等技术将使荒漠化地区水资源利用潜力更为广阔，为新的工程建设、水资源高效利用提供技术保障。

大力推广节水灌溉技术，防止江河断流、湖泊干涸，控制地下水过度开采和水位下降的趋势，是我国北方地区保护和改善生态环境、防治沙尘暴及其危害，保证可持续发展的一项重大工程。由于干旱加剧、降水量减少及过量用水，地下水位严重下降，20世纪60年代以来营造的防护林和一些耐旱性差的沙生植物已出现成片死亡。这种趋势继续发展下去，就会导致地下水枯竭，产生井灌区农田废弃的严重恶果。民勤治沙站营造的沙枣林死亡表现得尤为明显。因此，需要在沙漠戈壁边缘的沙化土地，有规划地引水垦荒灌溉，造林治沙，控制流沙蔓延，防止土地沙化扩大和沙尘暴加剧。

附录 历史上的强和特强沙尘暴个例谱及重大灾例简介

1 历史上的强和特强沙尘暴个例谱

1954—2003 年中国北方部分强和特强沙尘暴个例谱

序号	日期	地区	天气情况及灾害
1	1954 年 3 月 18—19 日	内蒙古通辽、乌兰浩特、呼和浩特、林西、开鲁等地	内蒙古通辽、呼和浩特等 64 个气象站观测有沙尘暴发生，5 个站为强沙尘暴，其中通辽风力大于 21.7 m/s，能见度小于 50 m，为特强沙尘暴。沙尘暴持续达 25 h 以上
2	1955 年 3 月 16—17 日	甘肃安西、新疆若羌、山西大同、内蒙古扎鲁特旗等地	甘肃、新疆、山西、内蒙古共有 91 个气象站观测有沙尘暴发生，6 个站为强沙尘暴，其中甘肃安西风力大于 18 m/s，能见度小于 50 m，为特强沙尘暴。沙尘暴持续达 23 h，刮折树木 800 多株、房屋 10 间
3	1955 年 4 月 12—14 日	甘肃安西、敦煌，新疆和田、巴楚、若羌，宁夏中宁、同心等地	甘肃、新疆、宁夏有 40 个气象站观测有沙尘暴发生，9 个站为强沙尘暴，其中甘肃安西风力大于 20 m/s，能见度小于 50 m，沙尘暴持续达 34 h。新疆和田、莎车等地能见度均小于 50 m，为特强沙尘暴
4	1956 年 3 月 20—21 日	新疆若羌、且末，内蒙古化德、通辽，山西大同等地	甘肃、内蒙古、陕西、山西有 57 个气象站观测有沙尘暴发生，7 个站为强沙尘暴，其中新疆若羌风力大于 17.2 m/s，能见度小于 200 m，沙尘暴持续达 16 h
5	1956 年 4 月 13—14 日	吉林三岔河、通榆、长岭，内蒙古西乌珠穆沁旗、林东、林西、通辽等地	吉林、内蒙古有 94 个气象站观测有沙尘暴发生，7 个站为强沙尘暴，其中吉林三岔河风力大于 17.2 m/s，能见度小于 50 m，沙尘暴持续达 22 h。内蒙古林东、通辽等地能见度均小于 50 m，为特强沙尘暴

续表

序号	日期	地区	天气情况及灾害
6	1957年3月6—7日	甘肃武威、民勤、酒泉，新疆库车，青海冷湖，内蒙古吉兰泰、巴彦浩特，宁夏固原，陕西横山等地	甘肃、新疆、青海、内蒙古、宁夏、陕西有78个气象站观测有沙尘暴发生，15个站为强沙尘暴，其中甘肃武威风力大于24 m/s，能见度小于50 m；民勤风力大于25 m/s，能见度小于50 m，为特强沙尘暴。死亡10人，淹死牛等大牲畜105头，羊110只，吹倒房屋11间，吹垮堤坝，淹没农田1336亩。新疆库车、内蒙古吉兰泰等地能见度均小于50 m
7	1957年4月8日	山西五寨，内蒙古东胜、吉兰泰，青海格尔木，宁夏惠农，陕西榆林等地	山西、内蒙古、青海、宁夏、陕西有53个气象站观测有沙尘暴发生，6个站为强沙尘暴，其中山西五寨风力大于17.2 m/s，能见度小于50 m，沙尘暴持续13 h。内蒙古东胜等地能见度也小于50 m，为特强沙尘暴
8	1958年2月20—21日	甘肃鼎新、酒泉、高台、张掖、民勤，内蒙古陕坝、临河等地	甘肃、内蒙古有51个气象站观测有沙尘暴发生，7个站为强沙尘暴，其中甘肃鼎新风力大于40 m/s，能见度小于50 m。酒泉、张掖、民勤等地能见度均小于50 m，为特强沙尘暴
9	1958年2月22—23日	宁夏银川、同心，甘肃靖远、松山、武威、临夏、平凉等地	宁夏、甘肃有85个气象站观测有沙尘暴发生，9个站为强沙尘暴，其中宁夏银川风力大于17.2 m/s，能见度小于50 m。宁夏同心、甘肃靖远等地能见度均小于50 m，为特强沙尘暴
10	1958年3月17—20日	新疆和田、民丰，甘肃张掖，内蒙古朱日和、化德，河北饶阳等地	新疆、甘肃、内蒙古、河北有62个气象站观测有沙尘暴发生，6个站为强沙尘暴，其中新疆和田风力大于17.2 m/s，能见度小于50 m，为特强沙尘暴
11	1958年4月4—5日	新疆哈密、若羌、且末，甘肃敦煌，宁夏同心，内蒙古满都拉等地	新疆、甘肃、宁夏、内蒙古有101个气象站观测有沙尘暴发生，7个站为强沙尘暴，其中新疆哈密风力大于17.2 m/s，能见度小于50 m，14160亩农田受灾，54道坎儿井遭沙埋，倒大树40株。内蒙古满都拉风力大于30.1 m/s，能见度小于50 m，为特强沙尘暴
12	1958年4月28日	内蒙古鄂托克旗、满都拉、海流图，新疆吐鲁番，甘肃山丹、会宁，宁夏同心、固原、西吉等地	内蒙古、新疆、甘肃、宁夏有49个气象站观测有沙尘暴发生，9个站为强沙尘暴，其中内蒙古鄂托克旗风力大于17.2 m/s，能见度小于50 m。宁夏同心等地能见度也小于50 m，为特强沙尘暴
13	1959年4月15—16日	内蒙古东胜、伊金霍洛旗，宁夏盐池、中卫、海源，河北饶阳等地	内蒙古、宁夏、河北有56个气象站观测有沙尘暴发生，6个站为强沙尘暴，其中内蒙古东胜风力大于17.2 m/s，能见度小于200 m

续表

序号	日期	地区	天气情况及灾害
14	1960年3月22—23日	甘肃武威、安西、张掖，新疆和田，内蒙古阿拉善右旗，青海诺木洪等地	甘肃、新疆、内蒙古、青海有50个气象站观测有沙尘暴发生，6个站为强沙尘暴，其中甘肃武威风力大于19 m/s，能见度小于200 m。内蒙古阿拉善右旗能见度小于50 m，为特强沙尘暴
15	1961年5月31日—6月2日	甘肃张掖、景泰，新疆吐鲁番、库车，内蒙古阿拉善右旗，宁夏西吉等地	甘肃、新疆、内蒙古、宁夏有80个气象站观测有沙尘暴发生，6个站为强沙尘暴，其中甘肃张掖风力大于17.2 m/s，能见度小于200 m，民勤最大风速24 m/s，35603亩秋作物和瓜类被沙埋。新疆吐鲁番、库车等地能见度小于50 m，为特强沙尘暴。死伤20多人，兰新线新疆段多处被沙埋，造成91次列车脱轨的严重事故，交通中断36 h。下马崖等地有40多孔坎儿井被沙填埋
16	1963年4月14—16日	内蒙古额济纳旗、巴音毛道、吉兰泰、那仁宝力格、翁牛特旗，新疆吉木乃、克拉玛依、吐鲁番、轮台、巴楚，甘肃乌鞘岭等地	甘肃、新疆、内蒙古有91个气象站观测有沙尘暴发生，11个站为强沙尘暴，其中内蒙古额济纳旗风力大于17.2 m/s，能见度小于50 m。那仁宝力格风力30.9 m/s。新疆吉木乃等地能见度小于50 m，为特强沙尘暴。克拉玛依死亡1人，大风刮倒钻井架2座，刮倒刮断电杆499根。下马崖等地有40多孔坎儿井被沙填埋
17	1964年3月31日—4月1日	新疆和田、民丰，青海诺木洪、民和，山西五寨等地	新疆、青海、山西有58个气象站观测有沙尘暴发生，7个站为强沙尘暴，其中新疆和田风力大于21 m/s，能见度小于200 m。山西五寨等地能见度小于50 m，为特强沙尘暴
18	1965年11月27—28日	甘肃鼎新、高台、民勤，内蒙古阿拉善右旗、满都拉，宁夏盐池等地	甘肃、内蒙古、宁夏有40个气象站观测有沙尘暴发生，7个站为强沙尘暴，其中甘肃鼎新风力大于40 m/s，能见度小于200 m，沙尘暴持续达28 h
19	1965年12月13日	内蒙古四子王旗、满都拉、朱日和、海流图、百灵庙、化德、伊金霍洛旗等地	内蒙古有32个气象站观测有沙尘暴发生，7个站为强沙尘暴，其中四子王旗风力大于24 m/s，能见度小于50 m，朱日和能见度小于50 m，百灵庙风力大于24 m/s，伊金霍洛旗风力大于20 m/s，为特强沙尘暴
20	1966年3月17日	内蒙古二连浩特、满都拉、苏尼特左旗、朱日和、化德、伊金霍洛旗等地	内蒙古有75个气象站观测有沙尘暴发生，8个站为强沙尘暴，其中二连浩特风力大于36.4 m/s，朱日和、化德等地能见度均小于50 m，为特强沙尘暴

续表

序号	日期	地区	天气情况及灾害
21	1966年4月13—15日	内蒙古伊金霍洛旗、朱日和、集宁、包头，甘肃酒泉，宁夏银川、盐池，山西右玉、河曲，河北饶阳等地	甘肃、内蒙古、宁夏、山西、河北有113个气象站观测有沙尘暴发生，17个站为强沙尘暴，其中内蒙古伊金霍洛旗风力大于20 m/s，能见度小于50 m。内蒙古集宁、宁夏银川、河北饶阳等地能见度均小于50 m，为特强沙尘暴
22	1966年6月21日	内蒙古呼和浩特、苏尼特左旗、朱日和、包头、鄂托克旗等地	内蒙古有37个气象站观测有沙尘暴发生，7个站为强沙尘暴，其中呼和浩特风力大于23.1 m/s，苏尼特左旗、朱日和、鄂托克旗等地能见度均小于50 m，为特强沙尘暴
23	1969年3月25—27日	内蒙古巴音毛道、拐子湖、巴彦浩特，新疆皮山，宁夏中宁，河南郑州、开封等地	内蒙古、新疆、宁夏、河南有73个气象站观测有沙尘暴发生，8个站为强沙尘暴，其中内蒙古巴音毛道风力大于21 m/s，能见度小于50 m，为特强沙尘暴。沙尘暴持续达32 h
24	1969年4月2—3日	新疆柯坪、民丰、且末、于田，内蒙古化德等地	新疆、内蒙古有52个气象站观测有沙尘暴发生，6个站为强沙尘暴，其中新疆柯坪风力大于17.2 m/s，能见度小于50 m，为特强沙尘暴。沙尘暴持续达10 h
25	1971年4月5—6日	内蒙古四子王旗，新疆和田、且末、于田，甘肃玉门、酒泉、民勤等地	新疆、甘肃、内蒙古有104个气象站观测有沙尘暴发生，7个站为强沙尘暴，其中内蒙古四子王旗风力32 m/s，能见度小于50 m，为特强沙尘暴。沙尘暴持续达11 h。新疆和田风力25.5 m/s。甘肃玉门风力27 m/s，金塔有明显的风沙壁过境
26	1974年4月29日	宁夏银川、盐池，内蒙古包头、东胜、伊金霍洛旗等地	宁夏、内蒙古有46个气象站观测有沙尘暴发生，5个站为强沙尘暴，其中宁夏银川风力30.8 m/s，能见度小于200 m。内蒙古伊金霍洛旗能见度小于50 m，为特强沙尘暴。东胜风力20 m/s，包头风力22 m/s，部分小麦、甜菜幼苗被刮死或沙埋
27	1975年4月16—17日	甘肃张掖、新疆焉耆、巴楚、阿克苏、青海格尔木等地	新疆、甘肃、青海有40个气象站观测有沙尘暴发生，5个站为强沙尘暴，其中甘肃张掖风力大于20 m/s，能见度小于200 m，沙尘暴持续达11 h。新疆焉耆能见度小于50 m，为特强沙尘暴
28	1977年2月20—21日	宁夏陶乐、盐池，陕西横山，甘肃民勤，河北饶阳等地	甘肃、宁夏、陕西、河北有80个气象站观测有沙尘暴发生，5个站为强沙尘暴，其中宁夏陶乐风力25 m/s，能见度小于200 m。陕西横山风力21 m/s
29	1977年3月13日	内蒙古朱日和、二连浩特、阿巴嘎旗、苏尼特左旗、海流图、东胜、伊金霍洛旗、锡林浩特等地	内蒙古有61个气象站观测有沙尘暴发生，8个站为强沙尘暴，其中朱日和风力26 m/s，能见度小于200 m。苏尼特左旗风力24.7 m/s，二连浩特风力22 m/s

续表

序号	日期	地区	天气情况及灾害
30	1977年4月22日	甘肃张掖、山丹，新疆柯坪、若羌等地	新疆、甘肃有48个气象站观测有沙尘暴发生，4个站为强沙尘暴，其中甘肃张掖风力38 m/s，能见度小于200 m，死亡54人，失踪25人，大面积农田受灾。新疆柯坪风力20.4 m/s，若羌能见度小于50 m，为特强沙尘暴。二连浩特风力22 m/s
31	1979年4月10—12日	内蒙古海流图、吉河德，新疆克拉玛依、吐鲁番库车、巴楚、若羌、民丰、且末、哈密，青海茫崖、冷湖、兴海，甘肃敦煌，宁夏惠农、盐池，陕西榆林、吴旗等地	新疆、甘肃、青海、宁夏、陕西、内蒙古、河北有117个气象站观测有沙尘暴发生，27个站为强沙尘暴，其中内蒙古海流图风力25 m/s，能见度小于50 m，沙尘暴持续达14 h，吉河德风力24 m/s，能见度小于50 m。新疆克拉玛依风力33 m/s，能见度小于50 m，吐鲁番风力25 m/s，能见度小于50 m，哈密风力20.3 m/s，能见度小于50 m，为特强沙尘暴。青海茫崖风力23.3 m/s。宁夏惠农风力25.7 m/s。兰新线中断37 h又47 min，损失2.1万 m² 房屋，死亡20多人，伤40多人，农作物受损3万 hm²，牲畜死亡数万头
32	1980年4月17—18日	内蒙古朱日和、额济纳旗、拐子湖、海力素、临河、伊金霍洛旗，山西河曲、原平等地	内蒙古、山西有91个气象站观测有沙尘暴发生，8个站为强沙尘暴，其中内蒙古朱日和风力26 m/s，能见度小于200 m，沙尘暴持续达15 h，额济纳旗风力23 m/s，能见度小于100 m。巴盟2万余亩农田受灾，包头郊区蔬菜苗损失四分之一，塑料大棚毁坏345亩。山西原平风力21.7 m/s，能见度小于100 m
33	1981年4月30日—5月2日	宁夏盐池，新疆福海、阿克苏、巴楚、莎车，内蒙古拐子湖、巴音毛道、化德，陕西榆林、吴旗等地	新疆、宁夏、内蒙古、陕西有86个气象站观测有沙尘暴发生，12个站为强沙尘暴，其中宁夏盐池风力大于19 m/s，能见度小于100 m，沙尘暴持续达15 h。新疆福海、阿克苏、巴楚、陕西榆林、吴旗能见度均小于100 m。兰新线被沙埋，沿线110个车站123块门窗被飞沙走石打坏
34	1981年5月9—11日	内蒙古宝国图、巴音毛道、满都拉、翁牛特旗，新疆民丰，甘肃敦煌、安西，辽宁黑山等地	新疆、甘肃、内蒙古、辽宁有55个气象站观测有沙尘暴发生，8个站为强沙尘暴，其中内蒙古宝国图风力22 m/s，能见度小于100 m，沙尘暴持续达33 h。翁牛特旗能见度小于100 m，沙尘暴持续达26 h
35	1983年3月15日	甘肃景泰、环县，宁夏固原、海源，陕西横山、榆林等地	甘肃、宁夏、陕西有47个气象站观测有沙尘暴发生，6个站为强沙尘暴，其中甘肃景泰风力20 m/s，能见度小于200 m，沙尘暴持续达11 h。宁夏固原能见度小于50 m，为特强沙尘暴。海源能见度小于100 m

续表

序号	日期	地区	天气情况及灾害
36	1983年4月17日	吉林通榆、白城、长岭、双辽,黑龙江安达,辽宁彰武等地	吉林、黑龙江、辽宁有23个气象站观测有沙尘暴发生,7个站为强沙尘暴,其中吉林通榆风力22.3 m/s,能见度小于50 m,为特强沙尘暴。沙尘暴持续达14 h。黑龙江安达风力22.3 m/s,能见度小于50 m,为特强沙尘暴
37	1983年4月27—28日	宁夏同心、银川、盐池,新疆轮台、库车、库尔勒、若羌、和田、民丰,甘肃武威、景泰,青海德令哈、刚察,内蒙古包头、伊金霍洛旗,陕西横山、吴旗,山西河曲等地	新疆、甘肃、青海、宁夏、陕西、内蒙古、山西有108个气象站观测有沙尘暴发生,26个站为强沙尘暴,其中宁夏同心风力20.7 m/s,能见度小于50 m,为特强沙尘暴,持续达14 h;盐池能见度小于50 m,为特强沙尘暴,沙尘暴造成农田被沙埋,房屋倒塌533间,人畜伤亡很大。青海刚察能见度小于50 m,为特强沙尘暴,德令哈能见度小于100 m,大风吹断树木772棵,吹毁房屋12间,吹倒围墙1395 m,吹倒电线杆35根。内蒙古伊金霍洛旗能见度小于100 m,沙尘暴持续达26 h,伊克昭盟死亡失踪58人,牲畜死亡和丢失16万头。此外,甘肃景泰、陕西横山等地能见度均小于50 m,为特强沙尘暴
38	1983年5月19—21日	内蒙古吉河德、海力素,新疆库车、柯坪,甘肃鼎新、武威、会宁,宁夏盐池等地	新疆、甘肃、宁夏、内蒙古有70个气象站观测有沙尘暴发生,9个站为强沙尘暴,其中内蒙古吉河德风力23 m/s,能见度小于100 m,沙尘暴持续达11 h。甘肃鼎新风力22 m/s,能见度小于100 m
39	1984年4月19—20日	内蒙古巴音毛道、额济纳旗、海流图、鄂托克旗,新疆和田、民丰、安德河、且末、于田等地	新疆、内蒙古有70个气象站观测有沙尘暴发生,10个站为强沙尘暴,其中内蒙古巴音毛道风力大于20 m/s,能见度小于50 m,为特强沙尘暴,沙尘暴持续达11 h。内蒙古额济纳旗、海流图、鄂托克旗,新疆民丰、且末、于田等地能见度均小于100 m
40	1984年4月25—26日	内蒙古吉河德、拐子湖、二连浩特、海力素、海流图、吉兰泰、鄂托克旗,新疆托里、七角井、轮台、阿拉尔、若羌、且末、于田,青海格尔木,宁夏惠农、银川、陶乐、盐池,陕西铜川,河南许昌等地	新疆、青海、宁夏、内蒙古、陕西、河南有118个气象站观测有沙尘暴发生,24个站为强沙尘暴,其中内蒙古吉河德风力26 m/s,能见度小于100 m,沙尘暴持续达15 h。拐子湖风力20.3 m/s,能见度小于100 m,沙尘暴持续达15 h。海力素、海流图、吉兰泰等地能见度均小于50 m,为特强沙尘暴。杭锦旗死亡1人,死牲畜4279头。新疆托里、轮台能见度0 m,克拉玛依风沙伤22人,刮倒钻井架3座,刮倒通信电杆67根,电力线电杆166根,致使104幢楼房揭顶,457亩农田受毁,558头牛、羊死亡

续表

序号	日期	地区	天气情况及灾害
41	1986年5月18—20日	甘肃敦煌、安西、玉门、酒泉，新疆巴楚、铁干里克、若羌、皮山、民丰、安德河、且末、哈密、红柳河等地	新疆、甘肃有42个气象站观测有沙尘暴发生，13个站为强沙尘暴，其中甘肃敦煌风力22 m/s，能见度小于50 m，为特强沙尘暴，沙尘暴持续达30 h。安西风力35 m/s，能见度小于50 m，为特强沙尘暴，沙尘暴持续达21 h。敦煌和安西农田被沙覆盖20～30 cm深，牲畜被吹散伤亡，树木刮倒，房屋被毁，交通中断。新疆巴楚、皮山、哈密、红柳河等能见度均小于50 m，为特强沙尘暴。和田10人死亡，9人失踪，小麦减产2500万kg，棉花减产12～15万担。哈密市共损失1924.5万元。兰新铁路新疆段因多处被沙掩埋，造成中断运行31 h之久
42	1990年3月12—13日	甘肃鼎新、金塔、酒泉，青海茫崖，内蒙古朱日和等地	甘肃、青海、内蒙古有33个气象站观测有沙尘暴发生，5个站为强沙尘暴，其中甘肃鼎新风力26 m/s，能见度小于50 m，为特强沙尘暴。金塔风力20 m/s，能见度小于50 m，为特强沙尘暴。青海茫崖风力21 m/s，能见度小于50 m，为特强沙尘暴
43	1993年5月5日	甘肃民勤、永昌、武威、景泰、靖远，宁夏惠农、银川，内蒙古巴音毛道、吉兰泰、巴彦浩特、朱日和等地	甘肃、宁夏、内蒙古有42个气象站观测有沙尘暴发生，11个站为强沙尘暴，其中甘肃民勤风力25 m/s，能见度小于50 m，为特强沙尘暴。永昌风力28 m/s，能见度小于50 m，为特强沙尘暴。武威风力23 m/s，能见度小于50 m，为特强沙尘暴。金昌站15:42风沙壁过境，流沙掩埋铁路，造成客、货车迟发晚点和停运42列。死亡50人，失踪12人，重伤153人，受灾农田16.9万 hm^2，牲畜6.6万头。内蒙古吉兰泰、巴彦浩特等地能见度小于50 m，为特强沙尘暴。宁夏惠农风力30.2 m/s，银川风力21.7 m/s，能见度小于100 m。宁夏伤亡人员100多人，造成直接经济损失3600多万元
44	1994年4月6—8日	内蒙古拐子湖、额济纳旗、巴音毛道，新疆若羌、莎车、民丰，甘肃敦煌、安西、玉门等地	新疆、甘肃、内蒙古有26个气象站观测有沙尘暴发生，10个站为强沙尘暴，其中内蒙古拐子湖风力27 m/s，能见度小于100 m，沙尘暴持续达46 h。额济纳旗能见度小于100 m，沙尘暴持续达30 h。新疆民丰能见度小于100 m，沙尘暴持续达27 h。甘肃安西能见度小于100 m，沙尘暴持续达27 h

续表

序号	日期	地区	天气情况及灾害
45	1995年3月10日	内蒙古朱日和、拐子湖、鄂托克旗、甘肃酒泉、民勤等地	甘肃、内蒙古有27个气象站观测有沙尘暴发生,5个站为强沙尘暴,其中内蒙古朱日和风力25 m/s,能见度小于50 m,为特强沙尘暴,沙尘暴持续达14 h。拐子湖能见度小于100 m,风力26 m/s。新疆民丰能见度小于100 m,沙尘暴持续达27 h。甘肃酒泉风力23.3 m/s,民勤风力24.6 m/s
46	1996年5月29—30日	甘肃玉门、敦煌、安西、金塔、酒泉、高台、张掖、民勤,新疆若羌、和田、民丰、且末、于田,内蒙古阿拉善右旗等地	新疆、甘肃、内蒙古有30个气象站观测有沙尘暴发生,14个站为强沙尘暴,其中甘肃玉门风力20 m/s,能见度小于100 m,沙尘暴持续达15 h。敦煌能见度小于100 m,风力27 m/s。新疆且末能见度小于50 m,为特强沙尘暴。若羌风力24.4 m/s
47	1999年4月23—24日	新疆若羌、塔中、民丰、且末,内蒙古额济纳旗等地	新疆、内蒙古有27个气象站观测有沙尘暴发生,5个站为强沙尘暴,其中新疆若羌风力28.1 m/s,能见度小于100 m,沙尘暴持续达24 h。民丰能见度小于50 m,为特强沙尘暴
48	2000年4月19日	内蒙古拐子湖、甘肃金塔、酒泉、民勤,陕西定边等地	甘肃、内蒙古、陕西有39个气象站观测有沙尘暴发生,5个站为强沙尘暴,其中内蒙古拐子湖风力20 m/s,能见度小于200 m。甘肃酒泉风力23.5 m/s,民勤风力21 m/s。陕西定边能见度小于100 m
49	2001年4月5—7日	内蒙古苏尼特左旗、乌兰浩特、额济纳旗、巴音毛道、二连浩特、满都拉、阿巴嘎旗、朱日和、海流图、西乌珠穆沁旗、锡林浩特、吉林白城等地	新疆、内蒙古、吉林有62个气象站观测有沙尘暴发生,17个站为强沙尘暴,其中内蒙古苏尼特左旗风力24 m/s,能见度小于50 m,沙尘暴持续达28 h。额济纳旗、二连浩特、满都拉、阿巴嘎旗、朱日和等地能见度均小于50 m,为特强沙尘暴。朱日和风力26.7 m/s,锡林浩特风力26.3 m/s
50	2001年4月7—9日	新疆若羌、库车、喀什、阿合奇、民丰,青海茫崖、冷湖,甘肃永昌、景泰、环县,宁夏惠农,内蒙古额济纳旗、巴音毛道、海流图、鄂托克旗,陕西定边等地	新疆、青海、甘肃、宁夏、内蒙古、陕西有79个气象站观测有沙尘暴发生,20个站为强沙尘暴,其中新疆若羌风力32.7 m/s,能见度小于100 m,沙尘暴持续达11 h。库车风力34.6 m/s,能见度小于100 m。喀什风力27.9 m/s,能见度小于100 m。青海冷湖风力21.3 m/s,能见度小于100 m。新疆民丰、内蒙古巴音毛道等地能见度小于50 m,为特强沙尘暴。宁夏惠农风力30.6 m/s

续表

序号	日期	地区	天气情况及灾害
51	2001年4月28—29日	青海茫崖，新疆若羌、民丰，甘肃金塔、酒泉、高台、民勤、景泰、华家岭等，内蒙古满都拉、二连浩特等地	新疆、青海、甘肃、内蒙古有56个气象站观测有沙尘暴发生，11个站为强沙尘暴，其中新疆若羌风力25.6 m/s，能见度小于100 m。民丰风力21 m/s，能见度小于100 m。喀什风力27.9 m/s，能见度小于100 m。青海茫崖风力22.7 m/s，能见度小于100 m。此外，甘肃民勤、华家岭，内蒙古二连浩特等地能见度小于50 m，为特强沙尘暴。甘肃酒泉风力24 m/s
52	2002年3月19—21日	内蒙古朱日和、乌兰浩特、巴音毛道、二连浩特、苏尼特左旗、阿巴嘎旗、西乌珠穆沁旗、多伦，甘肃民勤、景泰，新疆巴楚，青海贵南，宁夏惠农，陶乐，河北张北，辽宁叶柏寿，吉林白城等地	新疆、青海、甘肃、宁夏、内蒙古、河北、辽宁、吉林有83个气象站观测有沙尘暴发生，7个站为强沙尘暴，其中内蒙古朱日和风力24.4 m/s，能见度小于100 m。阿巴嘎旗能见度小于50 m，为特强沙尘暴。那仁宝力格能见度小于100 m。内蒙古多伦、河北张北等地能见度小于200 m。宁夏惠农风力31 m/s，陶乐风力22.1 m/s
53	2002年4月6—8日	内蒙古朱日和、二连浩特、那仁宝力格、阿巴嘎旗、锡林浩特、多伦、苏尼特左旗、西乌珠穆沁旗，新疆和田、民丰，青海茫崖、冷湖、刚察，河北丰宁，吉林双辽等地	新疆、青海、内蒙古、河北、辽宁、吉林有35个气象站观测有沙尘暴发生，11个站为强沙尘暴，其中内蒙古朱日和风力24.2 m/s，能见度小于50 m，为特强沙尘暴。二连浩特、阿巴嘎旗、锡林浩特、苏尼特左旗等地能见度均小于50 m，为特强沙尘暴。那仁宝力、格多伦能见度小于100 m。内蒙古化德、吉林双辽、河北丰宁等地能见度小于200 m
54	2003年4月8—11日	青海茫崖、达日、冷湖、玛多，新疆库车、民丰、于田、阿克苏、阿拉尔、塔中，甘肃张掖、民勤，陕西定边，宁夏盐池，内蒙古额济纳旗、拐子湖等地	新疆、甘肃、青海、宁夏、陕西、内蒙古有47个气象站观测有沙尘暴发生，5个站为强沙尘暴，其中青海茫崖风力大于26 m/s，能见度小于50 m，为特强沙尘暴。青海达日能见度小于100 m。新疆库车风力29.6 m/s，能见度小于300 m。塔中、民丰、于田见度小于200 m。新疆阿克苏风力24 m/s，陕西定边风力22.7 m/s，宁夏盐池风力20.8 m/s

2 重大灾例简介

2.1 1977年4月22日特强沙尘暴

（1）影响范围

1977年4月22日14时，当冷锋经过敦煌、安西后，两站先后出现大风、沙尘暴天气，平均风力 7~8 级，最大瞬时风力敦煌达 10 级。同时北疆也是大风天气，一般风力 6~7 级，瞬时最大风力 10 级。随着冷锋东移，河西各地（敦煌、安西、玉门镇、鼎新、金塔、肃北、酒泉、高台、临泽、肃南、张掖、民乐）先后出现大风、沙尘暴天气，平均风力一般 6~8 级，其中安西瞬时风力达 40 m/s。酒泉 17 时能见度小于 50 m，沙尘暴于 20 时前结束。冷锋经过中部、陇东等地市出现扬沙、浮尘天气，中部的浮尘天气 24 日结束。由于受高原上切变线云系影响，20 日 08 时，乌鞘岭以东降小雨或中到大雪（山区），随着冷锋东移，22 日夜间降水结束。23 日夜间，受高原上切变线影响，祁连山区及中部、甘南降小雨（雪），降温不明显。

(2) 天气实况

序号	地名	能见度/m	风速/(m/s)	风向/°	开始时间	终结时间	持续时间/min	天气现象
1	敦煌	1000			12：13	15：17	184	沙尘暴
2	安西	500	13	190	12：35	17：30	295	强沙尘暴
3	玉门镇	1000			14：07	20：00	353	沙尘暴
4	鼎新	500			16：57	20：00	183	强沙尘暴
5	金塔	200			16：15	20：00	225	特强沙尘暴*
6	肃北	1000			11：20	14：38	198	沙尘暴
7	酒泉	500	14	233	16：11	20：00	229	强沙尘暴
8	高台	500			17：27	20：00	153	强沙尘暴
9	临泽	200			17：52	20：00	128	特强沙尘暴*
10	肃南	200			17：56	20：00	124	特强沙尘暴*
11	张掖	200	15	280	18：14	20：00	106	特强沙尘暴*
12	民乐	200			18：58	20：00	62	特强沙尘暴*
13	山丹	200			19：00	20：00	60	特强沙尘暴*

引自岳虎等，2003；*《国家沙尘暴天气等级》于 2006 年颁布前特强沙尘暴为能见度≤200 m。

(3) 环流形势和影响系统

过程前期，欧亚中高纬度环流形势主要为，欧洲平原为槽、乌拉尔山为脊，中西伯利亚、巴尔喀什湖到中亚为槽，且环流经向度较大。22 日 08 时，高压脊呈东北—西南方向，位于泰梅尔半岛到西西伯利亚。并有闭合高压中心，数值 573 dagpm。其前部贝加尔湖、蒙古高原到新疆为一低压槽，并有低涡中心配合，数值 538 dagpm，对应温度为 -36 ℃。冷空气在东移中进入甘肃境内，河西出现大风、沙尘暴天气。

过程前期，东亚地面天气图上，冷高压位于乌拉尔山、西西伯利亚到巴尔喀什湖，对应冷锋在萨彦岭到新疆西部。冷锋在 22 日 08 时到达蒙古高原东部—野马街—敦煌一线。冷锋后，14 时北疆先出现大范围大风，最大风力 10 级。同时敦煌、安西出现大风、沙尘暴天气，平均风力 7~8 级，最大瞬时风力达 10 级。此后河西其余各地自西向东出现大风、沙尘暴天气。

本次沙尘暴属于冷锋后偏西大风型。冷空气源地在欧洲东部，经乌拉尔山南端、西西伯利、巴湖、新疆到蒙古高原，进入甘肃。

冷空气移动路径为西北路径。

2.2 1983 年 4 月 27 日特强沙尘暴

（1）影响范围

1983 年 4 月 26 日 20 时，冷空气维持在天山山脉到蒙古高原，锋面前部有小股冷空气进入甘肃河西西部，玉门镇首先出现沙尘暴，能见度 900 m。27 日 08 时，冷空气主力进入河西走廊，河西西部出现小雪天气。28 日 08 时，河西（敦煌、玉门、安西、肃北、高台、张掖、民乐、武威、民勤、古浪、乌鞘岭、永昌）、中部（皋兰、永登、兰州、榆中、景泰、靖远、白银、会宁、临洮、定西、广河、和政）、陇东（静宁、灵台、泾川、华亭、崇信、庆阳、镇原、华池）及宁夏等地出现大风、沙尘暴。这次沙尘暴天气于 28 日下午结束。甘肃各地气温普遍下降 3~20 ℃，其中玉门镇气温下降 20 ℃，甘肃全省出现降雪天气。

（2）天气实况

序号	地名	能见度 /m	风速 /(m/s)	风向 /°	开始时间	终结时间	持续时间 /min	天气现象
1	敦煌				10：11	11：13	62	
2	玉门镇				20：00	20：30	30	
3	鼎新				05：35	05：42	7	
4	高台	400			06：30	07：15	45	强沙尘暴
5	张掖		15	137	08：19	09：05	46	
6	民乐	900			08：34	08：52	18	沙尘暴
7	永昌				11：12	12：14	62	
8	武威	≤200	1	173	11：23	14：48	205	特强沙尘暴*
9	民勤	400	15	203	11：15	15：10	235	强沙尘暴
10	古浪	400			12：05	15：13	188	强沙尘暴
11	乌鞘岭	500	2	203	13：20	15：15	120	强沙尘暴
12	景泰	<50	15	133	13：20	19：05	345	特强沙尘暴*
13	皋兰				15：43	17：50	127	
14	永登				16：50	17：15	25	

续表

序号	地名	能见度/m	风速/(m/s)	风向/°	开始时间	终结时间	持续时间/min	天气现象
15	兰州		2	90	16:25	18:30	125	
16	靖远		16	157	15:05	19:07	242	
17	白银		1	205	14:50	18:42	232	
18	广河	500			18:34	20:00	86	强沙尘暴
19	榆中				16:43	18:51	128	
20	临夏	600	1	123	19:10	20:00	50	沙尘暴
21	和政	500			19:13	20:00	47	强沙尘暴
22	临洮	400	2	70	19:01	20:00	59	强沙尘暴
23	康乐	600			18:45	20:00	75	沙尘暴
24	会宁	700			17:29	20:00	151	沙尘暴
25	定西	300	1	130	17:28	17:46	18	强沙尘暴
26	华家岭	200	1	240	17:58	20:00	122	特强沙尘暴*
27	渭源	200			19:10	20:00	50	特强沙尘暴*
28	环县	100	1	127	17:54	18:24	30	特强沙尘暴*
29	庆阳	400			19:19	20:00	41	强沙尘暴
30	静宁	300			18:25	20:00	95	强沙尘暴
31	通渭	600			18:20	20:00	100	沙尘暴
32	平凉	200	16	160	18:01	20:00	119	特强沙尘暴*
33	西锋	700	16	100	19:30	20:00	30	沙尘暴
34	灵台	100			19:29	20:00	31	特强沙尘暴*
35	镇原	100			18:27	20:00	93	特强沙尘暴*
36	泾川	200			19:13	20:00	47	特强沙尘暴*
37	华亭	200			18:39	20:00	81	特强沙尘暴*
38	崇信	100			18:39	20:00	81	特强沙尘暴*
39	华池	300			18:52	20:00	68	强沙尘暴
40	码曲				15:25	15:29	4	
41	漳县	300			19:36	20:00	24	强沙尘暴
42	陇西	500			19:20	20:00	40	强沙尘暴

引自岳虎，2003；*《国家沙尘暴天气等级》于2006年颁布前特强沙尘暴为能见度≤200 m。

(3) 环流形势和影响系统

1983年4月25日08时500 hPa高空图上，里海处有一闭合低压，西西伯利亚、中西伯利亚、蒙古高原为一大低压，有两个低压中心，分别位于蒙古高原北部和中西伯利亚高原东部，中心强度分别为517 dagpm和518 dagpm。整个西北区上空为大冷槽底部的西北偏西气流控制。同时在乌拉尔山到咸海有一高压，中心位于咸海北部。26日08时，巴尔喀什湖到新疆西部的位势高度不断增加，原位于蒙古国北部的低压中心位置变化不大，并不断分裂出小股冷空气南下。27日08时，咸海东部、巴尔喀什湖到新疆东部的高压发展增强，高压脊线到了80°E附近，而蒙古高原的冷空气沿脊前西北气流南下，经过西北区，造成大风、沙尘暴天气。

25日08时地面图上，乌拉尔山到整个西伯利亚为一大高压控制，最强的高压中心在鄂毕河附近，中心强度达1035 hPa。还有一个高压中心在新疆阿勒泰，中心气压为1017 hPa。这个小高压前部对应的冷锋锋面呈东—西走向，位于蒙古高原到天山山脉。甘肃省上空被一小高压控制，各地天气晴好。随着时间的推移，原来鄂毕河附近的高压中心东移南压到了新西伯利亚，同时与新疆的小高压合并，高压前部的冷锋从东北的小兴安岭穿过蒙古高原到天山山脉。27日08时，高压中心移到蒙古高原西北部，中心加强至1042 hPa。前部锋面进入河西西部，引起青海西部、甘肃大部分地方和宁夏、内蒙古的大风、沙尘暴、降水与降温天气。

此次沙尘暴天气过程属于河西小槽型。

冷空气源地在新地岛北部的北冰洋洋面上，沿乌拉尔山脊前偏北气流南下，经中西伯利亚进入蒙古高原，直到河西走廊，影响西北地区出现沙尘暴。

冷空气路径为北方路径。

2.3 1993年5月5日特强沙尘暴

(1) 影响范围

1993年5月5日下午到夜间，中国西北部的河西走廊、宁夏回族自治区的中卫、兴仁、平罗以及内蒙古自治区的阿拉善盟发生了一场历史上罕见的特强沙尘暴。甘肃河东的（皋兰、永登、景泰、靖远、白银）也出现沙尘暴天气，特强沙尘暴给甘肃、宁夏、内蒙古等省（自治区）带来巨大损失。甘肃省河西走廊首当其冲，损失更加惨重。特强沙尘暴所到之处，农田地膜全部卷走，大片农田被沙压埋，果园果花几乎落绝，不少树木被刮断连根拔掉，农用电线杆杆倒线断，引起火灾，许多工厂被迫停产，牧区帐篷吹倒、牛羊吹散。据统计，甘肃省在风灾中有50人死亡，14人失踪，153人受重伤。农作物和经济果林受灾面积达30多万 hm^2，丢失、伤亡各类牲畜6万多头（只），风灾造成直接经济损失达2.36亿元。宁夏和内蒙古也都损失惨重。

(2) 天气实况

序号	地名	能见度/m	风速/(m/s)	风向/°	开始时间	终结时间	持续时间/min	天气现象
1	金塔		14	120	16：10	19：18	188	
2	酒泉		14	160	12：45	13：15	30	
3	高台	800	16	120	13：43	14：47	64	沙尘暴
4	临泽				14：10	15：06	56	
5	肃南		10	60	14：02	16：05	123	
6	张掖		16	113	14：04	16：15	131	
7	民乐		16	170	14：46	16：30	104	
8	山丹		13	140	14：55	16：30	95	
9	永昌	<50	14	180	15：54	19：20	206	特强沙尘暴*
10	武威	500	16	133	16：45	18：40	115	强沙尘暴
11	民勤	400	15	0	16：41	20：00	199	强沙尘暴
12	古浪	500			17：24	19：05	101	强沙尘暴
13	景泰	≤200	16	137	18：27	20：00	93	特强沙尘暴*
14	皋兰				19：56	20：00	4	
15	永登				18：50	19：15	25	
16	靖远	≤200	14	103	19：30	20：00	30	特强沙尘暴*
17	白银	500	1	140	19：35	20：00	25	强沙尘暴

引自岳虎，2003；《国家沙尘暴天气等级》于 2006 年颁布前特强沙尘暴为能见度≤200 m。

(3) 环流形势和影响系统

过程前期欧亚大陆 500 hPa 高空呈一脊一槽型，北欧为阻塞高压，亚洲中部为长波槽。过程前后欧洲环流形势未作大变化，仅是北欧阻高和亚洲长波槽作了一次调整。在北欧阻塞高压中心分裂位移过程中，引导了欧洲脊前西西伯利亚强冷空气南下，亚洲长波槽的加深东移。沙尘暴和大风区发生在长波槽南端底部的中纬度地带。在形势演变中，欧洲脊前与亚洲中部长波槽之间的北支锋区明显加强并南压，5 月 3 日 08 时到 5 日 08 时的 48 h 内，544 dagpm 等高线南压了近 10 个纬度，北支锋区内大于 40 m/s 的强风速轴相应南移了 15 个纬度达 50°N。

5 日 02 时，强冷空气前锋从西西伯利亚至蒙古国西部经北疆东部沿天山一线，05 时，冷锋静止少动。锋后在北疆个别地方（七角井、北塔山）已出现 18~20 m/s 的大风天气，无沙尘暴。08 时，冷锋移到内蒙古至河西西部的马鬃山、敦煌一线，马鬃山风速达 12 m/s。由于冷空气主力偏北和冷锋南端受青藏高原北坡影响，冷锋北段移速快，南段停滞在高原北侧，呈东北—西南走向。11时前后，冷锋移过内蒙古额济纳旗和甘肃鼎新、酒泉，在巴丹吉林沙漠北部的额旗，首先由17 m/s以上大风引发沙尘暴天气（10：20），紧接着与巴丹吉林沙漠西部沙丘接壤的酒泉在12：55—13：15也出现了沙尘暴。14时冷锋横扫巴漠，锋后沙尘暴区明显扩大到南起肃南北至中蒙边界（因缺观测记录无法判定具体地点），东—西宽约100 km的区域内呈东北—西南向狭长型。11—14时，冷锋移速47 km/h，14—17时，移速加倍达97 km/h，17时，冷锋快速移至巴丹吉林沙漠与腾格里沙漠接壤处，越过巴彦毛道、民勤和武威。沙尘暴面积也扩大到高原北侧武威以北到中蒙边界，东—西跨度从冷锋前后到山丹、上井子。高台以东地区，大风与沙尘暴几乎同步发生，规律东移。特强沙尘暴就在冷锋加速中于15：40左右在山丹和金昌之间暴发。17—20时，冷锋维持原速穿越腾格里沙漠，到达宁夏黄河干流域。特强沙尘暴随冷锋东移发展，20时越过白银、兴仁、平罗等地减弱成沙尘暴和17 m/s以上大风天气。22时左右在吴忠和盐池附近再次减弱。

全过程中沙尘暴和大风历时约11 h，其间约有5个多小时发生特强沙尘暴（各站特强沙尘暴结束时间因有的站夜间不观测而没有记录）。据金昌市气象人员目睹"特强沙尘暴袭击金昌前，15：30，只见西北方向有一高达300 m左右的'黑墙'，黑浪翻腾，宛如原子弹爆炸后蘑菇状烟云，狂奔呼啸，挟石带沙，迅速向市区推进。15：44到达测站，顿时遮天盖日，能见度降为小于50 m，漆黑一片，白昼变为黑夜，风速增强达32 m/s。持续20 min后，黑墙颜色变为棕红色，随后变为褐色。16：30—16：45，能见度又降至小于50 m，天空又变为漆黑，16：37，瞬间最大风速达34 m/s，16：45后，天空逐渐变为暗红色、黄色，能见度趋于转好"。比1977年4月22日特强沙尘暴来势猛、持续时间长，为1929年以来所罕见。特强沙尘暴是在不同尺度天气系统相互作用下，在特定的地理地表环境下形成的内陆强风暴天气，它的发生发展以及影响、危害和其他风暴相比都具有独特性。

此次大风、沙尘暴属于冷锋后偏西大风型。

冷空气来自新地岛，经西西伯利亚，蒙古高原南下影响甘肃等地。

冷空气路径为北方路径。

2.4 2001年4月28—29日特强沙尘暴

（1）影响范围

2001年4月28日下午，受西伯利亚东移南下强冷空气的影响，甘肃省自西向东出现大风、沙尘暴、降温、降水天气。28—29日，全省有17个测站出现沙尘暴天气（其中金昌市出现特强沙尘暴天气，最大瞬间风速达30 m/s，能见度小于 50 m，安西能见度小于 50 m，兰州市能见度为 300 m），7 个站出现扬沙天气，12 个测站出现浮尘。同时各地日平均气温下降 3～7 ℃，全省普遍出现小雨或雨夹雪，部分地方出现中雨或中到大雪，29 日清晨，河东部分地方出现霜冻。另外，28 日下午到夜间，南部地区出现了冰雹天气。29 日，兰州市瞬间最大风速达 20 m/s，能见度最小 200～300 m。

（2）天气实况

序号	地名	能见度/m	风速/(m/s)	风向/°	开始时间	终结时间	持续时间/min	天气现象
1	敦煌	400	13	120	15：34	16：33	59	强沙尘暴
2	安西	<50	14	83	16：50	17：20	30	特强沙尘暴*
3	玉门镇	200	14	120	18：10	20：00	110	强沙尘暴
4	肃北	1000			17：30	17：47	17	沙尘暴
5	金昌	50	30		06：40			特强沙尘暴*
6	兰州	300			08：30			强沙尘暴
7	高台	300	20		23：02	07：32	510	强沙尘暴
8	张掖	400			23：55	00：27	105	强沙尘暴
					01：15	02：28		
9	金塔	100	21		02：00	20：18	451	特强沙尘暴
					21：38	04：51		
10	酒泉	300			02：03	22：24	206	强沙尘暴
					00：10	03：15		
11	鼎新	600			20：00	00：40	156	沙尘暴
					02：42	03：30		
12	永昌	900			02：23	06：40	257	沙尘暴
13	民勤	600			04：10	13：07	537	沙尘暴
14	白银	300	24		07：00	11：45	225	强沙尘暴
15	景泰	200	8		08：00	06：15	249	特强沙尘暴*
					07：20	11：20		
16	榆中	300			09：00	09：21	31	强沙尘暴
17	皋兰	700	6		09：31	09：50	19	沙尘暴
18	会宁	300	12		09：34	14：28	304	强沙尘暴
19	华家岭	100	14		11：00	15：10	295	特强沙尘暴*

引自岳虎，2003；《国家沙尘暴天气等级》于 2006 年颁布前特强沙尘暴为能见度≤200 m。

（3）环流形势和影响系统

过程前期，500 hPa 欧亚范围内环流为一槽一脊型，乌山附近为一暖高压脊，脊前为一深厚的冷槽，−40 ℃ 的冷中心位于贝加尔湖以北。当欧亚范围内由纬向环流向经向环流调整时，西西伯利亚的强冷空气沿西北气流整体南下，促使低槽发展并东移。槽后为强偏北气流，槽后正变高和槽前负变高差达到 30 dagpm 以上。过程发生日，500 hPa 环流形势经过调整，原位于中亚的急流带东移南压到新疆北部，为沙尘暴的产生及输送提供了高空动力条件。700 hPa 热力场变化较 500 hPa 更为明显，大风发生前一天，在（70°—85°E，40°—55°N）有冷槽对应，槽前天山附近有一支西南—东北走向，在 5 个纬距内有 4~6 条等温线的强锋区，同时在高原中东部有一升温较强的暖温度脊。

沙尘暴过程前 24 h（28 日 08 时），冷高压位于巴尔喀什湖附近，锋面位于天山附近，锋后 3 h 变压为 +9.0 hPa，锋前 24 h 时变压为 −15.0 hPa，气压梯度为 12 hPa/100 km。锋前低压中心值为 994 hPa，位于门源站。28 日 14 时，冷高压位于乌鲁木齐附近，其中心值为 1024 hPa。锋面东移至哈密到若羌一带，锋前热低压中心基本与锋线一起移动，锋后降水区与锋面位置接近，我省中部有降水区。河西地区升温降压明显，其中，张掖地区 24 h 升温 13.0℃，3 h 和 24 h 变压分别为 −3 hPa 和 −11 hPa，低压中心值降到 998.4 hPa。29 日 05 时，武威地区 3 h 正变压达 7.6 hPa。伴随着冷锋东移甘肃、青海、宁夏、内蒙古西部出现大范围的大风、沙尘暴天气。

本次沙尘暴为冷锋后偏西大风型。

冷空气源地在欧洲平原北部，经西西伯利亚、巴尔喀什湖、新疆进入甘肃。

冷空气路径为西北路径。

参考文献

柏晶瑜, 于淑秋. 2003a. 河套地区春季扬沙天气影响因子的初步研究. 气象学报, **61** (3): 600-605.

柏晶瑜, 施小英, 于淑秋. 2003b. 西北地区东部春季土壤湿度变化的初步研究. 气象科技, **31** (4): 226-230.

曹玲, 董安祥, 张德玉, 等. 2005. 河西走廊春季大风沙尘暴的成因差异初探. 气象科技, **33** (1): 53-56.

陈广庭. 2004. 沙害防治技术. 北京: 化学工业出版社, 1-265.

陈巧, 陈永富, 胡庭兴. 2005. 地表土壤湿度和植被状况的监测及其与沙尘暴发生的关系探讨. 四川农业大学学报, **23** (3): 295-299.

陈晓光, 纪晓玲, 刘庆军, 等. 2006. 200 hPa 高空急流与宁夏春季沙尘暴过程的特征分析. 中国沙漠, **26** (2): 238-242.

成天涛, 吕达仁, 陈洪滨. 2005a. 浑善达克沙地沙尘气溶胶的粒谱特征. 大气科学, **29** (1): 147-153.

成天涛, 吕达仁, 徐永福. 2005b. 浑善达克沙地沙尘气溶胶的辐射强迫. 高原气象, **24** (6): 921-926.

程海霞, 丁治英, 帅克杰. 近 5 年我国沙尘暴与高空急流关系的统计分析. 中国沙漠, 2005. **25** (6): 891-896.

达布希拉图, 赵春生. 2003. 气候动力因子对内蒙古沙尘暴频率的影响.//中国气象学会 2003 年年会"大气气溶胶及其对气候环境的影响"分会论文集, 112-116.

丁瑞强, 王式功, 尚可政, 等. 2003. 近 45 年我国沙尘暴和扬沙天气变化趋势和突变分析. 中国沙漠, **23** (3): 306-310.

董光荣. 1990. 试论全球变化与荒漠化的关系. 第四纪研究, **10** (1): 97-98.

董光荣. 1993. 青海共和盆地土地荒漠化与防治途径. 北京: 科学出版社.

董光荣. 2002a. 中国北方农牧交错带农业经营方向初探——以晋陕蒙甘宁青地区为例. 中国沙漠, **22** (5): 428-438.

董光荣. 2002b. 中国沙漠形成演化气候变化与沙漠化研究. 北京: 海洋出版社.

董光荣, 李长治, 金炯, 等. 1987. 关于土壤风蚀风洞模拟实验的某些结果. 科学通报, (4): 297-301.

董光荣, 陈惠忠, 王贵勇, 等. 1995. 150 ka 以来中国北方沙漠、沙地演化和气候变化. 中国科学 (B 辑), **25** (12): 1303-1312.

董敏, 陈隆勋, 廖宏. 1994. 西太平洋暖池区冬季海温异常对冬季环流影响的数值模拟. 海洋学报, **16** (3): 39-49.

董治宝. 2002. 拜格诺的风沙物理学研究思想. 中国沙漠, **22**（2）：101-105.

董治宝, 陈渭南, 董光荣, 等. 1995. 关于人为地表结构破损与土壤风蚀关系的定量研究. 科学通报, **40**（1）：54-57.

董治宝, 陈渭南, 董光荣, 等. 1996. 植被对风沙土风蚀作用的影响. 环境科学学报, **16**（4）：437-443.

董治宝, 高尚玉, 董光荣. 1999. 土壤风蚀预报研究述评. 中国沙漠, **19**（4）：312-325.

杜子璇, 李宁, 顾卫, 等. 2005. 二连浩特地区土壤湿度变化特征及其与沙尘暴的关系的初步研究. 干旱区地理, **28**（4）：501-505.

方宗义, 朱福康, 江吉喜, 等. 1997. 中国沙尘暴研究. 北京：气象出版社.

方宗义, 张运刚, 郑新江, 等. 2001. 用气象卫星遥感监测沙尘暴的方法和初步结果. 第四纪研究, **21**（1）：48-55.

高卫东, 姜巍. 2002. 塔里木盆地地区沙尘气溶胶特征分析. 干旱区资源与环境, **16**（4）：75-78.

顾卫, 蔡雪鹏, 谢锋, 等. 2002. 植被覆盖与沙尘暴日数分布关系的探讨. 地球科学进展, **17**（2）：273-277.

海春兴, 刘宝元, 赵烨. 2002. 土壤湿度和植被盖度对土壤风蚀的影响. 应用生态学报, **13**（8）：1057-1058.

韩秀云. 2003. 我国北方地区沙尘暴的危害现状及防治措施. 水土保持学报, **17**（3）：167-169.

韩永翔, 张强, 董光荣, 等. 2006. 沙尘暴的气候环境效应研究进展. 中国沙漠, **26**（2）：307-311.

韩志刚. 1999. 草地上空对流层气溶胶特性的卫星偏振遥感——正问题模式系统和反演初步试验. 中国科学院大气物理研究所学位论文.

郝璐, 李彰俊, 郭瑞清. 2006. 冬春季积雪与沙尘天气发生日数关系的探讨. 中国沙漠, **26**（5）：797-501.

贺大良. 1993. 北京地区风沙活动的变化趋势. 地理研究, **12**（4）：81-84.

胡文东, 纪晓玲, 李艳春, 等. 2004. 2001年4月8日宁夏强沙尘暴天气中尺度系统分析. 南京气象学院学报, **27**（6）：791-798.

胡隐樵, 奇跃进. 1991. 组合法确定近地面层通量和通用函数. 气象学报, **49**（1）：47-53.

胡隐樵, 宁光田. 1997. 强沙尘暴微气象特征和局地触发机制. 大气科学, **21**（5）：581-589.

黄富祥, 牛海山, 王明星, 等. 2001. 毛乌素沙地植被覆盖率与风蚀输沙率定量关系. 地理学报, **56**（6）：700-710.

黄富祥, 王明星, 王跃思. 2002. 植被覆盖对风蚀地表保护作用研究的某些新进展. 植物生态学报, **26**（5）：627-633.

黄宁, 郑晓静, 陈广庭, 等. 1998. 沙尘暴对无线电波传播影响的研究. 中国沙漠, **18**（4）：350-353.

黄宁，郑晓静. 2000. 风沙流中沙粒带电现象的实验测试. 科学通报，**45**（20）：2232-2235.
黄宁，郑晓静. 2007. 风沙运动力学机理研究的历史、进展与趋势. 力学与实践，**29**（4）：9-16.
黄兆华. 1997. 中国西北地区历史时期的风沙尘暴. //方宗义，等. 中国沙尘暴研究. 北京：气象出版社，31-36.
江灏，吴虹，尹宪志，等. 2004. 河西走廊沙尘暴的时空变化特征与其环流背景. 高原气象，**23**（4）：549-552.
江吉喜. 1995. 一次特大沙尘暴成因的卫星云图分析. 应用气象学报，**6**（2）：177-184.
姜学恭，沈建国，刘景涛，等. 2004. 导致一例强沙尘暴的若干天气因素的观测和模拟研究. 干旱区资源与环境，**18**（增刊）：81-91.
李保全. 2002. 风沙尘肺调查报告. 职业与健康，**18**（6）：13.
李崇银，咸鹏. 2003. 北太平洋海温年代际变化与大气环流和气候异常. 气候与环境研究，**18**（3）：258-273.
李虎，李霞，肖继东，等. 1999. 塔克拉玛干沙漠腹地沙尘暴的遥感监测. 新疆农业大学学报，**22**（3）：219-223.
李君，范雪云，佟俊旺. 2004. 沙尘暴特性及对人体健康影响. 中国煤炭工业医学杂志，**7**（9）：897-898.
李威. 2006. 中国北方沙尘暴的变化与ENSO的关系. 气候变化研究进展，**2**（6）：296-300.
李耀辉，李栋梁，赵庆云. 2000. 中国西北春季降水与太平洋秋季海温的异常特征及其相关分析. 高原气象，**19**（1）：100-1101.
林朝晖，陈红，张时煌，等. 2004. 2003年春季中国沙尘天气异常的气候及环境背景. 气候与环境研究，**9**（1）：191-202.
刘景涛，杨耀芳，李运锦，等. 1996. 中国西北地区1993年5月5日黑风暴的机理探讨. 应用气象学报，**7**（3）：371-376.
刘景涛，钱正安，姜学恭，等. 2004. 影响中国北方特强沙尘暴的天气系统分型研究. 干旱区资源与环境，**18**（增刊）：14-20.
刘明哲，魏文寿，高卫东，等. 2003. 沙尘源区与沉降区气溶胶粒子的理化特征. 干旱区地理，**26**（4）：334-339.
刘青春，秦宁生，张吉农，等. 2005. 青海省春季沙尘暴特征及其异常气候背景分析. 干旱气象，**23**（2）：19-23.
卢琦. 2000. 中国沙情. 北京：开明出版社，53-121.
卢琦，杨有林. 2001. 全球沙尘暴警世录. 北京：中国环境科学出版社.
罗桂环，舒俭民. 1995. 中国历史时期的人口变迁与环境保护. 北京：冶金工业出版社，18-98.
孟紫强，胡敏，郭新彪. 2003. 沙尘暴对人体健康影响的研究现状. 中国公共卫生，**19**（4）：471-472.
牛生杰，孙继明，桑建人. 2000a. 贺兰山地区沙尘暴发生次数的变化趋势. 中国沙漠，**20**

(1)：55-58.

牛生杰,章澄昌. 2000b. 贺兰山地区春季沙尘气溶胶的化学组分和富集因子分析. 中国沙漠, **20**（3）：264-268.

牛生杰,孙继明,陈跃,等. 2001a. 贺兰山地区春季沙尘气溶胶质量浓度的观测分析. 高原气象, **20**（1）：82-87.

牛生杰,章澄昌,孙继明. 2001b. 贺兰山地区沙尘气溶胶粒子谱分布的观测研究. 高原气象, **20**（2）：244-252.

牛生杰,孙照渤. 2005. 春末中国西北沙漠地区沙尘气溶胶物理特性的飞机观测. 高原气象, **24**（4）：604-610.

彭公炳,黄玫,钱步东,等. 2004. 北太平洋海温场与中国西北地区春季沙尘暴的关系. 气候与环境研究, **9**（1）：174-183.

祁元贞. 1996. 荒漠、半荒漠建设铁路对风沙流防护体系研究. 中国沙漠, **16**（3）：266-274.

钱正安,宋敏红,李万元. 2002. 近50年中国北方沙尘暴的分布及变化趋势分析. 中国沙漠, **22**（2）：106-111.

钱正安,蔡英,刘景涛. 2004. 中国北方沙尘暴研究的若干进展. 干旱区资源与环境, **18**（1）：1-8.

钱正安,蔡英,刘景涛,等. 2006. 中蒙地区沙尘暴研究的若干进展. 地球物理学报,（1）：83-92.

秦宁生,卫捷,吴永森. 1997. 印度洋海温与西北汛期旱涝气候预测研究.//中国西北干旱气候研究覆盖. 北京：气象出版社,289-289.

邱新法,曾燕,缪启龙. 2001. 我国沙尘暴的时空分布规律及其源地和移动路径. 地理学报, **56**（3）：316-322.

曲格平,李金昌. 1992. 中国人口与环境. 北京：中国环境科学出版社,7-4,84-91.

屈建军,王涛,董治宝,等. 2004a. 沙尘暴风洞模拟实验的综述. 干旱区资源与环境, **18**（增刊）：109-115.

屈建军,俎瑞平,言穆弘,等. 2004b. 扬沙和沙尘暴对导线电位影响的风洞模拟实验. 中国沙漠, **24**（5）：534-538

屈建军,黄宁,拓万全,等. 2005. 戈壁风沙流结构特性及其意义. 地球科学进展, **20**（1）：19-23.

任国玉,郭军,徐铭志,等. 2005. 近50年中国地面气候变化基本特征. 气象学报, **63**（6）：942-958.

尚可政,孙黎辉,王式功,等. 1998. 甘肃河西走廊沙尘暴与赤道中、东太平洋海温之间的遥相关分析. 中国沙漠, **18**（3），239-243.

尚可政,王式功,杨德保,等. 2003. 中国沙尘天气空间分布差异的气候背景.//俞学曾. 大气环境科学技术研究进展. 第十届全国大气环境学术会议文集, **10**：1-6.

尚可政,王式功. 2006. 中国北方沙区荒漠化动力研究. 科技在线,11-446.

沈振兴,张小曳,张仁健. 2005. 黏土矿物比率对沙尘源区的指示. 环境科学, 26（4）: 30-34.

沈志宝,文军. 1994. 沙漠地区春季的大气浑浊度及沙尘大气对地面辐射平衡的影响. 高原气象, 13（3）: 331-338.

石敏俊. 2005. 中国生态脆弱带人地关系行为机制模型及应用. 地理学报, 60（1）: 165-174.

史培军,严平,袁艺. 2001. 中国北方风沙活动的驱动力分析. 第四纪研究, 21（1）: 41-47.

宋迎昌. 2002. 北京沙尘暴成因及其防治途径. 城市环境与城市生态, 15（6）: 26-28.

宋振鑫. 2004. 国家级沙尘天气数值预报系统. //气象学会年会会议文集.

孙建华. 2004. 华北强沙尘暴的数值模拟及其沙源分析. 气候与环境研究, 9（1）: 139-154.

田育红,纪中奎,刘鸿雁. 2005. 内蒙古高原中部主要气候因子及地表覆盖对沙尘攀影响分析. 应用气象学报, 16（4）: 476-483.

拓万全. 2002. 沙尘若干动力机环境问题的研究. 中国科学院研究生院博士学位论文, 1-80.

王宝鉴,黄玉霞,王式功,等. 2001. 大气TSP含量对兰州市呼吸道疾病的影响. 高原气象,（4增刊）: 110-113.

王金艳. 2003. 中国沙尘天气气候研究. 兰州大学研究生院硕士论文.

王式功,杨德保,孟梅芝,等. 1993. 甘肃河西"5.5"黑风天气系统结构特征及其成因分析. 甘肃气象, 11（3）: 28-31.

王式功,杨德保,金炯,等. 1995a. 我国西北地区黑风暴的成因和对策. 中国沙漠, 12（1）: 19-30.

王式功,杨德保,周玉素,等. 1995b. 我国西北地区"94.4"沙尘暴成因探讨. 中国沙漠, 15（4）: 332-338.

王式功,董光荣,杨德保,等. 1996. 中国北方地区沙尘暴变化趋势初探. 自然灾害学报, 5（2）: 86-94.

王式功,杨民,祁斌,等. 1999. 甘肃河西沙尘暴对兰州市空气污染的影响. 中国沙漠, 19（4）: 354-358.

王式功,董光荣,陈惠忠,等. 2000. 沙尘暴研究的进展. 中国沙漠, 20（4）: 349-356.

王式功,王金艳,周自江,等. 2003. 中国沙尘天气的区域特征. 地理学报, 58（2）: 193-200.

王遂缠,王锡稳,李栋梁,等. 2004. 相似离度在甘肃省冬春季强沙尘暴天气入型判别和预报中的应用研究. 中国沙漠, 24（6）: 724-728.

王涛. 2001a. 走向世界的中国沙漠化防治的研究与实践. 中国沙漠, 21（1）: 1-3.

王涛. 2001b. 中国沙漠化研究. 中国生态农业学报, 9（2）: 7-12.

王涛. 2003a. 我国沙漠化防治中的科学研究. //中国治沙暨沙产业研究. 北京: 石油工业出版社, 59-67.

王涛．2003b．中国沙漠和沙漠化土地．石家庄：河北科技出版社，1-955．

王涛．2004a．我国沙漠化研究的若干问题：3．沙漠化研究和防治的重点区域．中国沙漠，**24**（1）：1-9．

王涛．2004b．我国沙漠化研究的若干问题：4．沙漠化防治的战略与措施．中国沙漠，**24**（2）：115-123．

王涛．2005．中国沙漠和沙漠化图．北京：地图出版社．

王涛，陈广庭，钱正安，等．2001．中国北方沙尘暴现状及对策．中国沙漠，**21**（4）：322-327．

王涛，张伟民，汪万福，等．2004．莫高窟窟顶戈壁带阻截和输导功能研究．中国沙漠，**24**（2）：187-190．

王涛，陈广庭，董治宝，等．2005．内蒙古巴林右旗沙漠化治理模式与效益分析．中国沙漠，**25**（5）：750-756．

王涛，陈广庭，赵哈林，等．2006．中国北方沙漠化过程及其防治研究的新进展．中国沙漠，**26**（4）：507-516．

王玮，岳欣，刘红杰，等．2002．北京市春季沙尘暴天气大气气溶胶污染特征研究．环境科学学报，**22**（4）：494-498．

王文，程麟生．1999．"93.5"黑风暴的对称不稳定诊断分析．高原气象，**18**（2）：127-137．

王文，隆霄，李耀辉．2004．"2002.3"强沙尘暴过程的中尺度动力学诊断分析．干旱气象，**22**（3）：17-21．

王锡稳，李宗义，王宝鉴．2001．"4.12"强沙尘暴中小尺度天气分析．甘肃气象，**19**（2）：27-29．

王学健．2007．气象专家盘点2006全国十大气象事件．科学时报，2007-01-03．

巫忠泽．2006．美国沙尘暴问题及治理经验．林业经济，（9）：78-80．

吴洪波，陈建民，薛华欣，等．2004．二氧化硫与大气颗粒物的复相反应研究．过程工程学报，**4**（8）增刊：818-822．

吴秋风，曹艳芳．2005．呼市地区一次沙尘暴天气过程分析．内蒙古气象，**1**：25-26．

吴晓京，等．2004．东亚春季沙尘天气的卫星云图特征分析和分型．气候与环境研究，**9**（1）：1-13．

吴正．1985．中国干旱地区的风沙地貌．中国干旱区自然地理．北京：科学出版社，21-25．

夏训诚，杨根生．1994．关于西北地区风沙尘暴的几个问题．中国科学院院刊，（4）：346-350．

夏训诚，杨根生．1996．中国西北地区沙尘暴灾害及防治．北京：中国环境科学出版社，1-46．

项忠南，袁会安，刘玉梅．2001．沙尘暴对钻井生产的影响．黑龙江气象，（4）：27．

徐峰．1994．铁路沙害整治及其研究方向．中国沙漠，**14**（2）：69-78．

徐国昌，等．1979．甘肃"4.22"特大沙暴分析．气象学报，**37**（4）：26-35．

徐建芬，狄潇泓，李耀辉．2002．西北地区沙尘暴天气概念模型及分类．//陈晓光，等．西北地区重要天气成因及预报方法研究．北京：气象出版社，129-136．

徐兴奎，陈红．2006．中国西部地区地表植被覆盖和积雪覆盖变化对沙尘天气的影响．科学通报，**51**（6）：707-714.

徐秀珍，蔡曦光，郭茜，等．1997．甘肃省风沙地区居民尘肺研究．医学研究通讯，**26**（4）：18.

许宝玉，钱正安，焦彦军．1997．西北地区五次特强沙尘暴前期形势和气象要素场的综合分析和预报．//方宗义，等．中国沙尘暴研究．北京：气象出版社，44-51.

严华生，王会军，严小冬，等．2003．太平洋海温变化对中国降水可预报性影响的分析．高原气象，**22**（2）：155-161.

颜宏．1993．全国沙尘暴天气研讨会会议总结．甘肃气象，**11**（3）：6-12.

杨德保，尚可政，王式功．2003．沙尘暴．北京：气象出版社．

杨东贞，王超，温玉璞，等．1995．1990年春季两次沙尘暴特征分析．应用气象学报，**6**（1）：18-26.

杨东贞，房秀梅，李兴生．1998．我国北方沙尘暴变化趋势的分析．应用气象学报，**9**（3）：352-358.

杨根生．1996．中国西北地区黑风暴与农业防灾减灾措施．中国沙漠，**16**（2）：97-104.

杨根生，肖洪浪，拓万全．2001．中国西北地区"05.05"特大沙尘暴实例分析．//全球沙尘暴警世录．北京：中国环境科学出版社，177.

杨根生，拓万全．2002．关于宁蒙陕农牧交错带重点地区沙尘暴灾害及防治对策．中国沙漠，**22**（5）：452-465.

杨恒贵，张志广．1994．吉兰泰盐湖沙害综合治理．中国沙漠，**14**（2）：64-68.

杨俊平．2003．从美国西部大平原黑风暴的控制途径论中国北方沙尘暴的预防对策．内蒙古林业科技，（3）：3-6.

杨民，王式功，李文莉，等．2004．沙尘暴天气对兰州市环境影响的个例分析．气象，**30**（4）：46-50.

杨民，丁瑞强，王式功，等．2005．兰州市大气气溶胶的特征及其对呼吸道疾病的影响．干旱气象，**23**（1）：54-57，67.

叶笃正，丑纪范，刘纪远，等．2000．关于我国华北沙尘天气的成因与治理对策．地理学报，**55**（5）：513-521.

伊万诺夫 А П．2001．沙地风蚀的物理学原理．胡孟春，译．//巴巴耶夫 А Г，主编．苏联荒漠流沙的固定．北京：海洋出版社，38-59.

银山，包玉海．2002．内蒙古沙尘天气生态环境背景遥感分析．水土保持研究，**9**（3）：149-151.

尤凤春，史印山，付桂琴，等．2005．河北省沙尘暴天气成因分析．高原气象，**24**（4）：642-647.

俞亚勋，孙国武，冯建英．1997．印度洋海温和北极海冰异常对中国西北地区夏季降水影响的数值实验．//中国西北干旱气候研究．北京：气象出版社，195-201.

袁林．1997．西北灾荒史．兰州：甘肃人民出版社．

岳虎,等. 2003. 甘肃强沙尘暴个例分析研究. 北京:气象出版社.

岳乐平,杨利荣,李智佩,等. 2004. 阿拉善高原干涸湖床沉积物与华北地区沙尘暴. 第四纪研究, **24** (3):311-317.

张德二. 1982. 历史时期"雨土"现象剖析. 科学通报, **27** (5):294-297.

张德二. 1984. 我国历史时期以来降尘的天气气候学初步分析. 中国科学, **14** (3):278-288.

张德二,陆风. 1999. 我国北方的冬季沙尘暴. 第四纪研究, **19** (5):441-447.

张高英,赵思雄,孙建华. 2004. 近年来强沙尘暴天气气候特征的分析研究. 气候与环境研究, **9** (1):101-114.

张鸿发,屈建军,言穆弘. 2002. 风沙起电的风洞实验研究. 高原气象, **21** (4):402-407.

张凯,高会旺. 2003. 东亚地区沙尘气溶胶的源和汇. 安全与环境学报, **3** (3):7-12.

张力. 1998. 关注国土的安全. 北京青年报, 1998-11-12 (14).

张宁,倾继祖,倪童,等. 2001. 930505特大沙尘暴沙尘在甘肃沉降状况研究. 高原气象, **20** (1):47-48.

张平,杨德保,尚可政,等. 2003. 2002春季沙尘天气与物理量场的相关分析. 中国沙漠, **23** (6):675-680.

张强,胡隐樵,王喜红. 1992. 黑河地区绿洲内农田微气象特征. 高原气象, **11** (4):361-370.

张强,卫国安,黄荣辉. 2001. 西北干旱区荒漠戈壁动量和感热总体输送系数. 中国科学(D辑), **31** (9):783-792.

张强,王胜. 2005. 论特强沙尘暴(黑风)的物理特征及其气候效应. 中国沙漠, **25** (5):675-681.

张钛仁. 1997. 西北地区"黑风"成因及预报方法探讨.//方宗义,朱福康,江吉喜,等. 中国沙尘暴研究. 北京:气象出版社,70-74.

张小曳. 2001. 亚洲粉尘的源区分布、释放、输送、沉降与黄土堆积. 第四纪研究, **21** (1):29-39.

张小曳,沈志宝,张光宇,等. 1996. 青藏高原远源西风粉尘与黄土堆积. 中国科学(D辑), **26** (2):147-154.

张小曳,龚山陵. 2005. 中国的人为沙漠化因素对亚洲沙尘的贡献. 气候变化研究进展, **1** (4):147-149.

张小曳,龚山陵,等. 2006. 2006年春季的东北亚沙尘暴. 北京:气象出版社.

张智,李艳春,郑广芬,等. 2004. 宁夏中北部地区沙尘暴多发期土壤湿度变化分析. 干旱区资源与环境, **18** (1):279-282.

张自银,杨保. 2006. 中国北方过去2000年沙尘事件与气候变化. 第四纪研究, **26** (6):905-914.

赵翠光,刘还珠. 2004. 我国北方沙尘暴发生的环流形势分析. 应用气象学报, **15** (2):245-250.

赵光平，王连喜，杨淑萍. 2000. 宁夏强沙尘暴生态调控对策的初步研究. 中国沙漠，**20**(4)：447-454.

赵琳娜. 2002a. 沙尘（暴）发生发展的机理及起沙机制的数值模拟. 中科院大气层物理所博士研究生学位论文，6-16.

赵琳娜. 2002b. 一次引发华北和北京沙尘暴天气起沙机制的数值模拟研究. 气候与环境研究，**7**(3)：279-283.

赵琳娜. 2002c. 典型沙尘（暴）的影响系统分析. 中央气象台工作报告，2002-12-11.

郑广芬，牛生杰，赵光平. 2007. 宁夏春季沙尘暴频次异常与北太平洋海温异常的关系研究. 中国沙漠，**27**(5)：870-877.

郑晓静，黄宁，周又和. 2004. 风沙运动的沙粒带电机理及影响的研究进展. 力学进展，**34**(1)：77-86.

郑新江，徐建芬，罗敬宁，等. 2001. 1998年4月14—15日强沙尘暴过程分析. 高原气象，**20**(2)：180-185.

中国气象局预测减灾司. 2002. 沙尘暴监测预警服务研究. 北京：气象出版社.

周秀骥，徐祥德，颜鹏，等. 2002. 2000年春季沙尘暴动力学特征. 中国科学（D辑），**32**(4)：327-334.

周自江. 2001. 近45年中国扬沙和沙尘暴天气. 第四纪研究，**21**(1)：9-17.

周自江，董超华，方宗义，等. 2006. 扬沙天气的气候—环境背景和统计特征. //曾庆存，等. 2006. 千里黄沙——东亚沙尘暴研究. 北京：科学出版社，8-32.

朱朝云，丁国栋. 1992. 风沙物理学. 北京：中国林业出版社，1-37.

朱福康，江吉喜，郑新江. 2004. 沙尘暴天气研究现状和未来. 气象科技，**4**：1-8.

朱震达. 1989. 中国的沙漠化及其防治. 北京：科学出版社，1-16，27-42.

朱震达. 1999. 中国沙漠沙漠化、荒漠化及其治理的对策. 北京：中国环境科学出版社.

朱震达，陈广庭. 1994. 中国土地沙质荒漠化. 北京：科学出版社.

庄国顺，郭敬华，袁惠，等. 2001. 2000年我国沙尘暴的组成、来源、粒径分布及其对全球环境的影响. 科学通报，**46**(3)：191-197.

卓俊骐. 2006. 让我们理性地对待沙尘暴. 地理教育，(1)：73.

邹旭恺，王守荣，陆均天. 2000. 气候异常对我国北方地区沙尘暴的影响及其对策. 地理学报，**55**(增刊)：169-176.

ACE-Asia. Asian Pacific Regional Aerosol Characterization Experiments, International global atmospheric chemistry project. http://saga.pmel.noaa.gov/aceasia/Aaintro.html.

Alebic-Juretic A, Cvitas T, Klasinc L. Ber. 1992. Bunsen-Ges. Phys. Chem., 96：493.

Anthony J W, Bideaux R A, Bladh K W, et al. 1995. Handbook of Mineralogy. Mineral Data Publishing, Tucson, AZ.

Biscaye P E, Grousset F E, Revel M, et al. 1997. Asian provenance of glacial dust (stages 2) in the Greenlangd Ice Sheet Project. *Journal of Geophysical Research*，**102**：26765-26781.

Bory A J-M, Biscyae P E, et al. 2002. Seasonal variability of recent atmospheric mineral dust at north GRIP, Greenland. *Earth and Planetary Science Letters*, **196**: 123-134.

Brazel A J. 1986. The relationship of weather types to duststorm generation in Arizona (1965-1980). *Journal of Climatology*, **6**: 255-275.

Chepil W. 1945. Dynamics of wind erosion: 3. The transport capacity of the wind. *Soil Science*, **60**: 475-480.

Franzen L G, et al. 1995. The Saharan dust episode of South and Central Europe, and northern Scandinavia March, 1991. *Weather*, **50** (9): 313-318.

Gill E W B. 1948. Frictional electrification of sand. *Nature*, **18** (4): 568-569.

Gillette D A, Passi R. 1988. Modeling dust emission caused by wind erosion. *J Geophys Res*, **93**: 14233-14242.

Giorgi F, Chameides W L. 1986. Rainout lifetimes of highly soluble aerosols and gases as inferred from simulations with a general circulation model. *J Geophys Res*, **91**: 14367-14376.

Glaccum R A. 1980. Prospero. *J M Mar Geol*, 37: 295.

Golodets G I. 1983. Heterogeneous Catalytic Reactions Involving Molecular Oxygen. Elsevier, New York.

Gong S L, Zhang X Y, Zhao T L, et al. 2003. Characterization of soil dust distributions in China and its transport during ACE-ASIA: 2. Model simulation and validation. *Journal of Geophysical Research*, **108**: 4262, doi: 10.1029/2002JD002633.

Goodman A L, Bernard E T, Grassian V H. 2001a. Spectroscopic study of nitric acid and water adsorption on oxide particles: Enhanced nitric acid uptake kinetics in thePresence of adsorbed water. *Journal of Physical Chemistry*, **105**: 6443-6457.

Goodman A L, Li P, Usher C R, et al. 2001b. Heterogeneous uptake of sulfur dioxide on aluminum and magnesium oxide particles. *J Phys Chem* A, **105**: 6109-6120.

Greeley R, Leach R. 1978. A preliminary assessment of the effects of electrostatics on aeolian process. //Rep Plane Geo Program, NASA TM 79729, 236-237.

Guo Xiang, Zheng Xiaojing, Zhou Youhe. 2003. Research on theoretical predictions of electric field generated by wind-blown sand. *Key Engineering Materials*, **243-244**: 583-588.

Hankin E H. 1921. On dust raising wind sand descending currents. *J India Met Memoirs*, **22**: part VI.

Honjo S. 1996. Fluxes of particles to the interior of the open oceans. //Ittekkot V, Schäfer P, Honjo S, et al. eds. Particle Flux in the Ocean. SCOPE 57. John Wiley & Sons Ltd., Chichester. 91-154.

Hunt J. C. R, Wber A H. 1979. A lagrangian statistical analysis of diffusion from a ground-level source in a turbulent layer. *Quart J Roy Meteorol Soc*, **105**: 423-443.

Ikuko Moria, Masataka Nishikawaa, Toshifumi Tanimurab, *et al.* 2003. Change in size distribution and chemicalcomposition of kosa (Asian dust) aerosolduring long-range transport. *Atmospheric Environment*, **37**: 4253-4263.

IPCC. 1996. Climate Change 1995, The IPCC Scientific Assessment. Houghton J T, Meira L G eds. Cambridge University Press, Cambridge, UK. 572pp.

IPCC. 2007. Impacts, Adaptation and Vulnerability. AR4 Working Group II Report. Webcast of the press conference, Brussels, 6 April 2007.

Jickells T D, An Z S, Andersen K K, *et al.* 2005. Global iron connections between desert dust, ocean, ocean biogeochemistry, and climate. *Science*, **308**: 67-71.

Joseph P V, Raipal D K, d Deka S N. 1980. "Andhi", the convective dust storms of Northwest India. *Mausam*, **31**: 431-442.

Laurent B, Marticorena B, Bergametti G, *et al.* 2005. Simulation of the mineral dust emission frequencies from desert areas of China and Mongolia using an aerodynamic roughness length map derived from the POLDER/ADEOS 1 surface products. *J Geophys Res*, **110**: No. D18S04.

McEwan I K, Willetts B B, Rice M A. 1992. The grain/bed collision in sand transport by wind. *Sedimentology*, **39**: 971-981.

McTainsh G H, Pitblado J R. 1987. Dust Storms and related phenomena measured from meteorological records in Australia. *Earth Surface Process and Landforms*, **12**: 415-424.

McTainsh G H, Burgess R, Pitblado J R. 1988. Aridity. drought and dust storms in Austrilia (1960-1984). *J Arid Environments*, **16**: 11-22.

Meskhidze N, Chameides W L, Nenes N. 2005. Dust and pollution: A recipe for enhanced ocean fertilization? *J Geophys Res*, **110**: D03301.

Onodera J, Takahashi K, Honda M C. 2005. Pelagic and coastal diatom fluxes and the environmental changes in the northwestern North Pacific during December 1997-May 2000. *Deep-Sea Res*. II, **52**: 2218-2239.

Qian Weihong, Quan Lingshen, Shi Shaoying. 2002. Variations of dust storm in China and its climatic control. *J Climate*, **15**: 1216-1229.

Qiu Xinfa, Zengyan, Miao Qilong. 2001. Sand-dust storms in China: Temporal-spatial distribution and tracks of source lands. *J Geographical Sciences*, **11** (3): 253-260.

SarthouaG, Bakerb A R, Blaina S, *et al.* 2003. Atmospheric iron deposition and sea-surface dissolved iron concentrations in the eastern Atlantic Ocean. *Deep-Sea Research* I, **50**: 1339-1352.

Schmidt D S, Schmidt R S. 1998. Electrostatic force on saltating sand. *Journal of Geophysical Research*, **103** (4): 8997-9001.

Scott W D. 1995. Measuring the erosivity of the wind. *Catena*, **24**: 163-175.

Seinfeld J H, Pandis S N. 1998. Atmospheric Chemistry and Physics: From Air Pollution to Climate Change. Wiley, New York.

Shang K Z, Wang S G, Ma Y X, et al. 2007. A scheme for calculating soil moisture content by using routine weather data. *Atmospheric Chemistry and Physics*, **7**: 5197-5206.

Shao Y P. 2000. Physics and Modeling of Wind Erosion. Kluwer Academic Publishers, 1-21.

Shao Y P. 2001. A model for mineral dust emission. *J Geophys Res*, **106**: 20239-20254.

Shao Y, Raupach M R, Flindlater P A. 1993. Effect of saltation on the entrainment of dust by wind. *J Geophys Res*, **98**: 12719-12726.

Shao Y, Raupach M R, Leys J F. 1996. A model for predicting aeolian sand drift entrainment on scales from paddock to region. *J Soil Res*, **34** (2): 309-420.

Shao Y, Lu H. 2000. A simple expression for wind erosion threshold friction velocity. *J Geophys Res*, **105**: 22437-22443.

Shao Y, Jung E J, Leslie L M, et al. 2002. Numerical prediction of northeast Asian dust storms using an integrated wind erosion modeling system. *J Geophys Res*, **107**: 4814-4836.

Shao Yaping, Yang Yan, Wang Jianjie, et al. 2003. Northeast Asian dust storms: Real-time numerical prediction and validation. *J Geophys Research*, **108**: 10. 1029/2003JD003667.

Slinn W G N. 1984. Precipitation scavenging. //Randerson D ed. Atmospheric Science and Power Production. Doc. DOE/TIC-27601, Tech. Inf. Cent. , Off. of Sci. and Tech. Inf. , U. S. Dep. of Energy, Washington D C, 466-532.

Song zhengxin, Wang jinyan, Wang shigong. 2007. Quantitative Classification of Northeast Asian Dust Events and its Application. *J G R*, 112.

Sun Jimin, Zhang Mingying, Liu Tungsheng. 2001. Spatial and temporal characteristics of dust storms in China and its surrounding regions, 1960-1999: Relations to source area and climate. *J Geophys Research*, **106**: 10325-10333.

Sutton L J. 1925. Haboobs. *Quart J R Met Soc*, **51**: 25-30.

Svensson A, Biscaye P E, Grousset F E. 2000. Characterization of late glacial continental dust in Greenland Ice Core Project ice core. *Journal of Geophysical Research*, **105** (D4): 4637-4656.

Swap R, et al. 1992. Saharan dust in Amazon Basin. *Tellus*, **44B** (2): 133-149.

Underwood G M, Li P, Grassian V H, 2001. A Knudsen cell study of the heterogeneous reactivity of nitric acid on oxide and mineral dust particles. *J Phys Chem* A, **105**: 6609-6620.

Uno I, Wang Z, Chiba M, et al. 2006. Dust model intercomparison (dmip) study over asia: Overview. *J Geophys Res*, **111**: D12213, doi: 12210. 11029/12005JD006575.

Usher C R, Michel A E, Grassian V H. 2003. Reactions on mineral dust. *Chem Rev*, **103**:

4883-4939.

Vinkovic I, Guo Y, Ayrault M. 2002. Stochastic modeling of the transport of heavy particles in a turbulent flow. Report in Lanzhou.

WangY Q, Zhang X Y, Arimoto R, et al. 2004. The Transport Pathways and Sources of PM10 Pollution in Beijing during Spring 2001, 2002 and 2003. *Geophysical Research Letters*, **31**: L14110, doi: 10.1029/2004GL019732.

Werner B T, Haff P K. 1988. The impact process in Aeolian saltation: Two dimensional simulations. *Sedimentology*, **35**: 189-196.

Wheaton E E. 1984. Climatic change impacts on wind erosion in Sakatchewan, Canada. SRC Technical Report No. 153. Saskatchewan Research Council, Saskatoon.

Wheaton E E, Chakravarti. 1987. Some temporal, spatial and climatological aspects of dust storms in Saskatchewan. *Climatological Bulletin*, **21** (2): 5-16.

Whitby K T. 1978. The physical characteristics of sulfur aerosois. *Atmos Environ*, **12**: 135.

White B R, Schulz J C. 1977. Magnus effect in saltation. *J Fluid Mech*, **81** (3): 497-512.

Willetts B B, Rice M A. 1985. Inter-saltation collisions. // Barndorff-Nielsen O E, et al. eds. Proceeding of International Workshop on Physics of Blown Sand, Memoirs 8. Dept. of Theor. Stat., Aarhus Univ., Denmark. 83-100.

Willetts B B, Rice M A. 1986. Collision in Aeolian transport. *Aca Mechanica*, **63**: 255-265.

Wolfson N, Matson M. 1986. Satellite observations of a phantom in the desert. *Weather*, **41** (2): 57-60.

Xuan J, Sokolik I N. 2002. Characterization of sources and emission rates of mineral dust in Northern China. *Atmospheric Environment*, **36**: 4863-4876.

Yuan W, Zhang J. 2006. High correlations between Asian dust events and biological productivity in the western North Pacific. *Geophys. Res. Lett.*, **33**: L07603, doi: 10.1029/2005GL025174.

Zhang X Y, Zhang G Y, Zhu G H, et al. 1996. Elemental tracers for Chinese source dust. *Science in China (Series D)*, **39** (5): 512-521.

Zhang X Y, Gong S L, Shen Z X, et al. 2003a. Characterization of soil dust distributions in China and its transport during ACE-ASIA: 1. Net work measurements. *Journal of Geophysical Research*, **108**: 4261, doi: 10.1029/2002JD002632.

Zhang X Y, Gong S L, Zhao T L, et al. 2003b. Sources of Asian dust and role of climate change versus desertification in Asian dust emission. *Geophysical Research Letters*, **30** (24): 2272, doi: 10.1029/2003GL018206.

Zhao T L, Gong S L, Zhang X Y, et al. 2006. A simulated climatology of asian dust aerosol and its trans-pacific transport. 1. Mean climate and validation. *Journal of Climate*, **19**: 88-103.

Zheng X J, He L H, Zhou Y H. 2004. Theoretical model of the electric field produced by charged particles in wind-blown sand flux. *Journal of Geophysical Research*, **109**: D15208.

Zhou C H, Gong S L, Zhang X Y, *et al*. 2007. Development and evaluation of an operational SDS forecasting system for East Asia: CUACE/Dust. *Atmos Chem Phys* Discuss, **7**: 7987-8015.

Zhuang X Y, Arimoto R, An Z, *et al*. 1994. Late Quaternary records of the atmospheric inpur of eolian dust to the center of the Chinese Loess Plateau. *Quaternary Research*, **41**: 35-43.

Zhuang X Y, Arimoto R, Zhu G H, *et al*. 1998. Concentration, size-distribution and deposition of mineral aerosol over Chinese desert regions. *Tellus*, **50B** (4): 317-331.